工程施工现场技术管理丛书

合同员

巴晓曼　主编

中 国 铁 道 出 版 社

2010 年 · 北 京

内容提要

本书重点介绍了建设工程合同基本知识，工程合同法律基础知识，建筑市场，建设项目资金管理知识，建设工程招标投标管理，合同的策划与合同条件，施工合同示范文本，建设工程合同的签订及谈判技术，合同的交底与履行，工程的变更管理，索赔管理，项目总承包合同、勘察设计合同及其他合同管理，建设工程施工合同风险管理，以及合同的归档管理，内容简洁，体系完备，理论与实践相结合，具有较强的操作性。

本书既可供建设单位、监理单位、设计单位、施工单位等工程管理人员参考，也可作为企业合同员培训教材使用。

图书在版编目(CIP)数据

合同员/巴晓曼主编.—北京：中国铁道出版社，2010.12
(工程施工现场技术管理丛书)

ISBN 978-7-113-11958-4

Ⅰ.①合… Ⅱ.①巴… Ⅲ.①建筑工程—工程施工—经济合同—管理—基本知识 Ⅳ.①TU723.1

中国版本图书馆CIP数据核字(2010)第184832号

书　　名：工程施工现场技术管理丛书
　　　　　合　同　员
作　　者：巴晓曼

策划编辑：江新锡　徐　艳
责任编辑：徐　艳　陈小刚　　**电话**：51873193
封面设计：崔丽芳
责任校对：张玉华
责任印制：李　佳

出版发行：中国铁道出版社(100054，北京市宣武区右安门西街8号)
网　　址：http://www.tdpress.com
印　　刷：三河市华丰印刷厂
版　　次：2010年12月第1版　2010年12月第1次印刷
开　　本：787mm×1092mm　1/16　印张：12.5　字数：307千
书　　号：ISBN 978-7-113-11958-4
定　　价：27.00元

前　言

我国正处在经济和社会快速发展的历史时期，工程建设作为国家基本建设的重要部分正在蓬勃发展，铁路、公路、房屋建筑、机场、水利水电、工厂等建设项目在不断增长，国家对工程建设项目的投资巨大。随着建设规模的扩大、建设速度的加快，工程施工的质量和安全问题、工程建设效率问题、工程建设成本问题越来越为人们所重视和关注。

加强培训学习，提高工程建设队伍自身业务素质，是确保工程质量和安全的有效途径。特别是工程施工企业，一是工程建设任务重，建设速度在加快；二是新技术、新材料、新工艺、新设备、新标准不断涌现；三是建设队伍存在相当不稳定性。提高队伍整体素质不仅关系到工程项目建设，更关系到企业的生存和发展，加强职工岗位培训既存在困难，又十分迫切。工程施工领域关键岗位的管理人员，既是工程项目管理命令的执行者，又是广大建筑施工人员的领导者，他们管理能力、技术水平的高低，直接关系到建设项目能否有序、高效率、高质量地完成。

为便于学习和有效培训，我们在充分调查研究的基础上，针对目前工程施工企业的生产管理实际，就工程施工企业的关键岗位组织编写了一套《工程施工现场技术管理丛书》，以各岗位有关管理知识、专业技术知识、规章规范要求为基本内容，突出新材料、新技术、新方法、新设备、新工艺和新标准，兼顾铁路工程施工、房屋建筑工程的实际，围绕工程施工现场生产管理的需要，旨在为工程单位岗位培训和各岗位技术管理人员提供一套实用性强、较为系统且使用方便的学习材料。

丛书按施工员、监理员、机械员、造价员、测量员、试验员、资料员、材料员、合同员、质量员、安全员、领工员、项目经理十三个关键岗位，分册编写。管理知识以我国现行工程建设管理法规、规范性管理文件为主要依据，专业技术方面严格执行国家和有关行业的施工规范、技术标准和质量标准，将管理知识、工艺技术、规章规范的内容有机结合，突出实际操作，注重管理可控性。

由于时间仓促，加之缺乏经验，书中不足之处在所难免，欢迎使用单位和个人提出宝贵意见和建议。

编　者

2010 年 12 月

目　录

第一章　建设工程合同基本知识

建设工程施工合同是发包方和承包方为完成商定的建筑、安装工程，明确相互权利义务关系的协议。依照建设施工合同，承包方应完成一定的建筑、安装工程任务，发包方应提供必要的施工条件并支付工程价款。

《经济合同法》、《建筑安装工程承包合同条例》等法律、法规是签订施工合同的法律依据。1999年12月24日国家工商行政管理局和建设部联合发布了《建设工程施工合同示范文本》（以下简称《示范文本》），目前，我国的施工合同一般都按照该《示范文本》签订。

第一节　建设合同概述

一、合同员需要具备的基本素质及能力

（1）健康的身体，积极乐观的心态。

（2）为人诚恳，做事认真，有良好的协调沟通能力，能够在一定的压力下工作。有较强的协调能力。

（3）有良好的协作与团队精神，为人正直，有责任心。

（4）管理专业专科以上学历。

（5）熟悉合同的拟定及管理，善于进行各种资料的收集、整理、归档工作。

（6）能够根据公司制度和相关法律、法规办理CRM系统内的合同工作。

（7）能熟练运用办公软件，熟练使用Excel、Word文档。

（8）能够完成领导临时交办的各项任务，根据需要而分配或调整工作。

二、合同员的岗位职责

（1）按照国家经济合同法规、公司经济合同管理制度有关规定，负责拟订公司具体经济合同管理实施细则，在上级批准后组织执行。

（2）负责对外签订重大经济合同的起草准备、参与谈判和初审工作，严格掌握签约标准和程序，发现问题及时纠正。

（3）控制合同副本或复印件的传送范围，保守公司商业机密。

（4）认真研究合同法规和法院判例，对公司的合同纠纷和涉讼提供解决的参考意见。

（5）对公司内部模拟法人独立核算的经济责任制，提出适用经济合同文本和实施方案，并负责培训相关基层人员。

（6）负责做好公司正本的登记归档工作，建立合同台账管理，保管好合同专用章。未经领导审核批准，不得擅自在合同上盖章。

（7）负责不断追踪部门合同履约完成情况，并督促其如期兑现，汇总公司合同执行总体情况，提出有关工作报告和统计报表，并就存在的问题提出相应建议。

（8）完成财务部部长临时交办的其他任务。

三、建设工程合同的分类

1.从承发包的工程范围进行划分

从承发包的不同范围和数量进行划分，可以将建设工程合同分为建设工程总承包合同、建设工程承包合同、分包合同。发包人将工程建设的全过程发包给一个承包人的合同即为建设工程总承包合同。发包人如果将建设工程的勘察、设计、施工等的每一项分别发包给一个承包人的合同即为建设工程承包合同。经合同约定和发包人认可，从工程承包人承包的工程中承包部分工程而订立的合同即为建设工程分包合同。

2.从完成承包的内容进行划分

从完成承包的内容进行划分，建设工程合同可以分为建设工程勘察合同、建设工程设计合同和建设工程施工合同三类。

3.从付款方式进行划分

以付款方式不同进行划分，建设工程合同可分为总价合同、单价合同和成本加酬金合同。

4.与建设工程有关的其他合同

与建设工程有关的合同类型很多，主要有买卖合同、运输合同、保险合同、租赁合同、承揽合同等，都需要工程合同管理人员熟悉。

四、建设工程合同的特征

1.合同主体要求严格

建设工程合同发包人可以是具备法人资格的国家机关、事业单位、国有企业、集体企业、私营企业、经济联合体和社会团体，也可以是依法登记的个人合伙、个体经营户或个人。与发包人合并的单位、兼并发包人的单位，购买发包人合同和接受发包人出让的单位和人员（即发包人的合法继承人），均可成为发包人，履行合同规定的义务，享有合同规定的权利。发包人既可以是建设单位，也可以是取得建设项目总承包资格的项目总承包单位。

承包人应是具备与工程相应资质和法人资格并被发包人接受的合同当事人及其合法继承人。但承包人不能将工程转包或出让，如进行分包，应在合同签订前提出并征得发包人同意。

2.合同客体特殊

建设工程合同的标的是各类建筑产品。建筑产品通常是与大地相连的，建筑形态多种多样，建筑产品的单住性及固定性等自身的特性，决定了建筑工程合同标的的特殊性。

3.合同形式要求特殊

建设工程合同的签订，一般通过招投标的手段实现，需要利用有关的招标文件范本和合同范本来签订，而且要求书面签订。

4.合同履行期限长

建筑工程由于结构复杂、体积大、建筑材料类型多、工作量大、投资巨大，使得建设工程的生产周期与一般工业产品的生产相比相对较长，这导致建设工程合同履行期限较长。而且，因为投资的巨大，建设工程合同的订立和履行一般都需要较长的准备期。同时，在合同的履行过程中，还可能因为不可抗力、工程变更、材料供应不及时等原因而导致合同期限的延长。

5.合同内容多、涉及范围广

以施工合同为例，合同的内容构成一般包括合同协议书、中标书、投标函及投标函附录、合同条件、标准规范、设计文件、工程量清单、报价表等，范围涉及进度控制、质量控制、安全控制、经济条款、双方权利义务和责任、变更、索赔、纠纷处理等。

6. 投资和程序上的严格性

由于工程建设对国家的经济发展、国民的工作和生活都有重大的影响，因此，国家对工程建设在投资和程序上有严格的管理制度。订立建设工程合同一般必须以国家批准的投资计划为前提。即使是国家投资以外的、以其他方式筹集的投资也要受到当年的贷款规模和批准限额的限制，纳入当年投资规模的控制，并经过严格的审批程序。建设工程合同的订立和履行还必须遵守国家关于基本建设程序的规定。

五、建设工程勘察设计合同的签订依据

1. 合同主体资格

根据《建设工程勘察设计合同管理办法》的规定，勘察设计合同的发包人(以下简称甲方)应当是法人或者自然人，承接方(以下简称乙方)必须具有法人资格。甲方是建设单位或项目管理部门，乙方是持有建设行政主管部门颁发的工程勘察设计资质证书、工程勘察设计收费资格证书和工商行政管理部门核发的企业法人营业执照的工程勘察设计单位。

2. 合同的一般内容

①订立合同的依据；②发包人义务；③承包人义务；④发包人权利；⑤承包人权利；⑥发包人责任；⑦承包人责任；⑧合同的生效、变更和终止；⑨勘察、设计取费；⑩争议的解决及其他。

六、建设监理合同的概念

监理合同是建设工程委托监理合同的简称，它是委托合同的一种，是工程建设单位聘请监理单位对工程建设实施监督，明确双方权利、义务关系的协议。

建设监理可以是对工程建设的全过程进行监理，也可以是分阶段进行勘察监理、设计监理、施工监理等。目前我国工程实践中大多是施工监理。

监理合同的一般内容如下：

①合同所涉及的词语定义和遵循的法规；②监理人的义务；③委托人的义务；④委托人的权利；⑤监理人的义务；⑥监理人的责任；⑦委托人的责任；⑧合同生效、变更和终止；⑨监理报酬；⑩争议的解决及其他。

七、建设工程施工合同的概念

建设工程施工合同是业主(或建设管理单位)与施工单位之间为完成一定的工程项目的建设而订立的明确彼此之间权利义务关系的协议。

目前我国建设工程施工合同的订立，主要依据的是《标准施工招标文件》(九部委〔2007〕56号)。为了规范施工招标文件编制活动，提高招标文件编制质量，促进招标投标活动的公开、公平和公正，国家发展和改革委员会、财政部、建设部、铁道部、交通部、信息产业部、水利部、民用航空总局、广播电影电视总局联合编制了《标准施工招标资格预审文件》和《标准施工招标文件》(简称《标准文件》)，自 2008 年 5 月 1 月起在政府投资项目中试行。

根据标准文件中合同通用条款的规定，合同文件(或称合同)是指合同协议书、中标通知书、投标函及投标函附录、专用合同条款、通用合同条款；技术标准和要求；图纸、已标价工程量清单以及其他合同文件。其中合同协议书指承包人按中标通知书规定的时间与发包人签订合同协议书。除法律另有规定或合同另有约定外，发包人和承包人的法定代表人或其委托代理

人在合同协议书上签字并盖单位章后，合同生效。中标通知书是指发包人通知承包人中标的函件。投标函是指构成合同文件组成部分的由承包人填写并签署的投标函。投标函附录是指附在投标函后构成合同文件的投标函附录。技术标准和要求是指构成合同文件组成部分的名为技术标准和要求的文件，包括合同当事人双方约定对其所作的修改或补充。图纸是指包含在合同中的工程图纸，以及由发包人按合同约定提供的任何补充和修改的图纸，包括配套的说明。已标价工程量清单是指构成合同文件组成部分的由承包人按照规定的格式和要求填写并标明价格的工程量清单；其他合同文件是指经合同当事人双方确认构成合同文件的其他文件。

八、与建设工程有关的合同种类

比如买卖合同(购销合同)、货物运输合同、加工承揽合同、机械设备租赁合同、保险合同、担保合同等，都需要工程合同管理人员熟悉，具体可参照合同法和其他相关法律、法规和规章性文件的有关规定。

九、建设工程施工合同的当事人的概念

施工合同的当事人为发包方和承包方。

(1)发包方(以下简称甲方)。可以是具备法人资格的国家机关、事业单位、国有企业、集体企业、私营企业、经济联合体和社会团体，也可以是依法登记的个人合伙、个体经营户或个人，即一切以协议、法院判决或其他合法完备手续取得甲方资格，承认全部合同文件，能够而且愿意履行合同规定义务的单位和人员。与甲方合并的单位，兼并甲方的单位，购买甲方合同和接受甲方出让的单位和人员，均可成为甲方，履行合同规定的义务，享有合同规定的权利。发包方也可称为业主。

(2)承包方(以下简称乙方)。应是具备与工程相应资质和法人资格的国有企业、集体企业、私营企业，但乙方不能将工程转包或出让；如进行分包，应在合同签订前提出并征得甲方同意。承包方也可称为承包商。

十、建设工程施工合同示范文本的组成

施工合同示范文本是各类公用建筑、民用住宅、工业厂房、交通设施及线路管理施工和设备安装的样本。示范文本由《建设工程施工合同条件》(以下简称《合同条件》)及《建设工程施工协议条款》(以下简称《协议条款》)组成。其中《合同条件》是根据《经济合同法》和《建筑安装工程承包合同条例》对承包双方的权利义务作出的规定，除双方协商一致对其中的某些条款作了修改、补充或取消外，双方都必须严格履行。

考虑到建设工程的内容各不相同，工期、造价也随之变动，承包、发包方各自的能力，施工现场的环境和条件也各不相同，《合同条件》不能完全适用于各具体工程，因此配之以《协议条款》对其作必要的修改或补充，使《合同条件》和《协议条款》成为双方统一意愿的体现。

十一、建设工程施工合同的文件组成

建设工程施工合同由下列文件组成：

(1)《建设工程施工协议合同条款》。

(2)《建设工程施工合同条件》。

(3)洽商、变更等明确双方权利、义务关系的协议。

(4)招标承包工程中的中标通知书、投标书和招标文件。

(5)工程量清单或确定工程造价的工程预算书和图纸。

(6)标准、规范和其他有关资料、技术要求。

十二、建设工程施工合同的主要条款

1.词语涵义及合同文件(工程概况及合同文件)

合同条件应明确注明合同中涉及的有关词语的精确涵义,在协议条款中应写明工程名称、工程地点、承包范围、开竣工日期、质量等级、合同价款。此外,合同中应写明合同的文件组成、解释顺序及适用的语言文字、法律与图纸。

2.双方的一般责任

(1)甲方代表的一般责任

甲方任命的驻施工现场的代表,按照以下要求,行使合同约定的权利,履行合同约定的职责:

1)甲方代表可以委派有关具体管理人员行使自己的部分职权,并可以随时撤销委派,但委派与撤销均应在5天前通知乙方。

2)甲方代表的指令。通知应采用书面形式,并由本人签字,乙方代表在回执上签署姓名和日期后生效,必要时,甲方代表可以发出口头指令,并在48小时以内予以书面确认。甲方代表不能及时作出书面确认时,乙方应于甲方代表发出口头指令7天内提出书面确认要求,甲方代表在承包人提出确认要求后48小时内不予答复的,视为口头指令已被确认。

3)甲方应按合同约定及时向乙方提供所需要的指令、批准、图纸及履行其他合同所约定的义务,否则,由此造成的损失由甲方承担。

工程实行监理的,甲方委托的总监理工程师按协议条款的约定部分或全部行使合同中甲方代表的权利,但无权解除合同中乙方的义务。

甲方代表和总监理工程师易人时,甲方应提前7天通知乙方,后任继续承接前任应负的责任。

(2)乙方代表的一般责任

乙方任命驻工地负责人,按以下要求行使合同约定的权力,履行合同约定的职责:

1)乙方的要求、请求和通知,由乙方代表签字后送交甲方代表,甲方代表在回执上签署姓名和收到日期后生效。

2)乙方认为甲方指令不合理,应在收到指令后24小时内向甲方提出修改指令的书面报告。甲方在收到承包人报告后24小时内作出修改指令或继续执行原指令的决定,并以书面形式通知乙方。紧急情况下,甲方要求乙方立即执行的指令或乙方虽有异议,但甲方决定仍继续执行的指令,乙方应予执行。

3)乙方代表应按甲方代表批准的施工组织设计(或施工方案)和依据合同发出的指令、要求组织施工。在紧急情况且无法与甲方代表取得联系的情况下,可采取保证工程和人员生命财产安全的紧急措施,并在24小时之内向甲方代表送交报告。责任在甲方,由甲方承担由此造成的经济支出,相应顺延工期;责任在乙方,由乙方承担费用。

乙方代表易人应在7天前通知甲方,后任继续承担前任应负的责任。

(3)甲方的工作

根据协议条款约定的时间和要求,甲方应分阶段或一次完成以下的工作:

1)办理土地征用、青苗树木赔偿、房屋拆迁、清除地面、架空和地下障碍等工作,使施工场地具备施工条件,并在开工后继续解决以上事项的遗留问题。

2)将施工所需水、电、电讯线路从施工场地外部接至协议条款约定地点,并保证施工期间需要。

3)开通施工场地与城乡公共道路的通道以及协议条款约定的施工场地内的主要交通干道,满足施工运输的需要,保证施工期间的畅通。

4)向乙方提供施工场地的工程地质和地下管网线路资料,保证数据真实准确。

5)办理施工所需各种证件、批件和临时用地、占道及铁路专用线的申报批准手续(证明乙方自身资质的证件除外)。

6)将水准点坐标控制点以书面形式交给乙方,并进行现场交验。

7)组织乙方和设计单位进行图纸会审,向乙方进行设计交底。

8)协调处理施工现场周围地下管线和邻近建筑物、构筑物的保护,并承担有关费用。

甲方不按合同约定完成以上工作造成延误时,应承担由此造成的经济支出,赔偿乙方有关损失,工期相应顺延。

(4)乙方的工作

乙方按协议条款约定的时间和要求做好以下工作:

1)在其设计资格证书允许的范围内,按甲方代表的要求完成施工图设计或与工程配套的设计,经甲方代表批准后使用。

2)向甲方代表提供年、季、月工程进度计划及相应进度统计报表和工程事故报告。

3)按工程需要提供和维修非夜间施工使用的照明、看守、围栏和警卫等。如乙方未履行上述义务造成工程、财产和人身伤害的,由乙方承担责任及所发生的费用。

4)按协议条款约定的数量和要求,向甲方代表提供在施工现场办公和生活的房屋及设施,发生费用由甲方承担。

5)遵守地方政府和有关部门对施工场地交通和施工噪声等管理规定,经甲方同意后办理有关手续,甲方承担由此发生的费用,因乙方责任造成的罚款除外。

6)已竣工工程未交付甲方之前,乙方按协议条款约定负责已完工程的成品保护工作,保护期间发生损坏,乙方自费予以修复。要求乙方采取特殊措施保护的单位工程的部位和相应经济支出,在协议条款内约定。甲方提前使用后发生损坏的修理费用,由甲方承担。

7)按合同的要求做好施工现场地下管线和邻近建筑物、构筑物的保护工作。

8)保证施工现场清洁,符合有关规定。交工前清理现场,达到合同文件的要求,承担因违反有关规定造成的损失和罚款(合同签订后颁发的规定和非乙方原因造成的损失和罚款除外)。

乙方不履行上述各项义务,造成工期延误和工程损失的,应对甲方损失给予赔偿。

3.施工组织设计和工期

(1)进度计划

乙方应在协议条款约定的日期将施工组织设计(或施工方案)和进度计划提交甲方代表,甲方代表应按协议条款约定的时间予以批准或提出修改意见,逾期不批复,可视为该施工组织设计(或施工方案)和进度计划已经批准。

乙方必须按批准的进度计划组织施工,接受甲方代表对进度的检查、监督。工程实际进展与进度计划不符时,乙方应按甲方代表的要求提出改进措施,报甲方代表批准后执行。

(2)延期开工

乙方应按协议条款约定的开工日期开始施工。乙方不能按时开工,应在协议条款约定的开工日期7天之前,以书面形式向甲方代表提出延期开工的理由和要求。甲方代表在2天内答复乙方。甲方在接到延期开工申请后48小时内不答复,视为同意承包人的要求,工期相应顺延。甲方不同意延期要求或乙方未在规定时间内提出延期开工要求,工期不予顺延。

甲方征得乙方同意以书面形式通知乙方后可推迟开工日期,承担乙方因此造成的经济支出,相应顺延工期。

(3)暂停施工

甲方代表在确有必要时,可以要求乙方暂停施工,并在48小时内提出处理意见。停工责任在甲方时,由甲方承担经济支出,并顺延工期。

(4)工期延误

由于工程量变化和设计变更,一周内非乙方原因停水、停电、停气造成停工累计超过8小时,由于不可抗力,合同约定或甲方代表同意予以顺延工期的其他情况出现时,乙方可以在上述情况出现后14天内就延误的内容和因此发生的经济支出向甲方代表提出报告,甲方在收到报告后14天内予以确认,逾期不予确认也不提出修改意见,视为同意顺延工期。

非上述原因,工程不能按合同工期竣工,乙方承担违约责任。

(5)工期提前

由于需要甲方应和乙方协商提前竣工,并达成提前竣工协议。乙方按此修订进度计划,报甲方批准。甲方应在5天内给予批准,并为赶工提供方便条件。协议应包括以下方面的内容:

1)提前的时间。

2)乙方采取的赶工措施。

3)甲方为赶工提供的条件。

4)赶工措施的经济支出和承担。

5)提前竣工的收益分享。

4.质量与验收

(1)工程质量要求

建设工程的质量应达到国家或专业的质量检验评定标准规定的合格条件。如果甲方要求部分或全部工程质量达到优良标准,应该负担由此增加的经济支出,并顺延工期。

(2)隐蔽工程和中间验收

对于隐蔽工程和其他需验收的工程部位,经双方议定应在协议条款中写明隐蔽工程和中间验收程序。

当工程具备覆盖、掩盖条件或达到条款约定的中间验收部位,乙方首先应当自检,并在自检合格后实施隐蔽工程或中间验收48小时前通知甲方代表参加。通知中应包括乙方的自检记录、隐蔽工程或中间验收的内容、时间、地点和准备验收记录。甲方代表不能按时进行验收,应在验收前24小时以书面形式向承包人提出延期要求,延期不能超过48小时。甲方工程师未能按以上时间提出延期要求,不进行验收,承包人可自行组织验收,甲方工程师应承认验收记录。

工程符合规范和要求,甲方验收合格,甲方代表在验收记录上签字,若甲方代表在验收合格24小时后仍没签字,视甲方已批准合格,乙方可进行隐蔽或继续施工。

(3)试车

对于设备安装工程应组织试车,由甲乙双方确定试车是否成功。

设备安装工程具备单机无负荷试车条件的由乙方组织试车，并在试车48小时前通知甲方代表。通知中应包括试车的内容和时间、地点，乙方应准备试车记录。用方应为试车提供必要的条件，合格后，甲方代表在试车记录上签字。

设备安装工程具备联动无负荷试车条件的，应由甲方组织试车，并在试车48小时前通知乙方。通知中应包括试车的内容和时间、地点及对乙方应做的准备工作要求。乙方应按要求做好准备工作和试车记录。试车通过后，双方在试车记录上签字方可进行竣工验收。

(4)竣工验收

竣工验收是甲方对工程的全面检验，是保修期外的最后阶段。

当工程按合同要求全部完成后，工程具备了竣工验收条件，乙方按国家工程竣工验收的有关规定，向甲方代表提供完整的竣工资料和竣工验收报告，并按协议条款要求的日期向甲方提交竣工图。

甲方代表收到竣工验收报告后28天内组织有关单位验收，并在验收后14天内给予认可或提出修改意见。甲方收到承包人送交的竣工验收报告后28天内不组织验收，或验收后14天内不提出修改意见，视为竣工验收报告已被认可。

5.合同价款与支付

(1)合同价款的调整

1)合同价款在协议条款内约定后，任何一方不得擅自改变。但协议条款另有约定或发生下列情况之一时可作调整：

①甲方代表确认的工程量增减。

②甲方代表确认的设计变更或工程洽商。

③工程造价管理部门公布的价格调整。

④一周内非乙方原因造成停水、停电、停气累计超过8小时。

⑤合同约定的其他增减或调整。

2)目前，我国合同价款调整的形式很多，应按照具体情况予以说明例如。

一般工期较短的工程采用固定价格，但因甲方原因致使工期延长时是否对合同价款作出调整应予以洽商说明。

甲方对施工期间可能出现的价格变动采取一次性付给乙方一笔风险补偿费用的办法，这时应确定补偿的金额和比例以及补偿后是全部不予调整，还是部分不予调整及可以调整项目的名称。

采用可调价格的应确定调整的范围，除材料费外是否还包括机械费、人工费、管理费，以及调整的条件。如对《合同条件》中列出的项目有补充，则还应作进一步的详细补充说明。

乙方代表在工程价款可以调整的情况发生后14天内将调整的原因、金额，以书面形式通知甲方代表，甲方代表批准后通知经办银行和乙方。甲方代表收到乙方通知14天内没有作出答复，视为已经批准。

(2)工程计量

乙方按协议条款约定的时间(如固定于每季或每月的第一周)向甲方代表提交施工日志，甲方代表应于接到施工日志后7天内按图纸核实已完工程量(即工程计量)，并在计量前24小时通知承包人，乙方应为工程计量提供方便并派人参加，乙方不派人参加时，甲方代表可以自行计量，计量有效。但若甲方代表不按约定时间通知乙方。致使乙方不能参加计量，则计量结果无效。

甲方代表收到乙方报告后7天内未进行计量，从第8天起，乙方报告中开列的工程量就视为已被确认，作为工程价款支付的依据。

(3)工程款支付

在确认计量结果后14天内，甲方应向乙方支付工程款(进度款)。应扣回的预付款、确定调整的合同价款、工程变更调整的合同价款及追加合同价款应同期结算。

甲方超过约定的支付时间不支付工程款(进度款)时，乙方可向甲方发出要求付款的通知，甲方收到乙方通知后仍不能按要求付款，可与甲方协商签订延期付款协议，经乙方同意后可延期支付。协议应明确延期支付的时间和从计量结果确认后第15天起应付款的贷款利息。

6.材料设备供应

(1)甲方供应材料设备

甲方应按协议条款约定的材料设备种类、规格、数量、质量、单价和提供的时间、地点的清单，向乙方提供材料设备及其产品的合格证明。甲方代表应按规定在所提供的材料设备验收24小时前将通知送达乙方，验收后由乙方保管，并承担验收后材料设备的保管费用。甲方不按规定通知乙方验收，发生的损坏、丢失事故责任由甲方承担。

因甲方提供的材料设备与清单不符或迟于清单约定供应时间时，由甲方承担相应的经济支出。发生延误，应相应顺延工期，甲方赔偿由此给乙方造成的损失。

(2)乙方供应材料设备

乙方应按协议条款的约定，按照设计和规范的要求采购工程需用的材料，提供产品合格证明，并应在材料设备到货前24小时通知甲方验收。

乙方负责把自己采购的不合格的产品运出施工现场，并负责重新采购，并承担由此发生的费用。

甲方不能按时到场验收，验收后发现材料设备不符合要求，仍由乙方负责修理、拆除及重新采购，并承担由此发生的费用，由此造成工期延误可以顺延工期。

根据工程的要求和甲方代表的批准，乙方可以使用代用材料。因甲方原因使用代用材料时，由甲方承担发生的费用。

7.设计变更

乙方可以在取得甲方代表同意的情况下对设计进行变更，并由甲方取得有关批准。

甲乙双方办理变更洽商后，乙方按甲方代表的要求办理以下变更：

(1)增减合同中约定的工程数量。

(2)更改有关工程的性质、质量、规格。

(3)更改有关部分的标高、基线位置和尺寸。

(4)增加工程需要的附加工程。

(5)改变有关工程的施工时间和顺序。

8.竣工结算与保修

(1)竣工结算

竣工验收报告被批准，是竣工结算的前提。竣工验收报告被批准后，乙方应按国家有关规定和协议条款约定的时间、方式向甲方代表提出结算报告。若合同为总价合同，则竣工结算比较简单，以合同价款减去已支付的各工程款项后即为竣工结算款。若合同为其他方式，竣工结算较为复杂，乙方应按合同约定的计价方式，并根据本身经确定的工程量签证、追加费用签证等计算出合同价款，再减去甲方已付款项。

甲方代表收到乙方的结算报告后应及时给予批准或提出修改意见，在协议条款约定的时间内将拨款通知送经办银行，并将副本送乙方，银行审核后向乙方支付工程款。乙方收到工程款后 14 天内将竣工工程交付给甲方。

甲方收到竣工报告后 28 天内无正当理由不办理结算时，从第 29 天起按施工企业向银行计划外贷款的利息支付拖欠工程款的利息，并承担违约责任。

甲方收到竣工结算报告及结算资料后 28 天内不支付工程竣工结算价款时，乙方可以催告甲方支付结算价款。甲方在收到竣工结算报告及结算资料后 56 天内仍不支付时，乙方可以与甲方协议将该工程折价，也可以由乙方申请人民法院将该工程依法拍卖，乙方就该工程折价或者拍卖的价款优先受偿。

工程竣工验收报告经甲方认可后 28 天内，乙方未能向甲方递交竣工结算报告及完整的结算资料，造成工程竣工结算不能正常进行或工程竣工结算价款不能及时支付时，甲方要求交付工程的，乙方应当交付；甲方不要求交付工程的，乙方承担保管责任。

(2)保修

保修是建设工程施工合同中乙方的最后义务。协议条款或保修合同中应写明保修项目、内容、范围、期限、保修金额、支付办法及保修金利率。

保修期间，乙方应在接到保修通知日后 10 天内派人修理，否则，甲方可以委托其他单位人员修理。因乙方原因造成的返修费用，甲方在保修金内扣除，不足部分，由乙方支付，因乙方之外原因造成的返修和经济支出，由甲方承担。

甲方应在保修期满 20 天内结算保修金，将剩余保修金及利息一齐交给乙方。不足部分，仍由乙方支付。

9.争议的解决

(1)争议发生后，应本着顾全大局、友好协商、互谅互让的精神来解决。协商不成，可采用下述的解决方式：

1)向协议条款约定的单位或人员要求调解。

2)向仲裁机构申请仲裁。

3)向有管辖权的人民法院起诉。

(2)双方应尽量约定以仲裁作为解决争议的最终方式。需要注意的是，不能同时约定仲裁和诉讼作为解决争议的方式。发生争议后，除非出现下列情况，否则双方都应继续履行合同，保持施工连续，保护好已完工程：

1)合同确已无法履行。

2)双方协议停止施工。

3)调解要求停止施工且为双方接受。

4)仲裁机构要求停止施工。

5)法院要求停止施工。

10.其他

双方还应对合同履行中的其他问题进行约定，如安全施工、工程分包、不可抗力因素等。

十三、建设工程施工合同订立的条件

签订施工合同首先应具备下列条件：

(1)项目初步设计和总概算已批准。

(2)国家投资的项目已列入国家或地方基本建设计划，限额资金已经落实。

(3)有满足要求的设计文件及技术资料。

(4)建筑物场地、水源、电源、气源、运输道路已具备或在开工前能够完成。

(5)设备和材料的供应能保证工程连续施工。

(6)合同当事人双方均有合法资格。

(7)合同当事人双方具有履行合同的能力。

对于采用招标发包的工程,《合同条件》应是招标书的组成部分,发包方对《合同条件》修改、补充或不予采用的意见,要在招标书中说明。承包方是否同意招标书的说明及承包方本身对《合同条件》的修改、补充和不予采用的意见,也要在投标书中一一列出。中标后,双方将协商一致的意见写入《协议条款》。不采用招标发包的工程,在要约和承诺时,都要把对《合同条件》的修改、补充和不予采用的意见一一提出,将取得的一致意见写入《协议条款》。

承发包双方协商一致后,在《协议条款》中签字盖章,合同即告成立。承办人员签订合同,应取得法定代表人的授权委托书,如果需要鉴证、公证或审批的,则在办理完鉴证、公证和审批后合同生效。

十四、建设工程施工合同履行的内容

(1)安全施工。乙方应按有关规定,采取严格的安全防护措施,承担由于自身安全措施不力造成事故的责任和因此发生的费用。非乙方责任造成的伤亡事故,由责任方承担责任和有关费用。发生重大伤亡事故,乙方应按有关规定立即上报有关部门并通知甲方代表,同时按政府有关部门的要求处理,甲方为抢救提供必要的条件,发生的费用由事故责任方承担。乙方在动力设备、高电压线路、地下管道、密封防震车间、易燃易爆地段以及临街交通要道附近施工前,应向甲方代表提出安全保护措施,经甲方代表批准后实施,由甲方承担防护措施费用。在有毒有害环境中施工,甲方应按有关规定提供相应的防护措施,并承担有关的经济支出。

(2)地下障碍和文物。乙方在施工中发现文物、古墓、古建筑基础和结构、化石、钱币等有考古、地质研究等价值的物品或其他影响施工的地下障碍物时,应在 4 小时内通知甲方代表,并报告有关管理部门和采取有效的保护措施。甲方代表应在收到通知后 12 小时内对乙方采取的措施给予批准或提出处理意见。甲方承担保护措施的费用,延误的工期相应顺延。

(3)工程分包。乙方可按投标书和协议条款的约定分包部分工程。乙方与分包单位签订分包合同后,将副本送甲方代表。分包合同与施工合同发生抵触时,以施工合同为准。分包合同不能解除乙方的任何义务与责任。乙方应在分包场地派驻相应的监督管理人员,保证合同的履行,分包单位的任何违约或疏忽,均视为乙方的违约或疏忽。

除协议条款另有约定外,分包工程价款由乙方与分包单位结算。

(4)不可抗力。不可抗力发生后,乙方应迅速采取措施,尽力减少损失,并在 24 小时内向甲方代表通报受害情况,按协议条款约定的时间向甲方报告损失情况和清理、修复的费用。如灾害继续发生,乙方应每隔 7 天向甲方报告一次灾害情况,直到灾害结束。甲方应对灾害处理提供必要条件。不可抗力事件结束后 14 天内,乙方向甲方提交清理和修复费用的正式报告及有关资料。

因灾害发生的费用由双方分别承担:

1)工程本身的损害由甲方承担。

2)人员伤亡由其所属单位负责,并承担相应费用。

3)造成乙方设备、机械损坏及停工等损失,由乙方承担。

4)所需清理修复工作的责任与费用的承担,双方另签订补充协议约定。

(5)保险(如有时)。甲方按协议条款的约定办理建筑工程和在施工场地甲方人员及第三方人员生命财产的保险,并支付相应费用。

乙方办理自己在施工场地人员生命财产和机械设备的保险,并支付相应费用。

投保后发生事故,乙方应在15天内向甲方提供损失情况和估价的报告,如损害继续发生,乙方应在15天后每10天报告一次,直到损害结束。

十五、承包方的违约责任

(1)工程质量不符合合同规定的,负责无偿修理或返工。由于修理返工造成逾期交付的,偿付逾期违约金。

(2)工程交付时间不符合规定的,按合同中违约责任条款的规定偿付逾期违约金。

十六、发包方的违约责任

(1)未能按照承包合同的规定履行自己应负的责任,除竣工日期得以顺延外,还应赔偿承包方因此发生的实际损失。

(2)工程中途停建、缓建或由于设计变更以及设计错误造成的停工,应采取措施弥补或减少损失,同时,赔偿承包方由此而造成的停工、窝工、返工、倒运、人员和机械设备调迁、材料和构件积压的实际损失。

(3)工程未经验收,发包方提前使用或擅自动用,由此而发生的质量或其他问题,由发包方承担责任。

(4)超过合同规定日期验收,按合同违约责任条款的规定偿付逾期违约金。不按合同规定拨付工程款,按银行有关逾期付款办法或工程价款结算办法的有关规定处理。

十七、合同可变更或解除条件

当发生下列情况之一时,允许变更或解除施工合同:

(1)当事人双方经过协商同意,并且不因此损害国家利益和社会公共利益。

(2)由于不可抗力致使合同的全部义务不能履行。

(3)由于另一方在合同约定的期限内没有履行合同。

对于第一种情况导致的变更或解除,双方应经过协商。并以书面形式确认,对于第二、第三种情况,当事人一方有权通知另一方解除施工合同。

对不可抗力的理解应不限于自然现象,也应包括社会现象,如国家政策变化、战争等。由于不可抗力原因导致工程停建或缓建,使合同不能继续履行的,乙方应妥善做好已完工程和已购材料、设备的保护及移交工作。按甲方要求将自有机械设备和人员撤出施工现场。甲方应为乙方撤出提供必要条件。支付以上的经济支出,并按合同规定支付已完工程价款和赔偿乙方有关的损失。已经订货的材料,设备由订方负责退货,不能退还的货款和退货发生的费用,由甲方承担。但未及时退货造成的损失由责任方承担。

第二节　建设合同管理

一、第一层次的合同管理

第一层次的合同管理指的是各级人民政府的工商行政管理部门和其他有关主管部门，依法对合同的订立、履行等进行指导、监督、检查和处理利用合同进行违法活动的行为。通过对合同进行行政管理，督促当事人依法订立合同、切实可行合同，以使合同法得到全面贯彻。

1.工商行政管理部门对合同的管理

县级以上工商行政管理部门是统一的合同管理机关，其主要职责是：

(1)管理和监督检查所属地区合同的订立和履行情况。

(2)根据当事人双方的申请，对合同进行签证。

(3)查处危害国家利益、社会公共利益的违法合同。

2.有关行政主管部门对合同的管理

有关行政主管部门既是本系统所属企事业单位的国家行政管理机关，又是本系统所属单位合同的管理机关，有权对所属单位订立及履行合同的情况进行监督检查，其主要职责是：

(1)监督检查所属单位或系统内合同的订立及履行情况。

(2)指导所属单位建立合同管理机构，健全合同管理制度。

(3)协调所属单位之间的关系，调解合同纠纷。

(4)查处利用合同危害国家利益、社会公共利益的违法行为。

二、第二层次的合同管理

第二层次合同管理指的是各合同的构成主体对各自所签订合同的订立、履行等所做的全面管理工作，包括建立专门的合同管理机构、设置专业的合同管理人员、建立健全的合同管理制度，对合同的争端解决、索赔、风险等作系统的管理。

三、合同签订管理的程序

建设工程合同签订管理的主要实现手段是招标和投标，可用一个程序图来表示工程合同的签订管理，如图1—1所示。

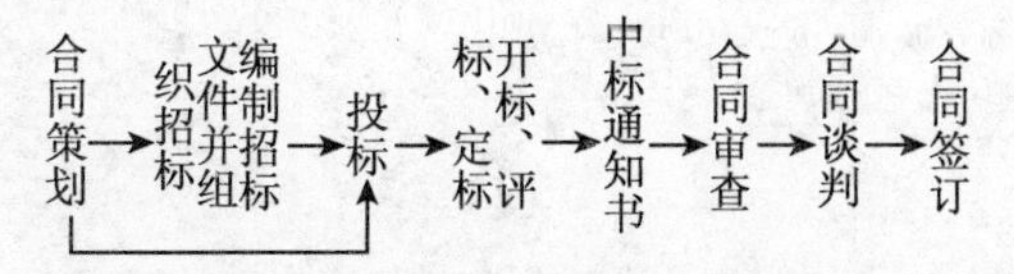

图1—1　建设工程合同签订管理程序

按照我国现行的工程招标投标管理现状，工程招标、投标活动主要在有形建设市场——工程交易中心进行，而且招标、投标和合同管理过程涉及大量的法律、法规和规范性文件。

四、合同履行管理的程序

结合我国现行的工程合同管理现状，合同履行管理的程序如图1—2所示。

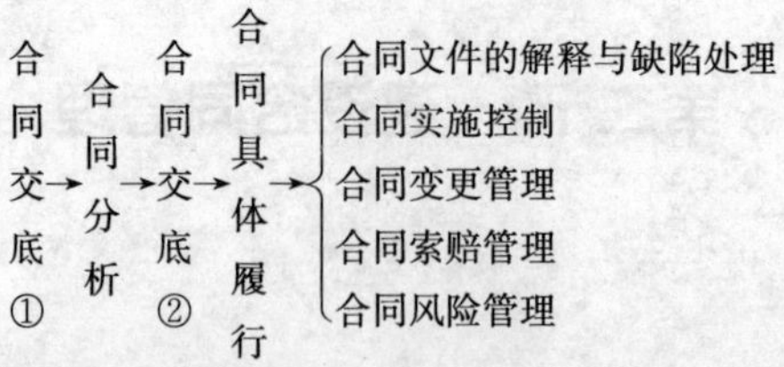

合同交底①
合同分析
合同交底②
合同具体履行
合同文件的解释与缺陷处理
合同实施控制
合同变更管理
合同索赔管理
合同风险管理

图 1－2　建设工程合同履行管理程序

注：图中合同交底①为企业的经营部门对项目部交底（如果项目招标投标和项目实施管理分离的话存在①；合同交底②为工程项目部内部各个层次的交底。

五、工程建设项目的合同体系构成

工程建设项目的合同体系构成如图 1－3 所示。

业主（甲方）
勘察设计合同
监理合同
工程承包合同
采购合同
…
贷款合同保险合同
分包合同
采购合同
劳务合同
运输合同
保险合同
…
…
采购合同
运输合同
劳务合同

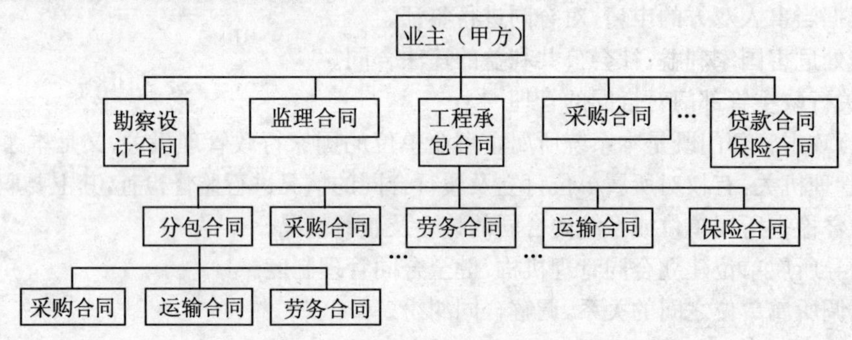

图 1－3　工程建设项目合同体系图

第二章　工程合同法律基础知识

法律体系是指由一国全部法律部门构成的、具有内在联系的整体。如果把法律体系整体看成宏观结构，那么法律体系的宏观结构是由公法、私法和社会法三方面构成。而公法、私法和社会法三方面各自又都有自己的结构，它们就是各个法律部门，所以法律体系的宏观结构要素是法律部门。而法律规范则是法律体系的微观结构要素。由此可见，法律体系、法律部门和法律规范三者之间是层次从属的关系。

我国的法律体系，可根据颁布的主体不同、法规的效力不同，而从纵向上划分成若干个相互关联的层次。不仅包括法律，还包括各种行政法规、地方法规；不仅包括建设领域的，还包括其他领域的法律和法规，如税法、会计法、外汇管制法、公司法。

第一节　法律体系

一、公法和私法的概念

所谓公法主要是指关于国家或国家与个人之间权利义务关系的法律部门的总和，包括行政法、组织法、财政法、刑法等。

所谓私法主要是指关于个体与个体之间权利义务关系的法律部门的总和，包括民法、商法、家庭法等。把法律体系要素分为公法与私法，是从社会经济生活的本源上进行的——公法与权力强行干预相适应，私法与市场自行调节相适应。无论是简单商品经济社会，还是现代复杂的市场经济社会，法律内部本身应当存在这两种差异，也就是说，这个分类具有客观性，它们的区别不是人为所能加以混淆或掩盖的。

二、社会法的产生背景

公法作用的增强意味着国家权力的强化，容易导致对个人利益、市场自由的损害，于是对传统公法进行一定的调整，使国家权力在法治的必要范围内运行。由于传统两大结构要素存在不适应现代社会的情况，所以法律体系发生了重大变革，这就是在现代市场经济社会里出现了第三种法律体系结构要素——社会法。在现代法律体系中，出现了经济法、劳动法、社会保障法等等，它们是以传统公法要素与私法要素为基本框架，以传统公法和私法的调整方法为原形混合而成的第三种结构要素。我们称之为社会法。它是法律社会化的结果。现代法律体系之所以划分为三块结构要素，是现代市场经济的需要。社会法的确立是以经济法（最早是以反垄断法为代表）的出现为标志的，由经济法、劳动法和社会保障法作为主干部门法来构成。

三、法律部门的概念

法律部门，也称部门法，是指根据一定的标准和原则划分的同类法律规范的总和。法律部门与法律规范的关系是从属关系，因为最初是根据一定标准和原则把同类法律规范组合在一起，形成法律部门，非同类法律规范不可能组合成法律部门。另外，法律部门与法律制度的关系，是每一个部门法中包含了许多法律制度，比如民法这个法律部门，包括所有权制度、合同制度、债权制度等等。法律制度是由若干个法律规范组成的，一般来说，法律制度的范围比法律部门要小，可以说法律部门包含了许多法律制度。

法律部门的划分具有重要意义。对于立法来说，法律部门的划分有助于从立法上完善法律体系、协调法律体系内部关系；对于执法来说，法律部门的划分有助于执法机关和执法人员明确各自的工作特点、职责任务，并准确适用法律；对于法学研究来说，使研究范围有相对独立的领域，使法学学科分工专业化。

当代中国法律体系是在宪法的统领下，由三个结构要素(公法、私法和社会法)构成，并划分为若干个法律部门，主要包括政治法、行政法、刑法、民法、商法、经济法、社会保障法、环境与资源法等。

四、政治法的概念

现代政治是民主政治，民主政治是法治政治。随着政治的民主化和法治化，政治法应运而生。所谓政治法是指调整政治关系的法律规范的总和，包括组织法、选举法、中央与地方关系法、立法决策法、监督法、国籍法和公民基本权利法、军事法。

五、行政法的概念

行政法是调整国家行政管理活动产生的社会关系的法律规范的总和，包括行政法总则、行政主体法、行政程序法、行政复议法、行政诉讼法以及专门行政法。由于行政法调整对象极为广泛，所以很难形成系统单一的行政法典；专门行政法是指规定各专门行政职能部门管理活动的法律和法规。国外一般也只有行政程序法、行政诉讼法、行政主体法和专门行政法。

六、刑法的概念

刑法是规定犯罪，刑事责任和刑罚的法律。

刑法是规定犯罪刑事责任和刑罚的法律规范的总和，它包括刑事实体法与刑事程序法。刑法的目的，就在于惩罚犯罪。保护人民。刑法作为法律体系的重要组成部分它与其他部门法如民法、经济法比较有两个显著的特点：①刑法所保护的社会关系的范围更广；②刑法的强制性最为严厉。

七、民法的概念

民法是调整作为平等主体的公民之间、法人之间以及公民与法人之间的财产与人身关系的法律规范的总和。我国民法部门的规范性法律文件主要由民法通则和单行民事法律组成。民法通则是民法部门的基本法。单行民事法律主要有合同法、担保法、婚姻法、继承法、收养法、商标法、专利法、著作权法等，此外，还包括一些单行的民事法规，如著作权法实施条例、商标法实施细则等。

在明确提出建立市场经济体制以后，商法作为法律部门的地位才为人们所认识。商法是调整平等主体之间的商事关系或商事行为的法律。从表现形式看，我国的商法包括公司法、证券法、票据法、保险法、企业破产法、海商法等。商法是一个法律部门，但民法规定的有关民事关系的很多概念、规则和原则也通用于商法。从这一意义上讲，我国实行“民商合一”的原则。

八、经济法的概念

经济法是调整国家宏观经济调控活动中形成的经济关系的法律规范的总和。关于经济法的调整对象历来有争议。在我国计划经济体制下，经济法被作为经济行政管理法，把计划法作为经济法的龙头。事实上，经济法是与市场经济、宏观调控密切相关的，没有市场经济宏观调控，就不存在真正的经济法。

九、劳动与社会保障法的概念

劳动法是调整劳动关系的法律，社会保障法是调整有关社会保障、社会福利的法律。这一法律部门的法律包括有关用工制度和劳动合同方面的法律规范，有关职工参加企业管理、工作时间和劳动报酬方面的法律规范，有关劳动卫生和劳动安全的法律规范，有关劳动保险和社会福利方面的法律规范，有关社会保障方面的法律规范，有关劳动争议的处理程序和办法的法律法规等。劳动法与社会保障法这一法律部门的主要规范性文件包括劳动法、工会法、矿山安全法、安全生产法等。

十、自然资源与环境保护法的概念

自然资源与环境保护法是关于保护环境和自然资源、防治污染和其他公害的法律，通常分为自然资源法和环境保护法。自然资源法主要是指对各种自然资源的规划、合理开发、利用、治理和保护等方面的法律。环境保护法是保护环境、防治污染和其他公害的法律。这一法律部门的规范性文件，属于自然资源法方面的，有森林法、草原法、渔业法、矿产资源法、土地管理法、水法、野生动物保护法等；属于环境保护方面的，有环境保护法、海洋环境保护法、水污染防治法、大气污染防治法、环境影响评价法等。

十一、法律的一般分类

法律的一般分类如图 2—1 所示。

十二、我国的法律体系

1.法律

指由全国人民代表大会及其常务委员会审议通过，并以中华人民共和国主席令的形式颁布的法律，如宪法、民法、民事诉讼法、合同法、仲裁法、文物保护法、土地管理法、会计法、招标投标法等。

2.行政法规

指由国务院依据宪法和法律制定，以中华人民共和国总理令的形式颁布的法规，如《建设工程安全生产管理条例》、《建设工程质量管理条例》、《建设工程勘察设计管理条例》、《环境噪声污染防治条例》、《公证暂行条例》等。

3.地方性法规、自治条例和单行条例

地方性法规：省、自治区、直辖市的人民代表大会及其常务委员会根据本行政区域的具体情况和实际需要，在不同宪法、法律、行政法规相抵触的前提下，可以制定地方性法规。较大的市（指省、自治区人民政府所在地的市，经济特区所在地的市和经国务院批准的较大的市）的人民代表大会及其常务委员会根据本市的具体情况和实际需要，在不同宪法、法律、行政法规和本省、自治区的地方性法规相抵触的前提下，可以制定地方性法规，报省、自治区的人民代表大会常务委员会批准后施行。经济特区所在地的省、市的人民代表大会及其常务委员会根据全国人民代表大会的授权决定，制定法规，在经济特区范围内实施。

地方性自治条例和单行条例：民族自治地方的人民代表大会有权依照当地民族的政治、经济和文化的特点，制定自治条例和单行条例。自治区的自治条例和单行条例，报全国人民代表大会常务委员会批准后生效。自治州、自治县的自治条例和单行条例，报省、自治区、直辖市的人民代表大会常务委员会批准后生效。自治条例和单行条例可以依照当地民族的特点，对法律和行政法规的规定作出变通规定，但不得违背法律或者行政法规的基本原则，不得对宪法和民族区域自治法的规定以及其他有关法律、行政法规专门就民族自治地方所作的规定作出变通规定。

法律的一般分类

- 成文法与不成文法
  - 这是以法的创制方式和表达形式为标准对法进行的分类。成文法是指由国家特定机关制定和公布并以成文形式出现的法律。不成文法是指由国家认可其法律效力但又不具有成文形式的法，一般指习惯法。不成文法还包括同制定法相对应的判例法，即由法院通过判决所确定的判例和先例，这些判例和先例对其后的同类案件具有约束力，但它又不是以条文（成文）形式出现的法，因此也是不成文法的主要形式之一。
- 实体法与程序法
  - 这是以法律规定内容的不同为标准对法的分类。实体法是指以规定和确认权利和义务或职责为主的法律，如民法、刑法、行政法等。程序法是指以保证权利和义务得以实施或职权和职责得以履行的有关程序为主的法律；如民事诉讼法、刑事诉讼法、行政诉讼法、立法程序法等等。实体法和程序法的分类是就其主要方面的内容而言，它们之间也有一些交叉，实体法中也可能涉及到一些程序规定，程序法中也可能有一些涉及到权利、义务、职权、职责等内容的规定。
- 根本法与普通法
  - 这是以法律的地位、效力、内容、制定主体、程序的不同为标准而对法的分类。这种分类通常只适用于成文宪法制国家。在成文宪法制国家，根本法即宪法，它在一个国家中享有最高的法律地位和最高的法律效力，宪法的内容、制定主体、制定程序及修改程序都不同于普通法，而是有比较高的、严格的程序要求。普通法指宪法以外的法律，其法律地位和法律效力低于宪法，其制定主体和制定程序不同于宪法，其内容一般涉及调整某一类社会关系，如民法、刑法、商法、诉讼法、行政法等。
- 一般法与特别法
  - 这是按照法的适用范围的不同对法所作的分类。一般法是指针对一般人、一般事、一般时间，在全国普遍适用的法；特别法是指针对特定人、特定事或特定地区、特定时间内适用的法。
  - 一般法和特别法这一法的分类是相对而言的，具有相对性。如以针对人来讲，民法典是适用于一般人的法，它的适用主体是一般主体，而与民法典相对应的继承法则是适用于特定人——继承人与被继承人主体的法律。以针对事来讲，民法典适用于一般民事法律行为和事件，而收养法则针对收养这一特殊的民事法律行为和事件。以针对地区来讲，宪法、组织法、选举法等是适用于全国的法，而特别行政区基本法和法律，经济特区法规和规章则只适用于特别行政区和经济特区。以针对时间而言，一般法如宪法、刑法、民法等在它们的修改和废止以前一直有效，而有些特别法如戒严令等仅在特定的戒严时期内有效。
- 国内法与国际法
  - 这是以法的创制主体和适用主体的不同而作的分类。国内法是指在一主权国家内，由特定国家法律创制机关创制的并在本国主权涉及范围内适用的法律；国际法则是由参与国际关系的国家通过协议制定或认可的，并适用于国家之间的法律，其形式一般是国际条约和国际协议等。国内法的法律主体一般是个人或组织，国家仅在特定法律关系中（为国家财产所有人）成为主体，而国际法的国际法律关系主体主要是国家。

图 2—1 法律的一般分类

4. 规章

部门规章：国务院各部、委员会、中国人民银行、审计署和具有行政管理职能的直属机构，可以根据法律和国务院的行政法规、决定、命令，在本部门的权限范围内，制定规章。涉及两个以上国务院部门职权范围的事项，应当提请国务院制定行政法规或者由国务院有关部门联合制定。

(1)合同是当事人协商一致的协议，是双方或多方的民事法律行为。

(2)合同的主体是自然人、法人和其他组织等民事主体。

(3)合同的内容是有关设立、变更和终止民事权利义务关系的约定，通过合同体现出来。

(4)合同须依法成立，只有依法成立的合同对当事人才具有法律约束力。

第二节　合同法律制度

一、合同法的概念

广义的合同法是所有调整合同权利义务关系的法律规范的总称，而狭义的合同法则是指1999年3月15日由第九届全国人民代表大会第二次会议通过，并与1999年10月1日生效实施的《中华人民共和国合同法》(以下简称为《合同法》)。

通常所指合同法为狭义的合同法，它共分为三部分：总则、分则和附则，共计二十三章四百二十八条。其中第一部分总则分为八章，分别对合同的一般规定、合同的订立、合同的效力、合同的履行、合同的变更和转让、合同的权利义务终止、违约责任等作了明确详细的规定，对所有的民事债务合同均具法律约束力。第二部分分则共计十五章，分别对十五种具体的合同类型作了明确的规定，包括买卖合同，供用电、水、气、热力合同，赠与合同，借款合同，租赁合同，融资租赁合同，承揽合同，建设工程合同，运输合同，技术合同，保管合同，仓储合同，委托合同，行纪合同和居间合同。该部分各章次的规定，除另有说明者外，只对本章的具体合同种类具有法律约束力，第三部分附则只包括一条，说明合同法的具体生效时间。

二、合同的种类

(1)以合同一方当事人取得利益是否需要支付相应的代价或对价(如保险合同)为标准，将合同分为有偿合同与无偿合同。

有偿合同是指一方当事人获得合同利益必须以付出一定的合同代价为前提的一种合同类型(但是并不一定要求所得到的权利与所付出的义务完全相等或对等)，比如一般的买卖合同等。而无偿合同一方当事人获得合同利益则不必付出合同代价，比如赠与合同等。

(2)以合同双方当事人在享受合同权利的同时是否承担义务为标准，可将合同分为单务合同与双务合同。

单务合同是指合同双方当事人中的一方只享受权利不承担义务，而另一方只享受权利不承担义务的合同类型，比如不平等条约等。双务合同则是指合同双方当事人中的任何一方在享受权利的同时承担义务，比如一般的买卖合同等。这种合同分类标准与有偿合同和无偿合同的分类标准有一定的相似之处，但不完全相同。

(3)以合同之间的主从关系或依附关系为标准，可将合同分为主合同与从合同。

凡是不以其他合同作为存在前提而成立的合同，称之为主合同；反之，合同的成立必须以其他合同存在作为前提条件的合同，则为从合同。比如买卖合同中，因为卖方对买方的偿债能力有怀疑，通常要求买方提供可靠的担保，在这种情况下，可能就需要由买方向卖方提供经卖方同意的第三人作担保。在这种情况下，买卖双方之间的买卖合同即为主合同，以买卖合同为前提而签订的担保合同，则为从合同。

(4)根据合同的成立是否必须使用法律要求的特定形式或手续为标准，可将合同分为要式合同与不要式合同。

要式合同，是指必须按法律规定的特定形式和手续成立的合同，如抵押合同、专利权转让合同等。不要式合同，是指法律上没有规定特定的形式或手续，当事人可自由选择合同订立的方式方法的合同，这种合同占民事债务合同的大多数。

(5)根据合同的成立或生效是否以实际标的物的交付为依据，可将合同分为诺成合同与实践合同。

所谓诺成合同，又被称之为不要物合同，只需当事人意思表示一致即可成立生效，这种合同占民事债务合同的大多数。实践合同，又被称之为要物合同，除双方意思表示一致外，还必须以实际标的物的交付或完成其他给付作为合同生效的必要条件，比如一般的赠与合同。

(6)根据签订合同是否有标准格式，可将合同分为标准合同和非标准合同。所谓标准合同，又称格式合同、定型化合同，是指当事人一方预先拟定合同条款，对方只能表示全部同意或者不同意的合同。因此，对于格式合同的非拟定条款的一方当事人而言，要订立格式合同，就必须全部接受合同条件，否则就不订立合同。与标准合同相反，应当由合同双方当事人协商确定，没有预先拟定的、对方当事人必须无条件接受内容的合同，就是非标准合同。

(7)合同法分则部分将合同分为十五种：买卖合同，供用电、水、气、热力合同，赠与合同，借款合同，租赁合同，融资租赁合同，承揽合同，建设工程合同，运输合同，技术合同，保管合同，仓储合同，委托合同，行纪合同，居间合同。

三、合同的法律主体

合同的法律主体指的是合同的双方或多方当事人。根据合同法的规定，合同主体可以是自然人、法人或其他组织。

当公民作为合同主体时，应明确不同公民的民事行为能力，因为不同的公民所能承担的民事义务是不同的。我国民法规定有公民的民事权利能力和民事行为能力。公民的民事权利是指公民享有民事权利、承担民事义务的资格，公民的民事权利能力始于出生、终于死亡，在此期间，任何公民均享有平等的民事权利。公民只有具有民事权利能力，才能成为独立的民事主体参与民事活动，实现自己的民事权利和切实履行义务。公民的民事行为能力，是指公民通过自己的行为实现民事权利或者设定民事义务的能力，我国民法将公民的民事行为能力分成三类：完全民事行为能力人、限制民事行为能力人和无民事行为能力人。其中完全民事行为能力人是指18周岁以上的成年人，以及16周岁以上不满18周岁的公民，虽未成年但以自己的劳动收入作为主要生活来源。完全民事行为能力人可自行成为合同主体。限制民事行为能力人是指10周岁以上的未成年人和不能完全辨识自己行为的精神病人。根据合同法的规定，限制民事行为能力人所订立的纯受益合同有效，限制民事行为能力人所订立的与其智力发育程度相当的合同有效，其他的限制民事行为能力人所订立的合同均为效力待定合同，需要其法定代理人在一个月内予以追认，在其法定代理人追认之前，善意相对人有撤销合同的权利。无民事行为能力人则是指不满10周岁的未成年人和完全不能辨识自己行为的精神病人。无民事行为能力人一般只能作为纯受益合同的主体。

法人也可作为合同法律关系的主体。所谓法人，是具有民事权利能力和民事行为能力，依法独立享有民事权利和承担民事义务的组织，包括企业法人以及机关、事业单位和团体等法人。法人应具备的条件主要有以下四个方面：依法成立，有自己的名称、组织机构和场所，要有符合规定的财产或经费，能够独立承担民事责任。法人具有民事权利能力和民事行为能力，依法独立地享有民事权利和承担民事义务。法人的民事权利能力始于法人依法设立或进行法人登记，终于法人依法撤销或解散。法人民事权利能力范围的大小是由法律规定或者为法律所确认的法人章程来决定的，法人设立的目的、宗旨和性质不同，决定了其所享有的民事权利能力的范围也不一样。法人的民事权利能力和民事行为能力相一致，法人的民事行为能力一般通过其法定代理人来实现。

其他组织包括个人合伙和没有法人资格的合伙企业、法人的分支机构、个体工商户、农村承包经营户等，其作为合同主体也应与组织的民事权利能力与民事行为能力一致。对于其他组织的民事权利能力和民事行为能力的规定基本与法人一致。

四、合同法律的客体

合同法律的客体是指双方权利义务关系共同指向的对象，也称为合同的标的，它有可能是财物、金钱，也可能是劳务、智力成果，也可以是其他权利。

根据我国民法的有关规定，在社会主义国家，不得以人身和人格作为合同客体，否则合同无效，当事人的权利无法得到保障。除此之外，我国民法还将客体分为限制流通物和非限制流通物，其中限制流通物，比如森林、土地、矿产资源、枪支弹药、毒品等，因其使用和流通受到一定的限制，所以在作为合同客体时一定要特别留意，否则将会导致合同无效，使当事人的利益受损。

五、合同法律关系要素

合同的法律关系三要素的内容，指的是合同双方的权利义务关系。根据我国有关法律法规的规定，一般来说合同应是双务合同，满足等价（或对价）有偿原则。双务合同指明双方当事人的任何一方在享受权利的同时也承担义务，但并不一定要求享受的权利和承担的义务之间完全是对等或对价关系。而等价有偿原则则要求合同主体享受的权利和承担的义务之间完全是对等或对价关系。

合同法律关系三要素是构成合同必不可少的必要条件，也是合同当事人判断自己所签合同合法性的重要依据之一。

六、合同的订立

1. 合同订立的概念

合同的订立是指合同当事人依法就合同内容经过协商、达成协议的法律行为。合同法对合同订立的基本法律要求作出了明确规定。

2. 合同订立的方式

订立合同的方式是指合同当事人双方依法就合同内容达成一致的过程。合同法规定："当事人订立合同采取要约、承诺方式。"

3. 合同订立的规定

（1）合同成立的地点

关于合同成立地点的确定，合同法作出了如下规定：

1)承诺生效的地点为合同成立的地点。

2)双方当事人签字或者盖章的地点为合同成立的地点,这种情况适用于当事人采用合同书形式订立合同的。

(2)对合同形式要求的例外规定

合同法规定:“法律、行政法规规定或者当事人约定采用书面形式订立合同,当事人未采用书面形式但一方已经履行主要义务且对方接受的,该合同成立。”

(3)计划合同

合同法规定:“国家根据需要下达指令性任务或者国家订货任务的,有关法人、其他组织之间应当依照有关法律、行政法规规定的权利和义务订立合同。”

(4)违反合同前义务的法律责任

当事人订立合同过程中,应依据诚实信用的原则,对合同内容进行磋商,如果当事人违背诚实信用原则,给对方造成损失的应承担相应的法律责任。因此,合同法对订立合同违反诚实信用原则和保密义务的责任作出了如下规定:

1)当事人在订立合同过程中有下列情形之一,给对方造成损失的,应当承担损害赔偿责任:

①假借订立合同,恶意进行磋商。

②故意隐瞒与订立合同有关的重要事实或者提供虚假情况。

③有其他违背诚实信用原则的行为。

2)当事人在订立合同过程中知悉的商业秘密,无论合同是否成立,不得泄露或者不正当地使用,泄露或者不正当地使用该商业秘密给对方造成损失的,应当承担损害赔偿责任。

七、合同的形式

合同形式是合同当事人所达成协议的表现形式,是合同内容的载体。合同法规定:“当事人订立合同,有书面形式、口头形式和其他形式。”

书面形式的合同具体又包括合同书、信件和数据电文三种。其中,合同书是指记载合同内容的文书,信件是指当事人记载合同内容的往来信函,数据电文包括电报、电传、传真、电子数据交换和电子邮件。

口头形式是指当事人只以口头语言的意思表示达成协议,而不以文字记述协议内容的合同。口头合同简便易行,缔约迅速且成本低,但在发生合同纠纷时难以取证,不易分清责任。书面合同是指当事人以文字表述协议内容的合同。书面合同既可成为当事人履行合同的依据,一旦发生合同纠纷又可成为证据,便于确定责任,能够确保交易安全,但不利于交易便捷。

其他形式的合同是指以当事人的行为或者特定情形推定成立的合同。

合同法在合同形式的规定上,明确了当事人有合同形式的选择权,但基于对重大交易安全考虑,对此又进行了一定的限制,明确规定:“法律、行政法规规定采用书面形式的,应当采用书面形式。当事人约定采用书面形式的,应当采用书面形式。”

八、合同的内容

合同内容是指据以确定当事人权利、义务和责任的具体规定,通过合同条款具体体现。

按照合同自愿原则,合同法规定:“合同内容由当事人约定”,同时,为了起到合同条款的示范作用,规定合同一般包括以下条款:

(1)当事人的名称或者姓名和住所。这是有关合同当事人的条款,通过这一条款,将合同特定化,明确了合同权利义务的享有和承担者,而当事人住所的确定,有利于当事人履行合同,也便于明确地域管辖。

(2)标的。标的是合同当事人权利义务共同指向的对象。没有标的或标的不明确,当事人的权利和义务就无所指向,合同就无法履行。不同的合同其标的也有所不同,有的合同标的是财产,有的合同标的是行为,因此,当事人必须在合同中明确规定合同标的。

(3)数量。数量是对标的计量,是以数字和计量单位来衡量标的的尺度。没有数量条款的规定,就无法确定双方权利义务的大小,使得双方权利义务处于不确定的状态,因此,合同中必须明确标的数量。

(4)质量。质量是指标的的内在素质和外观形态的综合。如产品的品种、规格、执行标准等,当事人约定质量条款时,必须符合国家有关规定和要求。

(5)价款或者报酬。合同中的价款或者报酬是合同当事人一方向交付标的方支付的表现为货币的代价。当事人在约定价款或者报酬时,应遵守国家有关价格方面的法律和规定,并接受工商行政管理机关和物价管理部门的监督。

(6)履行期限、地点和方式。履行期限是合同当事人履行义务的时间界限,是确定当事人是否按时履行或迟延履行的客观标准,也是当事人主张合同权利的时间依据。履行地点是当事人交付标的或者支付价款的地方,当事人应在合同中予以明确。履行方式是指当事人以什么方式来完成合同的义务,合同标的不同,履行方式有所不同,即便合同标的相同,也有不同的履行方式,当事人只有在合同中明确约定合同的履行方式,才便于合同的履行。

(7)违约责任。违约责任是指当事人一方或双方不履行合同或不能完全履行合同,按照法律规定或合同约定应当承担的经济制裁。合同依法成立后,可能由于某种原因使得当事人不能按照合同履行义务。合同中约定违约责任条款,不仅可维护合同的严肃性,督促当事人切实履行合同,而且一旦出现当事人违反合同的情况时,便于当事人及时依照合同承担责任,减少纠纷。在违约责任条款中,当事人应明确约定承担违约责任的方式。

(8)解决争议的办法。解决争议的合同条款相对独立于合同其他条款,它不随合同的无效而无效。合同发生争议时,及时解决争议可有效地维护当事人的合法权益。根据我国现有法律规定,争议解决的方法有和解、调解、仲裁和诉讼四种,其中仲裁和诉讼是最终解决争议的两种不同的方法,而且当事人只能在这两种方法中选择其一,即或裁或审。因此,当事人在订立合同时,在合同中约定争议的解决方法,有利于当事人在发生争议后及时解决争议。

九、要约与邀请

1. 要约与邀请的区别

要约是希望和他人订立合同的意思表示。在要约中,提出要约的一方为要约人,要约发向的一方为受要约人。要约与要约邀请的区别在于:

(1)要约是当事人自己主动表示愿意与他人订立合同,而要约邀请则是希望他人向自己提出要约。

(2)要约的内容必须包括将要订立的合同的实质条件,而要约邀请则不一定包含合同的主要内容。

(3)要约经受要约人承诺,要约人受其要约的约束,要约邀请则不含有受其要约邀请约束的意思。

2. 要约的效力

合同法规定:“要约到达受要约人时生效。”要约生效后,对要约人和受要约人产生不同的法律后果,表现为:使得受要约人取得承诺的资格,而对要约人则受到一定的约束。合同法对要约的效力作出了如下规定:

(1)要约的撤回。撤回要约是指要约人发出要约后,在其送达受要约人之前,将要约收回,使其不生效。合同法规定:“要约可以撤回。撤回要约的通知应当在要约到达受要约人之前或者与要约同时到达受要约人。”

(2)要约的撤销。撤销要约是指要约生效后,在受要约人承诺之前,要约人通过一定的方式,使要约的效力归于消灭。合同法规定:“要约可以撤销。撤销要约的通知应当在受要约人发出承诺通知之前到达受要约人。”同时,合同法也规定了不得撤销要约的情形:要约人确定了承诺期限或者以其他形式明示要约不可撤销,或者受要约人有理由认为要约是不可撤销的,并已经为履行合同作了准备工作。

要约失效即要约的效力归于消灭。合同法规定了要约失效的四种情形:

1)拒绝要约的通知到达要约人。

2)要约人依法撤销要约。

3)承诺期限届满,受要约人未作出承诺。

4)受要约人对要约的内容作出实质性变更。

十、承　诺

1. 承诺的概念

承诺是受要约人同意要约的意思表示。根据合同法的规定,承诺生效应符合以下条件:

(1)承诺必须由受要约人向要约人作出。

(2)承诺的内容应当与要约的内容相一致。

(3)受要约人应当在承诺期限内作出承诺。

(4)承诺应以通知的方式作出。一般情况下,受要约人应当以明示的方式告知要约人其接受要约的条件。除非根据交易习惯或者要约表示可以通过行为作出承诺。

2. 承诺的效力

合同法规定:“承诺通知到达要约人时生效。”承诺生效时合同即告成立,对要约人和承诺人来讲,他们相互之间就确立了权利义务关系。承诺可以撤回,当撤回承诺的通知比承诺通知先到达对方或者与承诺通知同时到达对方时,以撤回承诺的通知为准。承诺不可撤销,因为撤销的是已生效的承诺,而根据合同法的规定:“承诺生效时合同成立”。此时撤销的将不再是承诺,而是合同。但是合同是双方当事人意思一致的表示,任何人都无权自行撤销。

合同法对合同成立的时间规定了四种情况:

(1)承诺通知到达要约人时生效。

(2)当事人采用合同书形式订立合同的,自双方当事人签字或者盖章时合同成立。

(3)当事人采用信件、数据电文等形式订立合同的,可以在合同成立之前要求签订确认书,签订确认书时合同成立。

(4)法律、行政法规规定或者当事人约定采用书面形式订立合同,当事人未采用书面形式但一方已经履行主要义务且对方接受的,该合同成立。

十一、合同的成立与生效

合同的成立,是指订约当事人经由要约、承诺,就合同的主要条款达成一致,即双方当事人意思表示一致而建立了合同关系,表明了合同订立过程的完结。

合同的生效,是指已经成立的合同在当事人之间产生了一定的法律约束力,也就是通常所说的法律效力。

合同生效是以合同成立为前提的,但合同成立后不一定就生效。合同成立与生效之间的关系可分为以下几种情况:

(1)大多数合同成立即生效,也即合同成立与合同生效是在同一时间。

(2)合同成立后永远不生效,也即无效合同。

(3)合同成立后效力处于不确定状态,是否生效要看合同成立时缺乏的生效要件后来能否得到补正,即效力待定合同。

(4)合同成立后并不立即生效,其生效与否要视约定的条件或期限。合同法规定:"附生效条件的合同,自条件成就时生效。附解除条件的合同,自条件成就时失效。"同时规定:"当事人为自己的利益不正当地阻止条件成就的,视为条件已成就;不正当地促成条件成就的,视为条件不成就。""附生效期限的合同,自期限届至时生效。附终止期限的合同,自然限届满时失效。"

(5)合同成立后并不能立即生效,只有完成了应当办理的批准、登记手续后才生效。批准登记的合同,是指法律、行政法规规定应当办理批准登记手续的合同。按照我国现有的法律和行政法规的规定,有的将批准登记作为合同成立的条件,有的将批准登记作为合同生效的条件。比如,中外合资经营企业合同必须经过批准后才能成立。合同法对此规定:"法律、行政法规规定应当办理批准、登记等手续生效的,依照其规定。"

十二、效力待定合同的概念

效力待定合同是指行为人未经权利人同意而订立的合同,因其不完全符合合同生效的要件,合同有效与否,就要由权利人确定。根据合同法的规定,效力待定合同有以下几种:

(1)限制民事行为能力人订立的合同。限制民事行为能力人订立的与其智力发育程度不相当的合同,经法定代理人在一个月内予以追认后,该合同有效。

(2)无权代理合同。代理合同是指行为人以他人名义,在代理权限范围内与第三人订立的合同。而无权代理合同则是行为人不具有代理权而以他人名义订立的合同。这种合同具体又有三种情况:

行为人没有代理权,即行为人事先并没有取得代理权却以代理人自居而代理他人订立的合同。

无权代理人超越代理权,即代理人虽然获得了被代理人的代理权,但他在代订合同时,超越了代理权限的范围。

代理权终止后以被代理人的名义订立合同,即行为人曾经是被代理人的代理人,但在以被代理人的名义订立合同时,代理权已终止。

对于无权代理合同,合同法规定:“未经被代理人追认,对被代理人不发生效力,由行为人承担责任。”但是,“相对人有理由相信行为人有代理权的(如表见代理等),该代理行为有效。”

十三、无处分权人处分他人财产合同

无处分权的人处分他人财产合同是指无处分权的人以自己的名义对他人的财产进行处分而订立的合同。根据法律规定,财产处分权只能由享有处分权的人行使,但合同法对无财产处分权人订立的合同生效情况作出了规定:“无处分权的人处分他人财产,经权利人追认或者无处分权的人订立合同后取得处分权的,该合同有效。”

十四、无效合同

1. 无效合同的概念

无效合同就是指虽经当事人协商订立,但因其不具备合同生效条件,不能产生法律约束力的合同。无效合同从订立时起就不具有法律约束力。合同法规定了五种无效合同:

(1)一方以欺诈、胁迫的手段订立合同,损害国家利益。

(2)恶意串通,损害国家、集体或者第三人利益。

(3)以合法形式掩盖非法目的。

(4)损害社会公共利益。

(5)违反法律、行政法规的强制性规定。

另外,合同法还对合同中的免责条款及争议解决条款的效力作出了规定。合同的免责条款是指当事人在合同中约定的免除或限制其未来责任的条款。免责条款是由当事人协商一致的合同的组成部分,具有约定性。如果需要,当事人应当以明示的方式依法对免责事项及免责的范围进行约定。但对那些具有社会危害性的侵权责任,当事人不能通过合同免除其法律责任,即使约定了,也不承认其有法律约束力。因此,合同法第五十三条明确规定了两种无效免责条款:

(1)造成对方人身伤害的。

(2)因故意或者重大过失造成对方财产损失的。

合同中的解决争议条款具有相对独立性,当合同无效、被撤销或者终止时,解决争议条款的效力不受影响。

2. 无效合同伴随的法律责任

(1)返还财产

返还财产是指合同当事人应将因履行无效合同或者被撤销合同而取得的对方财产归还给对方。如果只有一方当事人取得对方的财产,则单方返还给对方;如果双方当事人均取得了对方的财产,则应双方返还给对方。通过返还财产,使合同当事人的财产状况恢复到订立合同时的状态，从而消除了无效合同或者被撤销合同的财产后果。但返还财产不一定返还原物，如果不能返还财产或者没有必要返还财产的，也可通过折价补偿的方式，达到恢复当事人的财产状况的目的。

(2)赔偿损失

当事人对因合同无效或者被撤销而给对方造成的损失，并不能因返还财产而被补偿，因此，还应承担赔偿责任。但当事人承担赔偿损失责任时，应以过错为原则。如果一方有过错给对方造成损失，则有过错一方应赔偿对方因此而受到的损失；如果双方都有过错，则双方均应承担各自相应的责任。

(3)追缴财产

对于当事人恶意串通，损害国家、集体或者第三人利益的合同，由于其有着明显的违法性，应追缴当事人因合同而取得的财产，以示对其违法行为的制裁。对损害国家利益的合同，当事人因此取得的财产应收归国家所有；对损害集体利益的合同，应将当事人因此而取得的财产返还给集体；对损害第三人利益的合同，应将当事人因此而取得的财产返还给第三人，而不再适用返还财产的处理方式，从而达到维护国家、集体或者第三人合法权益的目的。

十五、因重大误解订立的合同

所谓"重大误解"，就是行为人对行为的性质，对方当事人，标的物的品种、质量、规格和数量等的错误认识，使行为的后果与自己的意思相悖，并造成较大损失的，可以认定为重大误解。因此，有重大误解的合同，是当事人由于自己的错误认识，对合同对方或合同内容在认识上不正确，而并非由于对方当事人的故意行为而作出错误的意思表示。对于这种合同，应当允许当事人要求变更或者撤销。

十六、显失公平的合同

所谓"显失公平"，就是一方当事人利用优势或者利用对方没有经验，致使双方的权利义务明显违反公平、等价有偿原则的，可以认定为显失公平。因此，显失公平的合同是指当事人的权利义务极不平等，合同的执行必然给当事人一方造成极大的损失，有背于公平原则的合同；对于这种合同，当事人一方有权请求变更或者撤销。

此外，合同法对于一方采用欺诈、胁迫手段或乘人之危订立的合同，也作出了规定。当一方当事人以欺诈、胁迫手段或者乘人之危与另一方订立合同时，另一方当事人往往会违背其真实意思作出表示，这与民事法律行为必须意思表示真实的规定相违背，应属无效。但合同法根据合同自愿原则，允许受害方选择合同效力，合同法规定："一方以欺诈、胁迫的手段或者乘人之危，使对方在违背真实意思的情况下订立的合同，受损害方有权请求人民法院或者仲裁机构变更或者撤销。"

合同经法院或仲裁机构变更，被变更的部分即属无效，而变更后的合同则为有效合同，对当事人有法律约束力。合同经人民法院或仲裁机构撤销，被撤销的合同即属无效合同，自始不具有法律约束力。因此，对于上述合同，如果当事人未请求变更的，人民法院或者仲裁机构不得撤销。同时，为了维护社会经济秩序的稳定，保护当事人的合法权益，合同法对当事人的撤

销权也作出了限制。合同法规定:“有下列情形之一的,撤销权消灭:

(1)具有撤销权的当事人自知道或者应当知道撤销事由之日起一年内没有行使撤销权。

(2)具有撤销权的当事人知道撤销事由后明确表示或者以自己的行为放弃撤销权。”

十七、合同的履行

1.合同履行的概念

合同的履行是指合同生效后,当事人双方按照合同约定的标的、数量、质量、价款、履行期限、履行地点和履行方式等,完成各自应承担的全部义务的行为。如果当事人只完成了合同规定的部分义务,称为合同的部分履行或不完全履行;如果合同的义务全部没有完成,称为合同未履行或不履行合同。有关合同履行的规定,是合同法的核心内容。

2.全面履行合同的原则

当事人订立合同不是目的,只有全面履行合同,才能实现当事人所追求的法律后果,其预期目的才能得以实现。因此,为了确保合同生效后能够顺利履行,当事人应对合同内容作出明确具体的约定。但是如果当事人所订立的合同,对有关内容约定不明确或没有约定,为了确保交易的安全与效率,合同法允许当事人协议补充。如果当事人不能达成协议的,按照合同有关条款或者交易习惯确定。如果按此规定仍不能确定的,则按合同法规定处理:

(1)质量要求不明确的,按照国家标准、行业标准履行;没有国家标准、行业标准的,按照通常标准或者符合合同目的的特定标准履行。

(2)价款或者报酬不明确的,按照订立合同时履行地的市场价格履行;依法应当执行政府定价或者政府指导价的,按照规定履行。

(3)履行地点不明确,给付货币的,在接受货币一方所在地履行;交付不动产的,在不动产所在地履行;其他标的,在履行义务一方所在地履行。

(4)履行期限不明确的,债务人可以随时履行,债权人也可以随时要求履行,但应当给对方必要的准备时间。

(5)履行方式不明确的,按照有利于实现合同目的的方式履行。

(6)履行费用的负担不明确的,由履行义务一方负担。

十八、合同的义务

合同义务分为合同主义务和合同随附义务,当事人不履行合同主义务要承担违约责任,若不履行合同随附义务同样要承担相应的法律责任。

合同主义务指的是所签订的合同中明示的义务。合同的附随义务是相对于合同主义务而言的,虽然未在合同中明确规定,但依照合同的性质、目的或者交易习惯,当事人应当负有的义务。

合同随附义务是由合同的诚实信用原则引发而来的,具体包括及时通知的义务、协助履行的义务、提供完成合同必需条件的义务、采取有效措施防止损失进一步扩大的义务和保密义务。

十九、同时履行抗辩权的概念

同时履行抗辩权是指在双务合同中，当事人履行合同义务没有先后顺序，应当同时履行，当对方当事人未履行合同义务时，一方当事人可以拒绝履行合同义务的权利。合同法规定："当事人互负债务，没有先后履行顺序的，应当同时履行，一方在对方履行之前有权拒绝其履行要求。一方在对方履行债务不符合约定时，有权拒绝其相应的履行要求。"根据这一规定，债务人行使同时履行抗辩权的条件是：第一，在合同中，双方当事人互负债务，即合同必须是双务合同；第二，在合同中未规定履行互负债务的先后顺序，即当事人双方应当同时履行合同债务；第三，对方当事人未履行合同债务或者履行债务不符合合同约定；第四，对方当事人有全面履行合同债务的能力。合同法有关债务人同时履行抗辩权的规定，有利于维护当事人间的公平利益关系，是公平原则的具体体现。

二十、异时履行抗辩权的概念

异时履行抗辩权包括先履行抗辩权和不安抗辩权两种。

(1)先履行抗辩权是指在双务合同中，当事人约定了债务履行的先后顺序，当先履行的一方未按约定履行债务时，后履行的一方可拒绝履行其合同债务的权利。合同法规定："当事人互负债务，有先后履行顺序，先履行一方未履行的，后履行一方有权拒绝其履行要求。先履行一方履行债务不符合约定的，后履行一方有权拒绝其相应的履行要求。"根据这一规定，当事人行使异时履行抗辩权的条件是：第一，当事人在合同中互相承担债权债务，即当事人订立的是双务合同；第二，合同中约定了当事人履行债务的先后顺序；第三，应当先履行债务的一方当事人未履行债务或者履行债务不符合合同的约定；第四，应当先履行债务的一方当事人能够全面履行债务。同样，合同法的这一规定，也是公平原则的具体体现。

(2)不安抗辩权也称中止履行，是指在双务合同中，先履行债务的当事人掌握了后履行债务一方当事人丧失或者可能丧失履行债务能力的确切证据时，暂时中止履行其到期债务的权利。合同法规定："应当先履行债务的当事人，有确切证据证明对方有下列情形之一的，可以中止履行：

1)经营状况严重恶化。

2)转移财产、抽逃资金，以逃避债务。

3)丧失商业信誉。

4)有丧失或者可能丧失履行债务能力的其他情形。"

根据这一规定，当事人行使不安抗辩权的条件是：第一，当事人订立的是双务合同并约定了履行先后顺序；第二，先履行一方当事人的履行债务期限已过，而后履行一方当事人的债务未到履行期限；第三，后履行一方当事人丧失或者可能丧失履行债务能力，证据确切；第四，合同中未约定担保。

当事人行使了不安抗辩权，并不意味着合同终止，只是当事人暂时停止履行其到期债务，此时，应如何处理双方之间合同呢？合同法对此作出了规定："当事人依照本法第六十八条的规定中止履行的，应当及时通知对方。对方提供适当担保时，应当恢复履行。中止履行后，对方在合理期限内未恢复履行能力并且未提供适当担保的，中止履行的一方可以解除合同。”

二十一、合同中债权人的权利

合同中债权人的权利如图 2—2 所示。

合同中债权人的权利

- **代位权**
  - 债权人的代位权是指债权人为了使其债权免受损害，代为行使债务人权利的权利。合同法规定：“因债务人怠于行使其到期债权，对债权人造成损害的，债权人可以向人民法院请求以自己的名义代位行使债务人的债权，但该债权专属于债务人自身的除外。”根据这一规定，债权人行使代位权的条件是：第一，债务人怠于行使其到期债权；第二，基于债务人怠于行使权利，会造成债权人的损害；第三，债务人的权利非专属债务人自身；第四，代位权的范围应以债权人的债权为限。
- **撤销权**
  - (1)债权人的撤销权是指债权人对于债务人实施的损害其债权的行为，请求人民法院予以撤销的权利。合同法规定：“因债务人放弃其到期债权或者无偿转让财产，对债权人造成损害的，债权人可以请求人民法院撤销债务人的行为。债务人以明显不合理的低价转让财产，对债权人造成损害，并且受让人知道该情形的，债权人也可以请求人民法院撤销债务人的行为。”根据这一规定，债权人行使撤销权的条件是：第一，债务人实施了损害债权人的行为，这种行为有三种表现形式：放弃到期债权、无偿转让财产以及向知情第三人以明显不合理的低价转让财产；第二，债务人造成了债权人的损害；第三，撤销权的行使范围以债权人的债权为限。
  - (2)债权人无论是行使代位权，还是行使撤销权，均应当向人民法院提起诉讼，由人民法院作出裁判。当债权人行使撤销权，人民法院依法撤销债务人行为，导致债务人的行为自始无效，第三人因此取得的财产，应当返还给债务人。由于债权人行使撤销权，涉及到第三人的利益，对债权人行使撤销权的期限，合同法作出了规定：“撤销权自债权人知道或者应当知道撤销事由之日起一年内行使。自债务人的行为发生之日起五年内没有行使撤销权的，该撤销权消灭。”
- **抗辩权**
  - (1)债权人的抗辩权是指当债务人履行债务不符合合同约定，债权人可以拒绝债务人履行债务的权利。债权人行使抗辩权的情形有两种：一种是在债务人提前履行合同时，另一种是在债务人部分履行合同时。对此，合同法分别作出了规定。
  - (2)债权人可以拒绝债务人提前履行债务，但提前履行不损害债权人利益的除外。债务人提前履行债务给债权人增加的费用，由债务人负担。
  - (3)债权人可以拒绝债务人部分履行债务，但部分履行不损害债权人利益的除外。债务人部分履行债务给债权人增加的费用，由债务人负担。

图 2—2　合同中债权人的权利

二十二、合同变更的概念

合同的变更是指合同依法成立后，在尚未履行或尚未完全履行时，当事人双方依法对合同的内容进行修订或调整所达成的协议。例如，对合同约定的标的数量、质量标准、试行期限、履行地点和履行方式等进行变更。合同变更一般不涉及已履行的部分，而只对未履行的部分进行变更，因此，合同变更不能在合同履行后进行，只能在完全履行合同之前。

按照合同法的规定，只要当事人协商一致，即可变更合同。因此，当事人变更合同的方式类似订立合同的方式，经过提议和接受两个步骤。首先，要求变更合同的一方当事人提出变更合同的建议，在该提议中，当事人应明确变更的内容，以及变更合同引起的财产后果的处理。然后，由另一方当事人对变更建议表示接受。至此，双方当事人对合同变更达成协议。一般来说，当事人凡书面形式订立的合同，变更协议亦应采用书面形式；凡是法律、行政法规规定合同变更应当办理批准、登记手续的，依照其规定。

应当注意的是，当事人对合同变更只是一方提议而未能达成协议时，不产生合同变更的效力；当事人对合同变更的内容约定不明确的，同样也不产生合同变更的效力。

二十三、合同转让的概念

合同的转让，是指当事人一方将合同的权利和义务转让给第三人，由第三人接受权利和承担义务的法律行为。当事人一方将合同的部分权利和义务转让给第三方的，称为合同的部分转让，其后果是：一方面在当事人另一方与第三人之间形成新的权利义务关系；另一方未转让的那部分权利和义务，对原合同当事人仍然有效，双方仍应履行。

当事人一方将合同的权利和义务全部转让给第三人的，称为合同的全部转让。合同的全部转让，实际上是合同一方当事人的变更，即主体变更，而原合同中约定的权利义务依然存在，并未变更。随着合同的全部转让，原合同当事人之间的权利和义务关系消灭，与此同时，又在未转让一方当事人与第三人之间形成新的权利义务关系，即由第三人代替转让方的合同地位，享有权利和承担义务。允许当事人转让合同权利和义务，是合同法自愿原则的具体体现，但法律、行政法规对转让合同有所规定的，应依照其规定。

合同法规定了合同权利转让、合同义务转让和合同权利义务一并转让的三种情况。

二十四、合同的权利及义务终止

合同的终止，又称合同的消灭，是指当事人之间的合同关系由于某种原因而不复存在。合同法对合同终止的情形、合同后义务以及合同的解除等作出了规定。

合同终止的情况有：

(1)债务已经按照约定履行。

(2)合同解除。

(3)债务相互抵消。

(4)债务人依法将标的物提存。

(5)债权人免除债务。

(6)债权债务同归于一人。

(7)法律规定或者当事人约定终止的其他情形。

二十五、合同的解除

1. 合同解除的概念

合同的解除，是指合同依法成立后，在尚未履行或者尚未完全履行时，提前终止合同效力的行为。合同法把合同的解除规定为终止合同的一种原因，并对约定解除合同和法定解除合同分别作出了规定。

(1)约定解除

约定解除是指当事人通过行使约定的解除权或者通过协商一致而解除合同。合同法规定："当事人协商一致，可以解除合同。当事人可以约定一方解除合同的条件，解除合同的条件成就时，解除权人可以解除合同。"

(2)法定解除

法定解除是指当具有了法律规定可以解除合同的条件时，当事人即可依法解除合同。合同法规定了五种法定解除合同的情形：

1)因不可抗力致使不能实现合同目的。

2)在履行期限届满之前，当事人一方明确表示或者以自己的行为表示不履行主要债务。

3)当事人一方迟延履行主要债务,经催告后在合理期限内仍未履行。

4)当事人一方迟延履行债务或者有其他违约行为致使不能实现合同目的。

5)法律规定的其他情形。

关于合同解除的法律后果,合同法也作出了相应规定:“合同解除后,尚未履行的,终止权行;已经履行的,根据履行情况和合同性质,当事人可以要求恢复原状、采取其他补救措施,并有权要求赔偿损失。”

合同终止后,虽然合同当事人的合同权利义务关系不复存在了,但合同责任并不一定消灭,因此,合同中结算和清理条款不因合同的终止而终止,仍然有效。

2.合同解除的方式

违约责任,是指当事人任何一方违约后,依照法律规定或者合同约定必须承担的法律制裁。关于违约责任的方式,合同法规定了三种主要的方式:

(1)继续履行合同

继续履行合同是要求违约债务人按照合同的约定,切实履行所承担的合同义务。具体来讲包括两种情况:一是债权人要求债务人按合同的约定履行合同;二是债权人向法院提起起诉,由法院判决强迫违约一方具体履行其合同义务。当事人违反金钱债务,一般不能免除其继续履行的义务。合同法规定:“当事人一方未支付价款或者报酬的,对方可以要求其支付价款或者报酬。”当事人违反非金钱债务的,除法律规定不适用继续履行的情形外,也不能免除其继续履行的义务。非金钱债务,是指以物、行为和智力成果为标的的债务。合同法规定:“当事人一方不履行非金钱债务或者履行非金钱债务不符合约定的,对方可以要求履行,但有下列情形之一的除外:

1)法律上或者事实上不能履行。

2)债务的标的不适于强制履行或者履行费用过高。

3)债权人在合理期限内未要求履行。”

(2)采取补救措施

采取补救措施,是指在当事人违反合同后,为防止损失发生或者扩大,由其依照法律或者合同约定而采取的修理、更换、退货、减少价款或者报酬等措施。采用这一违约责任的方式,主要是在发生质量不符合约定的时候。合同法规定:“质量不符合约定的,应当按照当事人的约定承担违约责任。对违约责任没有约定或者约定不明确,依照本法第 61 条的规定仍不能确定的,受损害方根据标的的性质以及损失的大小,可以合理选择要求对方承担修理、更换、重作、退货、减少价款或者报酬等违约责任。”

(3)赔偿损失

赔偿损失,是指合同当事人就其违约而给对方造成的损失给予补偿的一种方法。合同法规定:“当事人一方不履行合同义务或者履行合同义务不符合约定的,在履行义务或者采取措施后,对方还有其他损失的,应当赔偿损失。”采取赔偿损失的方式时,涉及到赔偿损失的范围和方法等问题。关于赔偿损失的范围,合同法规定:“当事人一方不履行合同义务或者履行合同义务不符合约定,给对方造成损失的,损失赔偿额应当相当于因违约所造成的损失,包括合同履行后可以获得的利益,但不得超过违反合同一方订立合同时预见到或者应当预见到的因违反合同可能造成的损失。”

二十六、不可抗力

1. 不可抗力的概念及条件

合同法规定："不可抗力，是指不能预见、不能避免并不能克服的客观情况。"根据这一规定，不可抗力的构成条件是：

(1)不可避免性。即合同生效后，当事人对可能出现的意外情况尽管采取了合理措施，但是客观上并不能阻止这一意外情况的发生，就是事件发生的不可避免性。

(2)不可克服性。不可克服性是指合同的当事人对于意外情况发生导致合同不能履行这一后果克服不了。如果某一意外情况发生而对合同履行产生不利影响，但只要通过当事人努力能够将不利影响克服，则这一意外情况就不能构成不可抗力。

(3)不可预见性。法律要求构成一个合同的不可抗力事件必须是有关当事人在订立合同时，对这个事件是否发生不能预见到。在正常情况下，对于一般合同当事人能否预见到某一事件的发生，可以从两个方面来考察：一是客观方面，即凡正常的人能预见到的或具有专业知识的一般水平的人能预见到的，合同当事人就应该预见到；二是主观方面，即根据合同当事人的主观条件来判断对事件的预见性。

(4)履行期间性。不可抗力作为免责理由时，其发生必须是在合同订立后、履行期限届满前。当事人迟延履行后发生不可抗力的，不能免除责任。

2. 不可抗力的条款

合同中关于不可抗力的约定称为不可抗力条款，其作用是补充法律对不可抗力的免责事由所规定的不足，便于当事人在发生不可抗力时及时处理合同。一般来说，不可抗力条款应包括下述内容：

(1)不可抗力的范围：由于不可抗力情况非常复杂，在不同环境下不可抗力事件对合同的影响往往是不同的，因此，在合同中约定不可抗力的范围是有必要的。

(2)不可抗力发生后，当事人一方通知另一方的期限。

(3)出具不可抗力证明的机构及证明的内容。

(4)不可抗力发生后对合同的处理。

3. 不可抗力的法律后果

一个不可抗力事件发生后，可能引起三种法律后果：一是合同全部不能履行，当事人可以解除合同，并免除全部责任；二是合同部分不能履行，当事人可部分履行合同，并免除其不履行部分的责任；三是合同不能按期履行，当事人可延期履行合同，并免除其迟延履行的责任。

4. 遭遇不可抗力一方当事人

因不可抗力不能履行合同义务时，应承担如下义务：第一，应当及时采取一切可能采取的有效措施避免或者减少损失；第二，应当及时通知对方；第三，当事人应当在合理期限内提供证明。

二十七、缔约过失责任

1. 缔约过失责任的概念

缔约过失责任是指在合同订立过程中，一方因故意或过失违背依其诚实信用原则所应尽的义务，使合同未成立、被撤销或无效而导致另一方信赖利益的损失时应承担的民事责任。

2. 缔约过失责任与违约责任的区别

缔约过失责任与违约责任的区别如图 2－3 所示。

缔约过失责任与违约责任的区别

- 产生的根据不同
  - (1)缔约过失责任是在缔结合同中基于合同不成立、合同无效或被撤销的情形而产生的责任,此时合同并未生效,因此,缔约过失责任产生的根据是先合同义务。
  - (2)违约责任则只能产生于已生效的合同,合同已生效,债务人应按合同约定的义务履行,对约定义务的违反,债务人应承担违约责任,因此,违约责任产生的根据是合同义务。
- 保护的利益不同
  - (1)缔约过失责任保护当事人的信赖利益。所谓信赖利益是指当事人信赖其与对方签订有效合同而产生的利益。对于信赖利益的损失,依民法一般原理应给当事人予以补偿,应承担缔约过失责任。若无缔约过失责任制度,则难以建立对信赖利益的保护制度,从而使当事人在缔约阶段的信赖利益失去法律保护。
  - (2)违约责任则重在保护合同当事人的履行利益。所谓履行利益是指合同当事人基于合同的生效,实际履行后所获得的利益。合同生效后,对于债务人不履行合同义务或履行合同义务不符合约定而使得债权人的履行利益得不到实现时,法律规定或当事人约定债务人对此应承担违约责任。
- 发生的时间不同
  - (1)缔约过失责任是在合同订立过程中合同当事人一方违反诚信义务而产生。
  - (2)违约责任的形成是在合同成立后,义务人不履行合同义务而形成的。
- 构成要件不同
  - 缔约过失责任的构成要件主要有:
  - (1)当事人双方必须有缔约行为。
  - (2)当事人一方必须违背依诚实信用原则所产的法定义务。
  - (3)主观上必须当事人一方有过错,包括故意和过失。
  - (4)客观上须另一方当事人信赖利益受到损失。
  - (5)当事人主观上的过错与另一方当事人信赖利益的损失之间须有因果关系。
  - 违约责任的一般构成要件只有一个,即违约行为。
- 责任形式不同
  - (1)缔约过失责任的责任形式只能是赔偿损失。
  - (2)违约责任的责任形式则有很多,主要规定了如下几种责任形式:继续履行、采取补救措施、赔偿损失、支付违约金、定金罚则等。
- 免责事由不同
  - (1)缔约过失责任没有免责事由。
  - (2)违约责任中当出现法定的或约定的免责事由时,违约方将免除承担法律责任。法定的免责事由主要是指合同法第 117 条规定的不可抗力,包括自然灾害、政府行为、社会异常事件等。约定的免责事由包括当事人在合同中约定的免责条款和约定的不可抗力的范围。

图 2－3 缔约过失责任与违约责任的区别

二十八、合同法中的和解指的概念

和解,是指争议的合同当事人,依据有关法律规定和合同约定,在互谅互让的基础上,经过谈判和磋商,自愿对争议事项达成协议,从而解决合同争议的一种方法。和解的特点在于无须第三者介入,简便易行,能及时解决争议,并有利于双方的协作和合同的继续履行。但由于和解必须以双方自愿为前提,因此,当双方分歧严重,一方或双方不愿协商解决争议时,和解方式往往受到局限。和解应以合法、自愿和平等为原则。

二十九、调 解

1. 调解的概念

调解,是争议当事人在第三方的主持下,通过其劝说引导,在互谅互让的基础上自愿达成协议,以解决合同争议的一种方式。调解也是以合法、自愿和平等为原则。实践中,依调解人的不同,合同争议的调解有民间调解、仲裁机构调解和法庭调解三种。

2. 调解的方式

民间调解是指当事人临时选任的社会组织或者个人作为调解人对合同争议进行调解。通过调解人的调解，当事人达成协议的，双方签署调解协议书。调解协议书对当事人具有与合同一样的法律约束力。

仲裁机构调解是指当事人将其争议提交仲裁机构后，经双方当事人同意，将调解纳入仲裁程序中，由仲裁庭主持进行。仲裁庭调解成功，制作调解书，双方签字后生效，只有调解不成才进行仲裁。调解书与裁决书具有同等的效力。

法庭调解是指由法院主持进行的调解。当事人将其争议提起诉讼后，可以请求法庭调解。调解成功的，法院制作调解书，调解书经双方当事人签收后生效。调解书与生效的判决书具有同等的效力。

调解解决合同争议，可以不伤和气，使双方当事人互相谅解，有利于促进合作。但这种方式受当事人自愿的局限，如果当事人不愿调解或调解不成时，则应及时采取仲裁或诉讼以最终解决合同争议。

三十、仲　裁

仲裁也称公断，是双方当事人通过协议自愿将争议提交第三者（仲裁机构）作出裁决，并负有履行裁决义务的一种解决争议的方式。这种方式的特点是：第一，从受案依据看，仲裁机构受理案件的依据是双方当事人的仲裁协议，在仲裁协议中，当事人应对仲裁事项的范围、仲裁机构等内容作出约定，因此具有一定的自治性；第二，从办案速度看，合同争议往往涉及许多专业性或技术性的问题，需要有专门知识的人才能解决，而仲裁人员一般都是各个领域和行业的专家和知名人士，具有较高的专业水平，熟悉有关业务，能迅速查清事实、作出处理，而且仲裁是一裁终局，从而有利于及时解决争议，节省时间和费用。根据《中华人民共和国仲裁法》的规定，仲裁包括国内仲裁和国际仲裁。

三十一、诉　讼

诉讼作为一种合同争议的解决方法，是指因当事人相互间发生合同争议后而在法院进行的诉讼活动。在诉讼过程中，法院始终居于主导地位，代表国家行使审判权，是解决争议案件的主持者和审判者，而当事人则各自基于诉讼法所赋予的权利，在法院的主持下为维护自己的合法权益而活动。诉讼不同于仲裁的主要特点在于：它不必以当事人的相互同意为依据，只要不存在有效的仲裁协议，任何一方都可以向有管辖权的法院起诉。由于合同争议往往具有法律性质，涉及到当事人的切身利益，通过诉讼，当事人的权利可得到法律的严格保护，尤其是当事人发生争议后，在缺少或达不成仲裁协议的情况下，诉讼也就成了必不可少的补救手段。

第三章　建筑市场

广义的建筑市场是指承载与建筑业生产经营活动相关的一切交易活动的总称。广义市场包括有形市场和无形市场，包括与工程建设有关的技术、租赁、劳务等各种要素的市场，为工程建设提供专业服务的中介组织体系，包括靠广告、通信、中介机构或经纪人等媒介沟通买卖双方或通过招投标等多种方式成交的各种交易活动，还包括建筑商品生产过程及流通过程中的经济联系和经济关系。

可以说，广义的建筑市场是工程建设生产和交易关系的总和。狭义的建筑市场一般指有形建筑市场，以工程承发包交易活动为主要内容，有固定的交易场所(即工程交易中心)。

第一节　建筑市场体系

一、建筑市场的特点

(1)交易方式为买方向卖方直接定货，并以招投标为主要方式。

(2)交易价格以工程造价为基础，企业竞争是企业信誉、技术力量、施工质量的竞争。

(3)交易行为需受到严格的法律、规章、制度的约束和监督，并向公开市场化过渡。

近年来，建筑市场已形成以发包方、承包方和中介服务机构组成的市场主体，以建筑产品和建筑生产过程组成的市场客体，由招投标为主要交易形式的市场竞争机制，由资质管理为主要内容的市场监督管理体系，以及我国特有的有形建筑市场、工程交易中心等，构成了建筑市场体系。

二、建筑市场中的业主

业主是指既有某项工程建议需求，又具有该项工程建设相应的建设资金和各种准建手续，在建筑市场中发包工程建设的勘察、设计、施工任务，并最终得到建筑产品的政府部门、企事业单位或个人。

在我国工程建设中，业主也称之为建设单位，只有在发包工程或组织工程建设时才成为市场主体，不是建筑市场的从业主体，因此业主作为市场主体具有不确定性。在我国，有些地方和部门曾提出过要对业主实行技术资质管理制度，以改善当前业主行为不规范的问题。但无论是从国际惯例和国内实践看，对业主资格实行审查约束是不成立的，对其行为进行约束和规范，只能通过法律和经济的手段去实现。

三、建筑市场中的承包商

承包商是指拥有一定数量的建设装备、流动资金、工程技术经济管理人员、取得建筑资质证书和营业执照，能够按照业主的要求提供不同形态的建筑产品并最终得到相应工程价款的施工企业。

按照其能提供的建筑产品，承包商可分为不同的专业，如铁路、公路、房建、水电、市政工程等专业公司；按照承包方式，也可分为承包商和分包商。相对于业主，承包商作为建筑市场主体，是长期和持续存在的。因此，无论是在国内还是按国际惯例，对承包商一般都要实行从业资格管理。住房和城乡建设部于 2007 年颁布了新的《建筑业企业资质管理规定》，对从业条件、资格管理、资格序列、经营范围、资格类别、等级等作了明确规定。

四、建筑市场的客体指

建筑市场的客体，一般称作建筑产品，是建筑市场的交易对象，既包括有形建筑产品，也包括无形产品——各类智力型服务。建筑产品不同于一般工业产品。因为建筑产品本身及其生产过程具有不同于其他工业产品的特点，在不同的生产交易阶段，建筑产品表现为不同的形态。可以是咨询公司提供的咨询报告、咨询意见或其他服务，可以是勘察设计单位提供的设计方案、施工图纸、勘察报告，可以是生产厂家提供的混凝土构件，当然也包括承包商生产的房屋和各类构筑物。

五、工程咨询服务机构

工程咨询服务机构是指具有一定注册资金、工程技术、经济管理人员，取得建筑咨询证书和营业执照，能对工程建设提供估算测量、管理咨询、建设监理等智力型服务并获取相应费用的企业。工程咨询服务企业可以开展勘察设计、工程造价(测量)、工程管理、招标代理、工程监理等多种业务。这类企业主要是向业主提供工程咨询和管理服务，弥补业主对工程建设过程不熟悉的缺陷，在国际上一般称为咨询公司，其从业人士一般被称为专业人士。

目前数量最多并有明确资质标准的是工程设计院、工程监理公司、工程造价(工程测量)事务所以及招标代理、工程管理等咨询类企业。按照国际惯例，专业人士只为其工程咨询所造成的直接后果负责。

第二节　有形建筑市场

一、有形建筑市场的概念

有形建筑市场(即建设工程交易中心)是经政府主管部门批准，为建设工程交易活动提供服务的场所。简而言之即建设工程交易的平台，它提供了有序、规范、公平的交易环境和方便有效的相关服务，为规范建筑市场运作提供了良好的基础。

有形建筑市场是国家在整顿规范建筑市场和深化工程建设管理体制改革，探索适应社会主义市场经济体制的工程建设管理方式的实践中产生和建立。

经过多年的运作与发展，作为建筑市场管理和服务的有形建筑市场，对增进建设工程交易透明度、加强对建筑市场交易活动的监督管理以及从源头上预防工程建设领域中的腐败行为发挥了极其重要的作用。

二、建立、完善有形建筑市场的必要性

我国建筑市场运作不规范的原因是多方面的，既有历史原因，也有人为因素的影响。要想有效解决这些问题，就必须提高交易过程的透明度，加强建筑市场的监管力度，加强建筑市场的立法建设和执法监督等。而现阶段能实现这些要求的有效手段，就是对工程交易项目实行

一定范围内的统一监管，有形市场便应运而生，它是在 1994 年前后，一些地方在整顿、规范建筑市场和深化建设管理体制改革的实践中摸索创造出来的。

狭义有形市场即工程交易中心，是我国独有的、特定历史时期规范建筑市场运作的产物，是市场发展完善的过渡形式，会随着我国建筑市场的逐步完善而退出历史舞台。

三、建设工程交易中心的性质与作用

(1)建设工程交易中心是服务性机构，不是政府管理部门，也不是政府授权的监督机构，本身并不具备监督管理职能。

(2)按照我国有关规定，所有建设项目都要在建设工程交易中心内报建、发布招标信息，合同授予、申领施工许可证等。招投标活动都需在场内进行，并接受政府有关管理部门的监督。应该说建设工程交易中心的设立，对国有投资的监督制约机制的建立、规范建设工程承发包行为和将建筑市场纳入法制管理轨道有重要作用，是符合我国特点的一种好形式。

(3)建设工程交易中心建立以来，由于实行集中办公、公开办事的制度和程序以及一条龙的“窗口”服务，不仅有力地促进了工程招投标制度的推行，而且遏制了违法违规行为，对于防止腐败、提高管理透明度收到了显著的成效。

四、建设工程交易中心的功能

建设工程交易中心的功能如图 3－1 所示。

建设工程交易中心的功能

- 信息服务功能
  - (1)包括收集、存储和发布各类工程信息、法律法规、造价信息、建材价格、承包商信息、咨询单位和专业咨询人员信息等。在设施上配备有大型电子墙、计算机网络工作站，为承发包交易提供广泛的信息服务。
  - (2)工程建设交易中心一般要定期公布工程造价指数和建筑材料价格、人工费、机械租赁费、工程咨询费以及各类工程指导价等，指导业主和承包商、咨询单位进行投资控制和投标报价。
  - (3)但在市场经济条件下，工程建设交易中心公布的价格指数仅是一种参考，投标最终报价还是需要依靠承包商根据本企业的经验或企业定额、企业机械装备和生产效率、管理能力和市场竞争的需要来决定。
- 场所服务功能
  - 对于政府部门、国有企事业单位的投资项目，我国明确规定，一般情况下都必须进行公开招标，只有特殊情况下才允许采用邀请招标。所有建设项目进行的招投标必须在有形建筑市场内进行，由有关管理部门进行监督。按照这个要求，工程建设交易中心必须为工程承发包交易双方进行的建设工程招标、评标、定标、合同谈判等提供设施和场所服务。
  - 建设部《建设工程交易中心管理办法》规定，建设工程交易中心应具备信息发布大厅、洽谈室、开标定、会议室及相关设施以满足业主和承包商、分包商、设备材料供应商之间的交易需要。同时，要为政府有关管理部门进驻集中办公，办理有关手续和依法监督招标投标活动提供场所服务。
- 集中办公功能
  - 由于众多建设项目要进入有形建筑市场进行报建、投标交易和办理有关批准手续，这样就要求政府有关建设管理部门进驻工程交易中心集中办理有关审批手续和进行管理，要求建设行政主管部门的各职能机构进驻建设工程交易中心。
  - 受理申报的内容一般包括工程报建、招标登记、承包商资质审查、合同登记、质量报监、施工许可证发放等。进驻建设工程交易中心的相关管理部门集中办公，公布各自的办事制度和程序，既能按照各自的职责依法对建设工程交易活动实施有力监督，也方便当事人办事，有利于提高办公效率。
  - 一般要求实行“窗口化”的服务，这种集中办公方式决定了建设工程交易中心只能集中设立，而不可能象其他商品市场随意设立。按照我国有关法规，每个城市原则上只能设立一个建设工程交易中心，特大城市可增设若干个分中心，但分中心的三项基本功能必须健全。

图 3－1　建设工程交易中心的功能

五、建设工程交易中心的基本要求

(1)建设工程交易中心必须与政府部门及其所属机构脱钩，做到人员、职能分离，政企分开，政事分开，不能与政府部门及其所属机构搞“一套班子、两块牌子”；不得与任何招标代理机

构有隶属关系或者经济利益关系；不得从事工程项目招标代理活动；不得以任何方式限制和排斥本地区、本系统以外的企业参加投标，或以任何方式非法干涉招标投标活动。

(2)建设工程交易中心应加强制度建设，严格内部人员管理。有形建筑市场中的内部人员要严守纪律，不得参与评标、定标等活动；严禁向建设单位推荐投标单位；不得以任何方式泄露内部信息以谋取私利；在履行服务职责时，遇到与本人或者其直系亲属有利害关系的情形，应当回避；实行定期轮岗制度等。

(3)严格规范有形建筑市场的收费行为。要坚决取消不合理的收费项目，降低过高的收费标准。省级人民政府价格行政主管部门应当按照国家有关规定，核准有形建筑市场收费项目和标准，并向社会公布，有关单位必须按照有关部门批准的收费项目和标准收取有关费用。政府有关部门要认真履行管理和服务职责，除国家规定的税费之外，不得收取其他费用。

(4)严格有形建筑市场设立审批条件。凡地级以上城市设立有形建筑市场，由省、自治区、直辖市人民政府报建设部审定。

(5)对投资数量较多、建设规模较大的县级城市，确需设立有形建筑市场的，应参照地级以上城市设立交易中心的条件，报省级人民政府建设行政主管部门审批。

六、建设工程交易中心的运行原则

(1)依法管理原则。建设工程交易中心应严格按照法律、法规开展工作，尊重建设单位依照法律规定选择投标单位和选定中标单位的权利。尊重符合资质条件的建筑业企业提出的投标要求和接受邀请参加投标的权利。任何单位和个人不得非法干预交易活动的正常进行；监察机关应当进驻建设工程交易中心实施监督。

(2)公平竞争原则。建立公平竞争的市场秩序是建设工程交易中心的一项重要原则。进驻的有关行政监督管理部门应严格监督招标、投标单位的行为，防止行业、部门垄断和不正当竞争，侵犯交易活动各方的合法权益。

(3)办事公正原则。建设工程交易中心是政府建设行政主管部门批准建立的服务性机构，须配合进场各行政管理部门做好相应的工程交易活动管理和服务工作。建立监督制约机制，公开办事规则和程序，制定完善的规章制度和工作人员守则，发现建设工程交易活动中的违法违规行为，应当向政府有关管理部门报告，并协助进行处理。

(4)信息公开原则。有形建筑市场必须充分掌握政策法规，工程发包、承包商和咨询单位的资质，造价指数，招标规则，评标标准，专家评委库等各项信息，并保证市场各方都能及时获得所需的信息资料。

(5)属地进入原则。按照我国有形建筑市场的管理规定，建设工程交易实行属地进入。每个城市原则上只能设立一个建设工程交易中心。特大城市可以根据需要，设立区域性分中心，在业务上受中心领导。对于跨省、自治区直辖市的铁路、公路、水利等工程，可在政府有关部门的监督下，通过公告由项目法人组织招标、投标。

七、建设工程交易中心运作的一般程序

(1)招标人应持立项等批文(在立项下达后的一个月内)向进驻有形建筑市场的建设行政主管部门登记。

(2)招标人持报建登记表向有形建筑市场索取交易登记表，填写完毕后在有形建筑市场办理交易登记。

(3)按规定必须进行设计招标的工程,进入设计招标流程,非设计招标工程,招标人向进驻有形建筑市场的有关部门办理施工图审查手续。

(4)招标公告应在指定的信息发布媒介和中国工程建设信息网上同时发布,招标公告发布时间至报名截止时间最低期限为五个工作日。

(5)招标人或招标代理机构编制招标文件或资格预审文件,应向驻有形建筑市场的招投标监管部门备案;招标文件或资格预审文件应包括评标方法、资格预审方法。

(6)招标人或招标代理机构通过有形建筑市场安排招标活动日程。

(7)招标人或招标代理机构在有形建筑市场发售招标文件或资格预审文件,潜在投标人按招标公告要求在有形建筑市场获取招标文件或资格预审文件,有形建筑市场提供见证服务。

(8)进行资格预审的项目,由招标人或招标代理机构在有形建筑市场向资格预审合格的特定投标人发出投标邀请书,有形建筑市场提供见证服务并跟踪管理。

(9)招标人或招标代理机构组织不特定的投标人或资格预审合格后的特定投标人踏勘现场,并在有形建筑市场以召开投标预备会的方式解答,同时以书面方式通知所有投标人。但在上述活动中不得向他人透露已获取招标文件的潜在投标人的名称、数量以及可能影响公开竞争的有关招标投标的其他情况,有形建筑市场提供见证服务并跟踪管理。

(10)投标人按招标文件要求编制投标文件。需设标底的工程,标底由招标人自行编制,或委托经建设行政主管部门批准、具有编制工程标底资格和能力的中介咨询服务机构代理编制。

(11)投标人按招标文件的要求编制投标文件,并按招标文件约定的时间、地点递送投标文件,招标人或招标代理机构应予以签收,并出具表明签收人和签收时间的凭证,有形建筑市场提供见证服务并跟踪管理。

(12)招标人或授权的招标代理机构通过计算机从有形建筑市场提供的评标专家名册中随机抽取评标专家,组成评标委员会,有形建筑市场提供见证服务并跟踪管理。

(13)由招标人或招标代理机构主持开标会议,按招标文件规定的提交投标文件截止时间的同一时间在有形建筑市场公开开标,有形建筑市场提供监督和见证服务。其开标程序如下:

1)会议由招标人主持并宣布会场纪律。

2)场内严禁吸烟。

3)凡与开标无关人员退场。

4)参加会议的所有人员应关闭寻呼机、手机等,开标期间不得高声喧哗。

5)投标人员有疑问应举手发言,参加会议人员未经主持人同意不得在场内随意走动。

6)主持人介绍参加会议的有关单位和代表。

7)领导讲话(招标人如果有此项安排的)。

8)主持人宣布开标人、唱标人、监标人、记录人。

9)主持人或工作人员宣布评标方法。

10)需要进行评标指标复合的,随机抽取复合比例等。

11)招标人和投标人推荐的代表共同检查投标书的密封情况,认为投标书密封符合要求后签字确认。

12)按投标书送达时间逆顺序开标、唱标(宣布投标书的主要内容:如投标报价、最终报价、工期、质量标准、主要材料用量及调价信、承诺书等)。

13)投标人澄清开标内容并在开标记录上签字确认。

14)需要公布标底的公布标底。

15)开标会议结束。

(14)评标委员会依据招标文件确定的评标方法评标,并产生评标报告,向招标人推荐中标候选人,有形建筑市场提供见证服务并全过程进行现场监督;评标委员会同时将评标报告(复印件)送招投标监管部门。评标报告应包括以下内容:

1)投标文件送达签收情况的记录。

2)评标委员会组成及评标专家抽取记录。

3)参加开标会议的代表签到情况。

4)投标文件检查及确认情况。

5)开标记录及投标人确认开标记录情况。

6)评标委员会签到记录。

7)投标文件初审(符合性检查)一览表及采用资格后审方式时的资格审查情况。

8)废标情况的说明。

9)详评或终评一览表及排序情况。

10)澄清、补正及说明签定合同时应注意事项纪要等。

11)推荐的中标候选人情况。

12)评标标准、评标方法。

13)法律、法规规定的其他内容。

(15)依据评标委员会提交的评标报告,招标人按有关规定确定中标人,招标人也可授权评标委员会确定中标人。

(16)招标人或招标代理机构在有形建筑市场通过信息网公示中标候选人(三个工作日),有形建筑市场提供见证服务。

(17)招标人或招标代理机构按《招标投标法》及有关规定向招投标监管部门提交招标投标情况的书面报告。书面报告应包括以下内容:

1)招标项目的基本情况,如工程概况、招标过程等。

2)招标方式和发布招标公告的媒介。

3)招标文件中投标人须知、技术规范、评标方法和标准、合同主要条款等内容。

4)评标委员会的组成和评标报告及附件。

5)中标结果。

6)其他需要说明的问题。

7)法律、法规规定的其他内容。

(18)招投标监管部门对招标人或招标代理机构提交的招标投标情况的书面报告备案。

(19)招标人、中标人缴纳相关费用。

(20)有形建筑市场按统一格式打印中标(交易成交)或未中标通知书,招标人向中标人签发中标(交易成交)通知书,并将未中标通知送达未中标的投标人。

(21)涉及专业分包、劳务分包、材料、设备采购招标的,转入分包或专业市场按规定程序发包。

(22)招标人、中标人向进驻有形建筑市场的有关部门办理合同备案、质量监督、安全监督等手续。

(23)招标人或招标代理机构应将全部交易资料原件或复印件在有形建筑市场备案一份。

(24)招标人向进驻有形建筑市场的建设行政主管部门办理施工许可。

建设工程交易中心的一般运行程序如图 3－2 所示。

办理及提供服务机构	内容与程序	招投标活动当事人
有形建筑市场	项目入场交易登记	原有建筑物装修改造、劳务分包专业承包招标以及材料招标，去相应市场或窗门办理
		否：立项审批手续、规划许可证(原件及复印件)；是：执行相应规定
市建委工程建设管理办公室、重大项目处在有形建筑市场窗口	施工许可证申请表发放	立项审批手续、规划许可证(原件及复印件)
招标投标管理办公室在有形建筑市场窗口	自行招标人资格、招标方式备案	招标人提交专门招标组织机构和人材料及专业人员名单、证书、招标方批准文件或招标方式备案表
招标投标管理办公室在有形建筑市场窗口	发放“发布招标公告通知单”	招标人持发布招标公告通知单
有形建筑市场	发布招标公告	招标人持招标办发放的“招标公告通知单”办理(邀请招标不发)
有形建筑市场	办理IC卡	投标人持营业执照、资质证明、企业人员状况资料以及境外或外地进市建设行政主管部门同意投标手续
有形建筑市场	招标文件录入及开标、评标场地确定	提交备案的招标文件，招标部门确定的开、评标时间
在确定的有形建筑市场开标室内进行	开标	招标人持投标书、授权委托书、身份证、标底等开标
有形建筑市场	评标专家抽取	招标人提文法定代表人委托书及抽取人身份证明
在确定的有形建筑市场评标室内进行	评价	
中标结果公示、有投诉的到监察部门窗口	评标报告、招标书而报告备案报告、中标通知书备案	招标人提交投标报名表、评标报名、中标人的投标文件、中标通知书等
有形建筑市场	交易服务费收取	招标人及中标人持中标通知书文费
招投标监督管理部门在有形建筑市场窗口	发出中标通知书	招标人持交纳交易服务费发标
招投标监督管理部门在有形建筑市场窗口	合同备案	具备全部正副本、中标通知书、招标文件委托人的授权书
质量监督部门在有形建筑市场窗口		招标人提交中标通知

图 3－2 建设工程交易中心的一般运行程序

八、我国建设工程交易中心存在的问题

(1)交易中心的作用没有得到广泛认可。主要原因是水利、交通、环保、人防、园林、信息产业等部门也有自己的招投标监督管理机构，有的还建有独立的交易市场，而且没有明文规定各

专业各部门的建设工程交易活动必须在统一的有形建筑市场进行，以至于许多招投标交易活动游离于有形建筑市场之外。加之有形建筑市场没有一个明确、统一的定位，致使有形建筑市场的地位和作用没有得到广泛认可。

(2)监管与交易两者职能混合不分。目前多数建设主管部门招标办和交易中心是“两块牌子一套班子”，这种工作模式对减少环节、提高效率、迅速地成立起有形建筑市场起到了积极的推动作用，但随着建筑市场的规范化管理，矛盾日益突出。交易中心为服务性事业单位，是为开展招投标活动提供服务的场所，属社会中介组织的范畴，本身不具备政府部门监督管理的职能，而招标办是对招投标的活动实施监督，具有监督管理职能。因此，随着招投标工作的深入，两者职能混合，肯定会出现既当运动员又当裁判员的弊端，产生各种矛盾和问题。

(3)交易中心的性质没有被明确。有形建筑市场是经政府主管部门批准、为建设工程交易活动提供服务的场所，但有形建筑市场的性质没有在法律法规中明确。目前全国大部分省、市定性为事业单位，也有少数省、市定性为中介机构或企业，不利于交易中心的进一步发展。

(4)多头、重复建立建设工程交易中心。由于交易中心性质不够明确，一些专业部门或业主片面地认为建设工程交易中心是建设部门设立的，专业部门如铁路、交通、水利、邮电等也可另设市场。因此，出现多头、重复建立工程交易中心问题。

第四章　建设项目资金管理知识

资产评估是一种将资产加以市场化的社会经济活动，是指评估人员按照特定的目的，遵循法定或公允的标准和程序，运用科学的方法，在一定的前提假设下，对被评估资产的现时价格进行评定和估算。资产评估具有合法性、独立性、公平性、客观性、科学性、专业性、保密性及有效性等特点。

施工企业成本费用管理，着重围绕着成本费用预测、成本费用计划、成本费用控制、成本费用核算、成本费用分析与考核等环节来进行。这些环节的内容相辅相成。构成了一个完整的成本费用管理体系。各个环节之间是互为条件、互相制约的。成本费用预测与成本费用计划为成本费用控制与成本费用核算提出要求和目标。成本费用控制与成本费用核算为成本费用分析与考核提供依据；成本费用分析与考核的结果，反馈给成本费用预测与计划环节，作为下一阶段预测和计划的参考。企业的整个成本费用管理工作就是这样一环扣一环不断地进行的。

第一节　项目资金管理概述

一、项目资本金的概念

项目资本金是指投资项目总投资中必须包含一定比例的、由出资方实缴的资金，这部分资金对项目的法人而言属非负债金。除了主要由中央和地方政府用财政预算投资建设的公益性项目等部分特殊项目外。大部分投资项目都应实行资本金制度。项目资本金的形式，可以是现金、实物、无形资产，但无形资产的比重要符合国家有关规定。根据出资方的不同，项目资本金分为国家出资、法人出资和个人出资。

根据国家法律、法规规定。建设项目可通过争取国家财政预算内投资、发行股票、自筹投资和利用外资直接投资等多种方式来筹集资本金。

二、国家预算内投资

国家预算内投资，简称“国家投资”，是指以国家预算资金为来源并列入国家计划的固定资产投资。目前它包括：国家预算、地方财政、主管部门和国家专业投资公司拨给或委托银行贷给建设单位的基本建设拨款及中央基本建设基金，拨给企业单位的更新改造的拨款，以及中央财政安排的专项拨款中用于基本建设的资金。

三、项目投资拨款的基本原则

(1)按基本建设计划拨款，指按被批准的建设单位年度基本建设计划及其所附的工程项目一览表拨款。该原则实际上是规定了拨款的用途。

(2)按基本建设预算拨款，包含两重含义，一是按年度基本建设支出预算拨款，二是按设计概预算拨款。该原则实际上是规定了拨款的限额。

(3)按基本建设程序拨款,即通过拨款这一手段,促使建设项目按基本建设程序办事。

(4)按工程进度拨款,即完成多少工程,就付多少工程价款。

对于实行独立核算、有偿还能力的企业,实行基本建设投资拨款改贷款的方式,简称拨改贷,贷款利率实行行业差别低利率,借款单位定期还本付息,提前还清本息有奖,对有实际困难的微利、无利企业,则可实行部分或全部贷款本息豁免。

国家预算内投资目前虽然占全社会固定资产总投资的比重较低,但它是能源、交通,原材料以及国防、科研、文教卫土、行政事业建设项目投资的主要来源。今后随着国家财政的壮大,其所占比重会逐渐提高。

四、自筹投资的概念

自筹投资指建设单位报告期收到的用于进行固定资产投资的上级主管部门、地方和单位、城乡个人的自筹资金。也就是说,自筹投资由地方自筹资金、部门自筹资金、企业事业单位自筹资金,集体及城乡个人自筹资金组成。

目前,自筹投资占全社会固定资产投资总额的一半。已成为筹集建设项目资金的主要渠道,建设项目自筹资金来源必须正当,应上交财政的各项资金和国家有指定用途的专款,以及银行贷款、信托投资、流动资金不可用于自筹投资。

自筹投资必须纳入国家计划,并控制在国家确定的投资总规模以内;自筹投资要符合一定时期国家确定的投资使用方向,投资结构趋向应合理,以提高自筹投资的经济效益。

五、项目银行贷款的概念

项目银行贷款是银行利用信贷资金所发放的投资性贷款。随着投资管理体制、财政体制和金融体制改革的推进,银行信贷资金有了较快发展,成为建设项目投资资金的重要组成部分。

安全性是指贷款在发放和使用的过程中不发生损失的风险,损失包括贷款的呆滞、呆账、挪用、诈骗等。

流动性是指金融机构的现金存量和随时可变现的资产存量能够及时满足客户随时提取存款和合理增加贷款的需要。

效益性指贷款的发放和使用的结果是积极的而不是消极的。效益可分为社会效益和经济效益。社会效益是指社会经济进步与发展,如物质产品丰富、生活条件的改善、人的文化素质的提高等。经济效益就是盈利,对于贷款来说尤其是这样,因为信贷资金就是货币资金,货币资金的使用价值就是要求增值,不然经营货币的金融机构就会逐步走上破产的道路。

效益性、安全性、流动性,既相互联系、相互依存,又相互制约、相互矛盾。一般来说,流动性越高,安全性越高,贷款的效益性就越低;相反,效益性越高,流动性和安全性就越低,这就是所谓的风险与收益的对称原则。

六、吸收国外资本

吸引国外资本直接投资主要包括与外商合资经营、合作经营、合作开发及外商独资经营等形式。

国外资本直接投资方式的特点是:不发生债务、债权关系,但要让出一部分管理权,并且要支付一部分利润。

(1)外资独营。外资独营是由外国投资者独自投资和经营的企业形式。按我国规定,外国投资者可以在经济特区、开发区及其他经我国政府批准的地区开办独资企业,企业的产、供、销由外国投资者自行规定。外资独营企业的一切活动应遵守我国的法律、法规和我国政府的有关规定,并照章纳税。纳税后的利润,可通过中国银行按外汇管理条例汇往国外。

(2)合资经营(股权式经营)。合资经营是指外国公司、企业经我国政府批准,同我国的公司、企业在我国境内举办的合营企业、合资经营企业由合营各方出资认股组成,各方出资多寡,由双方协商确定。根据国际通行做法和我国的有关规定,合资企业各方的出资方式可以是现金、实物,也可以是工业产权和专有技术。按照国际惯例,合资各方的出资比例,决定了分享利润的份额和对风险及亏损所分担的责任,也关系到对企业管理的控制权。

(3)合作开发。主要指对海上石油和其他资源的合作勘探开发,合作方式与合作经营类似。一般做法是:第一阶段,主要是进行地球物理勘探,一切费用由外国公司支付;第二阶段,根据地球物理勘探结果,选出一部分有希望的地区进行招标,签订合同。合作勘探开发,双方应按合同规定分享产品或利润。

(4)合作经营(契约式经营)。这种经营方式是一种无股权的合约式经济组织,是由我方提供土地、厂房、劳动力,由国外合作方提供资金、技术或设备共同兴办的企业。合作经营企业的合作双方权利、责任、义务由双方协商并用协议或合同加以规定。双方签署的协议书、合同经我国政府(或有关部门)批准后,便受法律保护。

七、项目负债

项目的负债是指项目承担的能够以货币计量的需要以资产或者劳务偿还的债务。它是项目筹资的重要方式,一般包括银行贷款、发行债券、设备租赁和借入国外资金等筹资渠道。

第二节 证券管理

一、股 票

1. 股票的概念及种类

股票是股份公司发给股东作为已投资入股的证书和索取股息的凭证,是可作为买卖对象或抵押品的有价证券。

按股东承担风险和享有权益的大小,股票可分为普通股和优先股两大类。

(1)普通股:在公司利润分配方面享有普通权利的股份。普通股股东除能分得股息外,还可在公司盈利较多时再分享红利。所以普通股获利水平与公司盈亏息息相关。股票持有人不仅可据此分摊股息和获得股票涨价时的利益,且有选举该公司董事、监事的机会,有参与公司管理的权利,股东大会的选举权根据普通股持有额计票。

(2)优先股:在公司利润分配方面较普通股有优先权的股份。优先股的股东按一定的比率取得固定股息;企业倒闭时,能优先得到剩下的可分配给股东的部分财产。

2. 股票筹资的优缺点

(1)优点

1)以股票筹资是一种有弹性的融资方式。出于股息或红利不像利息那样必须按期支付，当公司经营不佳或现金短缺时，董事会有权决定不发股息或红利，因而公司融资风险低。

2)股票无到期日，其投资属永久性质，公司不需为偿还资金而担心。

3)发行股票筹集资金可降低公司负债比率，提高公司财务信用，增加公司今后的融资能力。

(2)缺点

1)资金成本高。购买股票承担的风险比购买债券高，投资者只有在股票的投资报酬高于债券的利息收入时，才愿意投资于股票。另外债券利息可计入生产成本，而股息和红利须在税后利润中支付，这样就使股票筹资的资金成本大大高于债券筹资的资金成本。

2)增发普通股须给新股东投票权和控制权，降低原有股东的控制权。

二、债　券

1.债券的概念及种类

债券是借款单位为筹集资金而发行的一种信用凭证，证明持券人有权按期取得固定利息并到期收回本金。

(1)国家债券，又称国债。是国家以信用方式从社会上筹集资金的一种重要工具。

(2)金融债券。是金融机构为筹措资金而发行的债券。

(3)地方政府债券。是由地方政府发行的债券，筹措的资金主要用于地方的能源、交通、市政设施等重点工程建设。

(4)企业债券。指由企业发行的债券。根据国务院颁布的《企业债券管理暂行条例》，中国人民银行是企业债券的主管机关，企业发行债券须经中国人民银行批准。企业发行的债券总金额不得超过企业的自有资产净值；投资项目必须经有关部门审查批准，纳入国家控制的固定资产投资规模；债券的利率不得高于同期国债利率。

2.债券筹资的优点及缺点

(1)优点

1)支出固定。不论企业将来盈利如何，它只需付给持券人固定的债券利息。

2)企业控制权不变。债券持有者无权参与企业管理，因此公司原有投资者控制权不因发行债券而受到影响。

3)少纳所得税。债券利息可进成本，实际上等于政府为企业负担了部分债券利息。

4)如果企业投资报酬率大于利息率，由于财务杠杆作用，发行债券可提高股东投资报酬率。

(2)缺点

1)固定利息支出会使企业承受一定的风险。特别是在企业盈利波动较大时，按期偿还本息较为困难。

2)发行债券会提高企业负债比率，增加企业风险，降低企业的财务信誉。

3)债券合约的条款，常常对企业的经营管理有较多的限制，如限制企业在偿还期内再向别人借款，未按时支付到期债券利息不得发行新债券，限制分发股息等，所以企业发行债券在一定程度上约束了企业从外部筹资的扩展能力。

第三节 设备租赁

一、设备出租的概念

设备租赁是指出租人和承租人之间订立契约，由出租人应承租人的要求购买其所需的设备，在一定时期内供其使用，并按期收取租金。

租赁期间设备的产权属出租人，用户只有使用权，且不得中途解约。期满后，承租人可以从以下的处理方法中选择：将所租设备退还出租人、延长租期、作价购进所租设备、要求出租人更新设备时另订租约。

二、设备的租赁的方式

1. 融资租赁

融资租赁是设备租赁的重要形式，它将贷款、贸易与出租三者有机地结合在一起。其出租过程为：先由承租人选定制造厂家，并就设备的型号、技术、价格、交货期等与制造厂家商定；再与租赁公司就租金、租期、租金支付方式等达成协议，签订租赁合同；然后由租赁公司通过向银行借款等方式筹措资金，按照承租人与制造厂家商定的条件将设备买下；最后根据合同出租给承租人。

融资租赁是一种融资与融物相结合的筹资方式。它不需要像其他筹资方式那样，等到筹集到足够的货币资本后再去购买长期资产。同时，融资租赁还有利于及时引进设备，加速技术改造。但融资租赁的成本率相对较高。一般情况下，融资租赁的资金成本率比其他筹资方式（如债券和银行贷款）的资金成本率要高。

2. 经营租赁

即出租人将自己经营的出租设备进行反复出租，直至设备报废或淘汰为止的租赁业务。

3. 服务出租

主要用于车辆的租赁，即租赁公司向用户出租车辆时，还提供保养、维修、检车、事故处理等业务。

第四节 流动资金

一、企业流动资产

1. 企业流动资产的概念

企业流动资产是指可以在一年内或者超过一年的一个营业周期内实现或者运用的资产，包括现金及各种存款、存货、应收及预付款项等。企业流动资产的货币表现称为企业流动资金，即企业用于购买、储存劳动对象以及占用在生产过程和流通过程中的那部分周转资金。

2. 企业货币资金的组成

货币资金包括现金、各种存款和其他货币资金。

（1）现金是指企业库存的各类币种的现金。如人民币现金、美元现钞、欧元现钞、港元现钞等。

(2)各种存款是指企业在本埠银行和其他金融机构的各类存款。如人民币存款、外币存款、活期存款、定期存款等。

(3)其他货币资金是指除现金、存款以外的其他货币资金。如企业在外埠的存款、企业尚未收到的在途资金、银行汇票和银行本票等。

3.货币资金管理的目的

企业缺乏必要的货币资金,将不能应付业务开支。但是,如果企业置存过量的货币资金,又会因这些资金不能投入周转无法取得盈利而遭受损失。

货币资金管理的目的就是要求有效地保证企业能够随时有资金可以利用,并从闲置的资金中得到最大的利息收入。货币资金一般由企业的财务部门负责管理,财务部门管理货币资金的主要工具就是编制现金预算或现金收支计划。在现金预算中预测计划期间企业货币资金的收入量和支出量,以及收入大于或小于支出的时间和金额,以便资金不足时设法筹措资金,资金过剩时把多余闲置的资金及时对外投资。

二、短期投资的概念

短期投资是指能够随时变现,或者持有时间不超过一年的各种有价证券以及不超过一年的其他投资,包括企业持有的随时可以变现的各种债券(如公司债券、金融债券)、股票、国债等。

三、企业将货币资金转换为有价证券的理由

(1)由于有价证券的收益率一般高于银行利率,将货币资金转换为有价证券,可以获取较高的收益。

(2)由于属于流动资产性质的短期有价证券变现能力强,可以随时兑换成货币资金,所以当一些企业有了多余货币资金的时候,可将货币资金兑换成有价证券,待企业现金流出量大于流入量,需要补充货币资金时,再出售有价证券,换回货币资金。在这种情况下,有价证券就成了货币资金的替代品。持有有价证券,可以达到置存货币资金所原有的预防性目的,并不失交易性目的。

(3)有价证券与货币资金相比,前者具有便于保存和管理的特点。

四、应收及预付款项

1.应收与预付款项的概念

应收及预付款项是指企业在生产经营过程中,由于销售或购买产品,提供或接受劳务时应收或者预付其他单位及个人的各种款项。包括应收工程款、应收销售款、其他应收款、应收票据、待摊费用、预付分包工程款、预付分包备料款、预付工程款、预付备料款、预付购货款等。

2.应收账款的内容

应收账款指债权已经成立,应向债务单位或个人收取的各种应收款项的总称,如应收销贷款或其他应收款等。

(1)应收销货(工程)款。企业因出售产品、材料或提供劳务,应向购货单位或个人收取的一种应收款项。其主要特征是这些款项均属于企业的营业收入。

(2)其他应收款是指除应收销货(工程)款外的其他各种应收和暂付款的总称。如企业应收的赔款、罚金、利息、应收的各种暂付款(如包装物押金)、各种代交款项以及拨付企业内部的

业务周转金、备用金等。

3. 预付款的内容

(1)预付购货款。指企业在购买材料、设备时按购销双方签订的合同、协议的约定,在没有收到货物前预先付给销货单位的购买货物定金或部分货款。

(2)预付工程款、备料款。指企业作为业主,按照发包工程约定预付给承包单位的工程款和备料款。类似的还有作为总包的施工企业,按照分包工程合同约定预付给分包单位的工程款和备料款。

4. 应收账款的管理

企业应综合考虑各项因素,加强对应收账款的管理和控制。

(1)建立健全收款办法。对于拖欠应收账款的客户,企业应按一定程序,采取相应的办法。首先企业应为逾期付款的顾客规定一个允许拖欠的期限,超过这个期限,企业才采取各种催收的行动。企业收款政策过宽,可能促使逾期付款的顾客拖欠时间更久;如果收款政策过严,催收过急,可能得罪无意拖欠的顾客,从而使未来的销售和利润受到损失。因此,企业采取的收款政策必须十分谨慎,既不能过严,也不能过宽。一般地说,顾客在超过企业允许拖欠的期限之后,企业首先应发信通知对方,有礼貌地提醒对方交款日期已过;如果没有效果,可以打电话催收或派催收人员登门催交货款,如果顾客确有困难,可以商谈延期付款办法;如果以上各项措施都没有作用,才可采取最后的手段——诉诸法律。但采取法律行为往往只能促使对方破产,对企业没有什么实际的好处,因此妥协解决债务问题,往往比采取法律行为会获得更好的结果。

(2)运用信用政策的变化,改变或调节应收账款的大小。企业的信用政策包括信用标准和信用条件。

信用标准。信用标准是企业对于客户信用要求的最低标准。如果信用标准定得高,企业在赊销时遭受坏账损失的可能性就小,应收账款的机会成本也小,但这会限制企业通过赊销扩大营业额的规模。相反,信用标准过低,虽然可以扩大营业额,但由此会带来较大的坏账损失的可能性。因此,企业应根据自身情况,确定客户信用标准。

信用条件。信用条件是企业要求客户支付赊销款项的条件,主要包括信用期限和折扣率。信用期限过短,会影响营业额的扩大,放大信用期限对扩大营业额固然有利,但企业得到的利益有时会被增长的费用抵消,结果得不偿失。因此,企业必须规定适宜的信用期。

现金折扣。放长信用期限,增大了企业的应收账款,为了尽快收回账款,减少坏账损失,企业可以在延长信用期的同时,规定客户提前偿还货款的折扣率和折扣期限。比如 2/10、n/30 (n>10)是说明客户在 10 天内还款,可享受 2%的折扣,如果超过 10 天,并在 30 天内付款,则不再享受任何折扣。这是国外常用的方法,对我国具有借鉴意义。

五、待摊费用的概念

待摊费用是指企业已经支付的数额较大的、应在一年以内分期摊入成本的各项支出。如支付的保险金、租金、报刊订金、固定资产修理费用等。列作待摊费用的支出,摊销期限均在一年以内。摊销期限超过一年的支出,全部作为递延资产。

六、坏 账

1. 坏账的概念及确认

所谓坏账,简言之为应收款项无法收回。坏账的确认,应符合下列标准之一:

(1)因债务人死亡,既无遗产可供来清偿(或其遗产不足清偿),又无义务承担人,确实无法收回的。

(2)因债务人破产,依照民事诉讼法清偿后,仍然无法收回的。

(3)债务人逾期未履行偿债义务,超过3年仍然不能收回的。

2.坏账准备金的提取办法

按现行规定,企业可以预先按一定标准提取坏账准备金计入管理费用,当坏账实际发生时,再冲销已提取的坏账准备金,从而避免由于坏账损失引起的企业生产经营和财务收支的困难,使应收账款实际占用资金接近实际,有利于加快企业资金周转,提高企业经济效益。

企业提取的坏账准备金,应与潜在的坏账损失相一致。根据施工企业的经营特点、制度规定建立坏账准备金的企业。可以于年度终了按照年末应收账款(即应收工程款、应收销货款)余额的1%提取坏账准备金,计入管理费用。即建立坏账准备金的企业,第一年按1%提取,以后每年年末,按以下公式提取:年末应收账款余额×1%－坏账准备金年末余额。这样,企业每年要都结存着应收账款年末余额1%的坏账准备金,用于下一年的坏账损失。

第五节　存　　货

一、存货的概念及种类

存货就是企业在生产经营过程中为销售或耗用而储存的各种货物。施工企业的存货、按其经济内容可分为以下几类:

(1)设备。指企业购入的作为劳动对象,构成建筑产品的各类设备。如企业建造房屋所购入的组成房屋建筑的通风、供水、供电、卫生、电梯等设备。

(2)在建工程。指尚未完成施工过程,正在建造的各类建设工程。如施工企业的未完施工,房地产开发企业的在建场地、在建房屋、在建配套设施、在建代建工程等。

(3)在产品。指尚未完成生产过程正在加工的各类工业产品。

(4)产成品。指企业已完成生产过程并已验收入库的各类完工产品和成品。如施工企业完工的工业产品。

(5)低值易耗品。指企业购入的作为劳动资料,但单位价值较低、容易损坏、达不到固定资产标准的各类物品。如企业自身使用的工具、器具、家具等。

(6)材料。包括主要材料、其他材料、周转材料(包括大型钢模)、机械配件、半成品、结构件等。

(7)商品。指企业购入的专门用于销售的无需任何加工的各类物品。

二、ABC存货科学管理的方法与步骤

ABC管理法是运用数理统计的方法,按照一定目的和要求,对存货进行分析排队,找出主要矛盾,确定管理重点和管理技术。从而最经济最有效地管理存货。根据一些企业推行ABC管理法的经验,一般都大大减少了资金占用量,加速厂资金的周转。

ABC方法管理的一般步骤为:

(1)首先计算每种存货在一定时间内(一般为一年)的资金占用额。重点存货可按单个品种计算(如钢材),一般物资可按类别(如有色金属类、木材类、水泥类)计算。

(2)计算每种存货资金占用金额占全部存货资金占用金额的百分比,按大小顺序排列,并制成表格。

(3)根据事先制定好的标准,把各项存货划分成A、B、C三大类:一般划分的标准是把品种少、占用额大、采购比较困难或对企业十分重要的存货作为A类,给予重点管理;把存货品种和资金占用中等的存货作为B类,给一次重点管理;对于资金占用少,品种多的低值存货项目,作为C类,给予一般管理。

把存货划分成A、B、C三大类,目的是为了实现最经济最有效的管理,A类存货品种少、资金占用大,这部分存货管理的好坏,对整个存货管理的好坏关系极大。所以是存货管理的重点。抓好这一类存货的管理,对于降低成本、节约资金将有较大的帮助。A类存货的库存定额可以采取经济定货量来加以控制,并经常检查这类存货的库存情况。C类存货品种繁多。资金占用不大,一般可以采用比较简单的方法进行管理,通常可按经验确定资金占用量,或者规定一个进货点,当存货低于这个进货点时,就组织进货。B类存货介于A类和C类之间,可以采用按大类品种控制,采用定量订货方式管理。

三、经济采购批量的概念

经济采购批量又称最优订购量,是指在保证生产需要的条件下,总费用(指采购费用与仓储保管费用之和)最低的合理订购量。决定物资订购量的大小,要统一考虑仓储保管费用与采购费用。订购量大,可以减少采购次数,节约采购费用,但由于库存量大,又使仓储保管费用增加;订购量小,固然可以降低库存量,减少仓储保管费用,但会增加采购次数和采购费用。因此决定订购量,应在两种费用增减之间寻求总费用最低的最佳采购批量。用公式推导如下:

年度在库总费用=年度采购费用+年度仓储保管费用

即
$$TC=\frac{A}{Q}S+\frac{Q}{2}Pi$$

式中 TC——年度在库总费用;

A ——物资的年需要量;

Q ——经济采购批量,$\frac{Q}{2}$为平均库存量;

S ——物资的一次采购费用;

P ——物资的单位价格;

i ——年度保管费用率(即保管费用对库存物资金额的比率)。

将TC对Q求导,并令其结果为零,即

$$\frac{dTC}{dQ}=\frac{SA}{Q^2}+\frac{Pi}{2}=0 \qquad Q=\sqrt{\frac{2SA}{Pi}}$$

即
$$经济采购批量=\sqrt{\frac{2\times 物资的一次采购费用\times 物资的年需用量}{物资单价\times 年度保管费用率}}$$

采用经济采购批量方法,有利于加强物资管理,使储备合理,并把加速资金周转和降低成本两者统一起来。有利于提高经济效益。当然所求得的仅是一个理论值,在实际管理中还要根据具体情况作调整,大宗订购可享受折扣价格、市场价格浮动等,这样还须对上述公式进行相应调整。

第六节　固定资产

一、固定资产的概念

固定资产定义为具有以下特征的有形资产：为生产商品、提供劳务、出租或经营管理而持有的；使用年限超过一年；单位价值较高。同时附加了两个确认条件：该固定资产包含的经济利益很可能流入企业；该固定资产的成本能够可靠地计量。

二、固定资产的内容

为了便于对固定资产的管理和核算，必须对固定资产进行正确分类。施工企业固定资产，按其经济用途和使用情况分为以下几类：

(1)生产用固定资产。指施工生产单位和为生产服务的行政管理部门使用的各种固定资产。包括：

1)房屋：指施工生产单位和行政管理部门使用的房屋，如厂房、办公楼、工人休息室等。

2)建筑物：指除房屋以外的其他建筑物，如水塔、蓄水池、储油罐等。

3)施工机械：指施工用的各种机械，如起重机械、挖掘机械、土方铲运机械、凿岩机械、基础及凿井机械、筑路机械、钢筋混凝土机械等。

4)运输设备：指运载货物用的各种运输工具，如铁路运输用的机车、水路运输用的船舶、公路运输用的汽车等。

5)生产设备：指加工、维修用的各种机器设备。

6)仪器及试验设备：指对材料、工艺、产品进行研究试验用的各类仪器设备等。

7)其他生产使用的固定资产：指不属于以上各类的生产用固定资产，如消防用具、办公用具以及行政管理用的汽车、电话总机等。

(2)非生产用固定资产。指非生产单位使用的各种固定资产，如职工宿舍、招待所、医院、学校、幼儿园、托儿所、俱乐部、食堂、浴室等单位所使用的房屋、设备、器具等。

(3)租出固定资产。指出租给外单位使用的多余、闲置的固定资产。

(4)未使用固定资产。指尚未使用的新增固定资产，调入尚待安装的固定资产，进行改建、扩建的固定资产，以及长期停止使用的固定资产。

(5)不需用固定资产。指本企业目前和今后都不需用，准备处理的固定资产。

(6)融资租入固定资产。指企业以融资租赁方式租入的施工机械、机器设备、运输设备、生产设备等固定资产。

三、企业的固定资产折旧制度

企业固定资产折旧制度是企业财务制度的一项重要内容，也是国家产业政策的重要组成部分。我国以往的折旧制度是传统的产品经济体制下发展起来的，仍然是一种高度集中、一统到底的管理模式。存在着折旧年限过长、折旧方法单一和折旧分类复杂繁琐等弊端。新财务制度的实施对以往的折旧制度进行了重大改革。主要包括以下几个方面：

(1)简化了固定资产折旧分类，这次改革。采用了世界上多数国家的做法，对固定资产折旧分类采取粗线条的划分方法，新的折旧分类与以往折旧分类相比，更加简明科学，便于企业执行。

(2)缩短了折旧年限,并制定了折旧年限的弹性区间。通过这次改革,国有企业固定资产折旧年限由以往平均折旧年限18年左右缩短至13～15年,在缩短折旧年限的基础上,又制定了折旧年限的弹性区间,即规定了一个上限和下限,允许企业根据自身的实际情况,在规定折旧年限的区间内具体确定每类固定资产的折旧年限。

(3)实行快速折旧方法。快速折旧方法是一种使用前期提取折旧较多,固定资产价值在使用年限内尽早得到补偿的折旧计算方法。其最大的特点是可提前收回投资,有利于促进企业技术进步。

新财务制度规定。施工企业计提折旧一般采用平均年限法和工作量法。技术进步较快或使用寿命受工作环境影响较大的施工机械和运输设备,经财政部批准。可采用双倍余额递减法或年数总和法计提折旧。

企业计提的折旧不再冲减资本金,并取消专户存储。

四、计提折旧的范围

计提折旧的固定资产范围如下:

(1)房屋及建筑物。不论是否使用,从入账的次月起就应计提折旧。

(2)在用固定资产,指已投入使用的施工机械、运输设备、生产设备、仪器及试验设备等生产性固定资产以及已投入使用的非生产性固定资产。

(3)季节性停用和修理停用的固定资产。

(4)以融资租赁方式租入的固定资产。

(5)以经营租赁方式租出的固定资产。

五、不计提折旧的固定资产范围

(1)除房屋及建筑物以外的未使用、不需用的固定资产。

(2)以经营租赁方式租入的固定资产。

(3)已提足折旧的但继续使用的固定资产,按照规定提取维修费的固定资产。

(4)破产、关停企业的固定资产。连续停工1个月以上的车间和基本处于停产状态的企业,其设备均不提取折旧;生产任务不足、处于半停产状态的企业的设备,减半提取折旧。

(5)提前报废的固定资产。以前已经估价单独人账的土地等,也不计提折旧。

企业固定资产折旧,从固定资产投入使用月份的次月起,按月计提;停止使用的固定资产,从停用月份的次月起,停止计提折旧。

六、平均年限固定资产折旧的计算方法

平均年限法也称使用年限法是按照固定资产的预计使用年限平均分摊固定资产折旧额的方法。这种方法计算的折旧额在各个使用年(月)份都是相等的,折旧的累计额所绘出的图线是直线。因此,这种方法也称直线法。其计算公式如下:

(1)固定资产年度折旧额$=\dfrac{\text{固定资产原值}-(\text{残余}-\text{清理费用})}{\text{规定折旧年限}}$。

(2)为了反映固定资产折旧的相对水平,还应计算固定资产的年折旧率,计算方法有两种:

1)年折旧率$=\dfrac{\text{年折旧额}}{\text{固定资产原值}}\times 100\%$;

2)年折旧率$=\frac{1-\text{净残值率}}{\text{规定折旧年限}}\times 100\%$；

3)月折旧率＝年折旧率÷12；

4)月折旧额＝固定资产原值×月折旧率；

净残值率一般按照固定资产原值的3%～5%确定。

七、年数总额计算固定资产折旧法

年数总额法是根据固定资产原值减去预残值后的余额，按照逐年递减的折旧率计提折旧的一种方法，是快速折旧法的一种。其折旧率以该项固定资产预计尚可使用年数(包括当年)作分子，而以逐年可使用年数之和作分母。分母是固定的，而分子每年变动，折旧率也每年变动。其折旧率和折旧额的计算公式为：

(1)当年折旧率$=\frac{\text{尚可使用年数}}{\text{逐年使用年数之和}}$。

(2)折旧额＝(原值－预计残值)×当年折旧率。

假设固定资产使用年限为n年，其原值为C，预计净残值为S，逐年使用年数之和为D，则

$$D=\frac{n(n+1)}{2}。$$

第1年折旧额$=(C-S)\frac{n}{D}$。

第2年折旧额$=(C-S)\frac{n-1}{D}$。

第n年折旧额$=(C-S)\frac{1}{D}$。

八、双倍余额递减计算固定资产折旧法

双倍余额递减法是按照固定资产账面净值和百分比计算折旧的方法，是快速折旧法的一种。其计算公式为：

(1)年折旧率$=\frac{2}{\text{折旧年限}}\times 100\%$。

(2)月折旧率＝年折旧率÷12。

(3)年折旧额＝固定资产账面净值×年折旧率。

(4)月折旧额＝固定资产账面净值×月折旧率。

九、工作量计算固定资产折旧法

工作量法是按照固定资产生产经营过程中所完成的工作量计提其折旧的一种方法，是平均年限法派生出的方法。适用于各种时期使用程度不同的专业大型机械、设备。

(1)按照行驶里程计算折旧的公式：

$$\text{单位里程折旧额}=\frac{\text{原值}\times(1-\text{预计净残值率})}{\text{规定的总行驶里程}}$$

$$\text{月折旧额}=\text{月实际行驶里程}\times\text{单位里程折旧额}$$

(2)按照工作小时计算折旧的公式：

$$\text{每工作小时折旧额}=\frac{\text{原值}\times(1-\text{预计净残值率})}{\text{规定的总工作小时}}$$

$$月折旧额=月实际工作小时\times每工作小时折旧额$$

(3)按台班计算折旧的公式：

$$每台班折旧额=\frac{固定资产原值\times(1-预计净残值率)}{规定的总工作台班数}$$

$$月折旧额=月实际工作台班\times每台班折旧额$$

十、固定资产修理

(1)固定资产中小修理。也称“经常修理”，是指为保持固定资产正常工作效能所进行的经常修理，是固定资产计划预防修理制度的内容之一。与大修理相比，中小修理的特点是：经常性、间隔时间短、修理范围小、费用支出少。所以中小修理一般在费用发生时，一次计入成本费用或商品流通费。

(2)固定资产大修理，指为恢复固定资产原有生产效能和保持正常使用年限而对固定资产所作的全面、彻底修理，是固定资产计划预防修理制度的重要内容，一般按技术规程规定若干年进行一次。其特点是：间隔时间长，修理范围大。所需费用多，具有固定资产局部再生产性质。

对发生的固定资产大修修理费用，可采用以下三种方式处理：

1)类似固定资产中小修修理费。把发生的大修修理费用直接计入当期成本或有关费用。

2)预提大修修理费用。由于大修理具有间隔期长、修理范围大、费用支出多的特点，如在实际进行大修理时，按其发生的费用直接计入成本，就会引起成本和利润的波动。为此可通过对机器设备等固定资产在全部使用期间必须进行的若干次大修修理费用的预测，求得每年(月)的平均数，预提大修修理费用。

3)待摊大修修理费用。为了解决大修修理费用发生的不均衡性与价值决定上起决定作用的平均数之间的矛盾。也可采用待摊的办法，即先据实支出发生的固定资产大修修理费，然后再分摊到一年之内的有关成本费用中。

十一、固定资产评估

资产评估的职能是为特定的资产业务提供公平的价格尺度，因而，特定的资产业务构成资产评估的特定目的。

企业固定资产评估的常用方法有现行市价法、重置成本法、收益现值法和清算价格法。

1. 收益现值法

(1)收益现值法是将资产在预计的周期内产生的收益换算成评估时的现值作为其评估价值，用公式表示为：

$$收益现值=\sum(各年预期的收益额\times各年的折现系数)$$

(2)收益现值法对企业资产的整体评估最为适宜，但其预期收益额的预测和适用资产收益率的选择难度较大，而这两者的取值又大大影响着评估的准确性。

2. 现行市价法

(1)又称市场法，是一种通用的资产评估方法。尤其在市场经济非常发达的国家很流行。该方法是指对被估资产在相应的市场上寻找一系列交易过的与其类似的资产作参照对象，用它们与待估资产进行比较，对照其差异在价格上作适当的调整，以求出被估资产的价格。

(2)市价法应用简单，但要求有充分发达的市场并能方便地获取比较所需的各类资料。在我国目前,这些条件尚不完全具备,但随着商品经济的发展,市价法的应用将逐步推广。

3.清算价格法

(1)清算价格法是企业由于破产或其他原因,要求在一定期限内将企业或资产变现,在企业清算之日预期出卖资产可收回的快速变现价格,即清算价格。

(2)资产出售的方式。可以为一项完整的资产出售(整个企业或单项完整资产)。也可以拆零出售,采用何种方式一般以变现速度快、收入高为原则。

4.重置成本法

这种方法是资产评估的最基本的方法,用重新购置类似全新资产的现实成本(即重置全价)扣除。

各种原因引起的损耗和贬值作为被估资产的评估价值。用公式表示为:

$$资产价值=重置全价-有形损耗-功能性损耗$$

(1)重置全价应选择资产的更新重置成本,即利用新型材料、新技术标准,以现时价格购建相同功能的全新资产所需的成本。在无更新重置成本时,重置全价也可采用复原重置成本,即用与原资产相同的材料、建造标准、设计结构和技术条件等以现时价格再购建全新资产所需的成本。

(2)有形损耗可按下式计算:

$$有形损耗=重置全价\times(1-成新率)$$

或

$$有形损耗=\frac{重置全价-预计净残值}{预计总使用年限}\times实际已使用年限$$

(3)功能性损耗是指由于新技术的发展导致资产功能陈旧而带来的原资产贬值。

鉴于我国目前的情况,资产评估时应首先推行成本法,但它要求建立各种资产的基础数据,如物价指数等。

第七节　费用与成本核算

一、费用的概念及种类

市场经济条件下,企业在一定时期内,在生产经营过程中发生的、用货币形式表现的各种耗费,称之为费用。严格地说,费用是在一定会计期间内,企业资产中为取得当期营业收入而耗费掉的那部分价值。

按照经济内容,费用可分直接费用、制造费用、期间费用。

(1)直接费用是指企业为生产经营商品和提供劳务等发生的各项直接支出。包括直接工资、直接材料、商品进价以及其他直接支出等直接计入生产经营成本。

(2)制造费用是指企业生产商品和提供劳务而发生的各项间接费用,分配计入生产经营成本。

(3)期间费用是指在一定会计期间发生的只与特定的会计期间联系而与产品生产无直接联系的各项费用,包括销售费用、管理费用和财务费用。这些费用直接进入当期损益。

二、成本的概念

广义成本是指企业为实现生产经营目的而取得特定资产(固定资产、流动资产、无形资产、制造产品)或劳务所发生的支出总和。它包含了企业生产经营过程中一切对象化的费用支出。所谓对象化是指成本必有特定的承受载体。

狭义成本是指为制造产品所发生的费用支出,包括为生产产品所耗费的直接材料费、直接工资、其他直接支出及制造费用。其中直接材料费、直接工资、其他直接支出直接计入产品成本,制造费用分配计入产品成本。狭义成本概念强调了成本是从属于一定产品的,是为生产一定种类和一定数量的产品所应负担的费用。

三、计算和分配产品成本的方法

完全成本法是将企业在生产经营过程中发生的所有费用都分摊到产品成本中去,形成产品的完全成本。企业在生产经营过程中发生的所有费用,一般包括直接材料费用、直接工资、其他直接支出、制造费用、管理费用、财务费用和销售费用。按照完全成本法,就要将这些费用全部计入产品成本。这种成本计算模式核算工作量大,容易通过费用的归集和分配人为地调节成本,并且资金周转缓慢,不便于同行业成本对比分析等。但它能够提供每种产品的完全成本。建国以来,我国企业一直采用完全成本法来核算产品成本。

制造成本法是指在计算产品成本时,只分配与生产经营有密切关系的费用,而将与生产经营没有直接关系的费用直接计入当期损益。按照制造成本法,就是只将直接材料费用、直接工资费用、制造费用分配计入产品成本,而将管理费用、财务费用和销售费用直接计入当期损益。按照制造成本法,施工企业的工程成本计算到施工单位一级,如建设集团、项目部等,工程局一级的支出费用属于期间费用,均不计入成本。

制造成本法在很大程度上简化了成本核算,有利于考核成本管理责任,便于企业进行成本预测与决策。新财务制度明确规定,产品成本计算由完全成本法改为制造成本法。

四、施工企业直接成本费

施工企业成本费用可分为直接工程费和间接费两部分。其中,直接工程费是指制造成本,间接费是指期间费用。

1.直接工程费

(1)直接费。指施工过程中耗费的构成工程实体和有助于工程形成的各项费用,包括人工费、材料费、施工机械使用费。其中:

1)人工费。指直接从事建筑安装工程施工的生产工人开支的各项费用,包括基本工资、工资性津贴、生产工人辅助工资、职工福利费、生产工人劳动保护费。

2)材料费。指施工过程中耗用的构成工程实体的原材料、辅助材料、构配件、零件、半成品的费用和周转使用材料的摊销(或租赁)费用。

3)施工机械使用费。指施工机械作业所发生的机械使用费以及机械安、拆和进出场费用。

(2)其他直接费。指直接费以外施工过程中发生的其他费用。内容包括:冬雨季施工增加费,夜间施工增加费,材料二次搬运费,仪器仪表使用费,生产工具用具使用费,检验试验费,特殊工种培训费、工程定位复测、工程点交、场地清理费用,特殊地区施工增加费等费用。

2.现场经费

指为施工准备、组织施工生产和管理所需费用,内容包括:

(1)临时设施费。措施工企业为进行建筑安装工程施工所必需的生活和生产用的临时建筑物、构筑物和其他临时设施费用等。

（2）现场管理费。具体包括：现场管理人员的基本工资，工资性津贴，职工福利费，劳动保护费，办公费，差旅交通费，固定资产使用费，工具用具使用费，保险费，工程保修费，工程排污费，其他费用。

五、施工企业间接成本费

（1）企业管理费。指施工企业为组织施工生产经营活动所发生的管理费用，内容包括：管理人员的基本工资，工资性津贴及按规定标准计提的职工福利费，差旅交通费，办公费，固定资产折旧、修理费，工具用具使用费，工会经费，职工教育经费，劳动保险费，职工养老保险费及待业保险费，财产、车辆保险费，各种税金，其他费用等。

（2）财务费用。指企业为筹集资金而发生的各项费用，包括企业经营期间发生的短期贷款利息净支出、汇兑净损失、调剂外汇手续费，金融机构手续费，以及企业筹集资金发生的其他财务费用。

（3）其他费用。指按规定支付工程造价（定额）管理部门的定额编制管理费及劳动定额管理部门的定额测定费，以及按有关部门的规定支付的上级管理费。

六、成本费用预测的概念

成本费用预测是指根据有关成本费用资料和各种相关因素，采用一定的预测方法，对未来成本费用所作的科学估计。成本和费用预测方法可分为两大类：定性预测方法和定量预测方法。

1. 成本费用的定性预测

（1）定性预测是指成本管理人员根据专业知识和实践经验。通过调查研究，利用已有材料，对成本费用的发展趋势及可能达到的水平所作的分析和推断。

（2）由于定性预测主要依靠管理人员的素质和判断能力，因而这种方法必须建立在对企业成本费用耗费的历史资料、现状及影响因素深刻了解的基础之上。这种方法简便易行，在资料不多，难以进行定量预测时最为适用。

定性预测方法有许多种。最常用的是调查研究判断法，即依靠专家来预测未来成本费用的方法，所以也称为专家预测法。其具体方式有座淡会法和函询调查法。

2. 成本费用的定量预测

（1）定量预测是利用历史成本费用统计资料以及成本费用与影响因素之间的数量关系。通过数学模型来推测、计算未来成本费用的可能结果。在成本费用预测中，常用的定量预测方法有高低点法、加权平均法、回归分析法、本量利分析法。这里仅就回归分析法进行介绍。回归分析方法根据变量之间的相互依存关系来预测成本的变化趋势。这种方法计算的数值准确，但计算过程相对繁琐。

（2）回归分析有一元线性回归、多元线性回归和非线性回归等。

（3）根据成本与产值之间的依存关系，以产值为自变量，用 x 表示，以成本为闲变量，用 y 表示，则有：

$$y=a+bx$$

式中　a——固定成本；

　　　b——单位变动成本。

应用最小二乘法原理。a、b 可采用下式分别求得：

$$b=\frac{n\sum xy-\sum x\sum y}{n\sum x^2-(\sum x)^2}=\frac{\sum xy-n\bar{x}\bar{y}}{\sum x^2-n\bar{x}^2}$$

$$a=\frac{\sum y-b\sum x}{n}=y-b\bar{x}$$

(4)对于施工企业工程成本预测，常常采用预算成本和实际成本的相互依存关系，即建立线性模型 $y=a+bx$，其中 x 代表预算成本，y 代表实际成本。

七、成本费用计划

成本费用计划是在多种成本费用预测的基础上，经过分析、比较、论证、判断之后。以货币形式预先规定计划期内生产的耗费和成本所要达到的水平，并且确定各个成本项目比上期预计要达到的降低额和降低率，提出保证成本费用计划实施所需要的主要措施方案。它是进行成本费用控制的主要依据。

八、成本费用计划编制的方法

1. 滚动预算

(1)通常的财务预算，都是以固定的一个时期(如1年)为预算期的。由于实际经济情况是不断变化的，预算人员难以准确地对未来较远时期进行推测。所以这种预算往往不能适应实际中的各种变化。另外，在预算执行了一个阶段以后，往往会使管理人员只考虑剩下的一段时间，而缺乏长远打算。为了弥补这些缺陷，一些国家推广使用了滚动预算法编制预算。

(2)滚动预算，也叫连续预算或永续预算。它是根据每一阶段预算执行情况相应调整下一阶段预算值，并同时将预算期向后移动一个时间阶段，这样使预算不断向前滚动、延伸，经常保持一定的预算期。

(3)这种方法的优点是，在预算中可使管理者能够对未来一定时期生产经营活动经常保持一个稳定的视野，便于对不同时期的预算作出分析和比较，也使工作主动，不致于在原预算将要全部执行结束时，再组织编制新的预算，以免"临渴掘井"。

2. 零基预算

(1)编制费用预算的传统方法，是以原有的费用水平为基础进行差量分析。其基本程序是，以本期费用预算的执行情况为基础，按预算期内有关业务量预期的增减变化，对现有费用水平作适当调整，以确定预算期的预算数。在指导思想上，是以承认现实的基本合理性作为出发点，而零基预算则不同，是一种全新的预算控制法。它的全称叫作"以零为基础的编制计划和预算的方法"。零基预算的基本原理是：对于任何一个预算期，任何一种费用项目的开支数，不是从原有的基础出发，即根本不考虑基期的费用开支水平，而是像企业新创立时那样，一切以"零"为起点，从根本上来考虑各个费用项目的必要性及其规模。

(2)零基预算法的优点是：不受框框限制，不受现行财务预算执行情况的约束，能够充分发挥各级管理人员的积极性和创造性，促进各级财务计划部门精打细算，量力而行，合理使用资金，提高经济效益。但编制预算的工作量较大。

3. 弹性预算

(1)这里所说的预算，就是通过有关数据集中而系统地反映出来的企业经营预测、决策所确定的具体目标。预算的种类很多，按静动区分，可分为固定预算和可变预算。固定预算又称静态预算，是根据预算期间内计划预定的一种运动水平(如施工产量水平)确定相应数据的预算方法。

(2)如果按照预算期内可预见的多种生产经营活动水平,分别确定相应的数据,使编制的预算随着生产经营活动水平的变动而变动。这种预算就是可变预算,即弹性预算。因此,弹性预算是为一定活动范围而不是为单一水平编制的。它比固定预算更便于落实任务、区分责任,并使预算执行情况的评价和考核建立在更加客观而可比的基础上。

(3)弹性预算主要适用于成本预算及一些间接费用、期间费用等的预算。

4.在成本计划降低指标试算平衡的基础上编制

(1)成本计划的试算平衡,是编制成本计划的一项重要步骤。试算平衡是指在正式编制成本计划之前,根据已有资料,测算影响成本的各项因素,寻求切实可行的节约措施,提出符合成本降低目标的成本计划指标,以保证降低成本。

(2)编制费用计划,也可以通过降低指标的试算平衡,计算管理费用、销售费用等费用降低指标,从而为费用计划的编制提供依据。

九、成本控制的概念

成本费用控制,是指在企业生产经营过程中。按照规定的成本费用标准,对影响产品寿命周期成本费用的各种因素进行严格的监督和调节。及时揭示偏差,并采取措施加以纠正,使企业实际成本费用控制在计划范围之内,保证实现成本费用目标。

十、成本控制的程序

(1)制定成本费用控制标准。成本费用控制标准是对各项费用开支和各种资源消耗所规定数量界限。成本费用控制标准有多种形式,主要有目标成本、成本计划指标、费用预算、消耗定额等。

(2)实施成本费用控制。即依据成本费用控制标准对成本费用的形成过程进行具体监督,并通过成本费用的信息反馈系统及时揭示成本费用差异,实行成本费用过程控制。

(3)确定差异。通过对实际成本费用和成本费用标准比较,计算成本费用差异数额,分析成本费用脱离标准的程度和性质,确定造成成本费用差异的原因和责任归属。

(4)消除差异。组织群众挖掘潜力,提出降低成本费用的新措施或修订成本费用建议,并对成本费用差异的责任部门进行相应的考核和奖惩,采取措施改进工作,达到降低成本费用的目的。

十一、标准成本的概念

标准成本是指预先确定标准成本,在实际成本发生后,以实际成本与标准成本相比,用来揭示成本差异,并对成本差异进行因素分析,据以加强成本控制的方法。其中标准成本是经过仔细调查、分析和技术测定而制定的在正常生产经营条件下用以衡量和控制实际成本的一种预计成本。通常按零件、部件、生产阶段,分别对直接材料、直接人工、制造费用等进行测定。

十二、标准成本的制定

制定标准成本的基本形式均是以“价格”标准乘以“数量”标准,即:

标准成本＝价格标准×数量标准

(1)直接材料的标准成本。价格标准是指事先确定的购买材料应支付的标准价格,数量标准是指在现有生产技术条件下生产单位产品需用的材料数量，公式为：

直接材料标准成本＝直接材料价格标准×单位产品用量标准

（2）直接人工的标准成本。价格标准是工资率标准，在计件工资制下，它是单位产品应支付的直接人工工资；在计时工资制下，它是单位工作时间标准应分配的工资。其计算公式为：

$$计时工资率标准=\frac{预计支付直接人工工资总额}{标准总工时}$$

数量标准是指在现有生产技术条件下生产单位产品需用的工作时间。

直接人工的标准成本＝工资率标准×单位产品工时（工时定额）

（3）制造费用标准成本。价格标准指制造费用分配率标准，制造费用分配率是根据制造费用预算确定的固定费用和变动费用分别除以生产量标准的结果。其计算公式为：

$$每工时标准固定费用分配率=\frac{固定费用预算合计}{标准总工时}$$

$$每工时标准变动费用分配率=\frac{变动费用预算合计}{标准总工时}$$

数量标准就是生产单位产品需用的直接人工小时（或机器小时）。

变动费用标准成本＝变动费用分配率×工时定额

固定费用标准成本＝固定费用分配率×工时定额

根据上述计算的各个标准成本项目加以汇总，构成产品的标准成本。

十三、成本差异的概念

成本差异就是实际成本与标准成本的差额。实际成本大于标准成本为逆差，实际成本小于标准成本为顺差。通过对成本差异的计算分析。可以揭示每种差异对生产成本影响程度的具体原因及其责任归属。

（1）直接材料成本差异的计算分析。其计算公式为：

直接材料成本差异＝实际价格×实际数量－标准价格×标准数量

标准数量＝实际产量×单位产品的用量标准

直接材料成本差异包括直接材料价格差异和直接材料数量差异两部分。计算公式为：

材料价格差异＝（实际价格－标准价格）×实际耗用数量

材料数量差异＝标准价格×（实际耗用数量－标准耗用数量）

在计算材料成本差异的基础上进行成本差异的分析，以材料成本顺差或逆差为线索，按照产生的价差和量差，找出其具体原因，明确其责任归属。一般情况下，材料价格差异应由采购部门负责，有时则应由其他部门负责。比如由于生产上的临时需要进行紧急采购时，运输方式改变引起的价格差异，就应由生产部门负责。另外，材料数量差异一般应由生产部门负责，但也有例外。比如，由于采购部门购入劣质材料引起超量用料，就应由采购部门负责。

（2）直接人工成本差异的计算分析。其计算公式如下：

直接人工成本差异＝实际工资价格×实际工时－标准工资价格×标准工时

其中　　标准工时＝实际产量×单位产品工时耗用标准

直接人工成本差异包括直接人工工资价格差异和直接人工效率差异，计算公式为：

人工工资价格差异＝（实际工资价格－标准工资价格）×实际工时

工时人工效率差异＝标准工资价格×（实际工时－标准工时）

对直接人工成本差异进行分析时，工资价格差异是由于生产人员安排是否合理而形成的，故其责任应由劳动人事部门或生产部门负责。人工效率差异，当其是由于生产部门人员安排不恰当引起的，由生产部门负责。当其是由于生产工艺流程的变化情况引起的，由技术部门负责。

(3)变动制造费用差异的计算分析。其计算公式如下：

变动制造费用差异＝实际分配率×实际工时－标准分配率×标准工时

标准工时的计算同前。其中：

变动制造费用开支差异＝(实际分配率－标准分配律)×实际工时

变动制造费用效率差异＝标准分配率×(实际工时－标准工时)

(4)固定制造费用差异的计算分析。其计算公式如下：

固定制造费用差异＝实际分配率×实际工时－标准分配率×标准工时

＝实际固定制造费用－标准固定制造费用

其中 固定制造费用开支差异＝实际分配率×实际工时－标准分配率×预算工时

＝实际固定费用－预算固定费用

固定费用能量差异＝标准分配率×(预算工时－标准工时)

＝预算固定费用－标准固定费用

预算工时＝计划产量×单位产品标准工时

十四、成本费用的归口管理

成本费用归口管理是指各职能部门对成本费用的管理，按照各职能部门在成本费用管理方面的职责，把成本费用指标和降低成本费用目标分解下达给有关职能部门进行控制，负责完成，实行责权利相结合的一种管理形式。

在公司总部统一领导、统一计划下，由财务部门负责把成本费用指标和降低成本费用目标按主管的职能部门进行分解下达。如原材料成本指标(或物资实物量指标)由物资供应部门归口控制；工资成本指标由劳动部门归口控制；改进产品设计和土产工艺的降低成本任务由技术部门负责实现；企业管理费指标由行政部门归口控制等等。

成本费用分级管理，是按照各施工生产单位成本费用管理的职责，把成本费用指标和降低成本费用目标分解下达给项目部进行控制，负责完成，实行责权利相结合的一种管理形式。在我国，一般实行工程局、建设集团、项目部三级成本费用管理。它一般采取逐级分解成本费用指标和降低成本费用目标的办法。工程局的成本费用管理在局长或总会计师领导下，由会计部门负责进行，并下达各建设集团成本费用指标，计算实际成本费用，检查和分析指标完成情况。建设集团根据局下达的成本费用指标，分解下达给项目部进行成本管理。项目部一级成本的节约和浪费，直接影响成本高低，所以要加强项目部成本控制。

十五、成本费用核算的概念

成本费用核算是审核、汇总、核算一定时期内生产费用发生额和计算产品成本工作的总称。正确进行成本费用核算，是加强成本费用管理的前提，核算得不准确、不及时，就无从实现成本费用的合理补偿，无从及时分析成本费用升降的原因，不利于及时采取措施，降低成本费用，提高经济效益。

成本核算对象必须根据具体情况和施工管理的要求，具体进行划分。具体的划分方法为：

(1)工业和民用建筑一般应以单位工程作为成本核算对象。

(2)一个单位工程,如果有两个或两个以上的施工单位共同施工时,各施工单位都应以单位工程为核算对象,各自核算自行完成的部分。

(3)对于工程规模大、工期长或者采用新材料、新工艺的工程,可以根据需要,按工程部位划分成本核算对象。

(4)在同一工程项目中,如果若干个单位工程结构类型、施工地点相同,开竣工时间接近,可以合并成一个成本核算对象;建筑群中如有创全优的工程,则应以全优工程为成本核算对象,并严格划清工料费用。

(5)改建或扩建的零星工程,可以将开竣工时间接近的一批单位工程合并为一个成本核算对象。

十六、成本费用分析的概念

(1)成本费用分析是根据成本、费用核算资料及其他有关资料,全面分析了解成本费用的变动情况,系统研究影响成本费用升降的各种因素及其形成,寻找降低成本费用的潜力。通过成本费用分析,可以正确认识和掌握成本、费用变动的规律性,加强成本费用管理工作;可以定期地对成本费用计划执行结果进行分析、评价和总结,为预测成本费用、编制下期成本费用计划和经营决策提供重要依据。

(2)成本费用的分析应采用现代技术方法进行科学的、具体的分析。成本费用分析的技术方法是多种多样的,包括比较分析法、相对数分析法和因素分析法。这里就因素分析法作详细介绍。

(3)因素分析法是把某产品成本综合指标分解为各个相互联系的原始因素,以确定引起指标变动的各个因素的影响程度的一种成本费用分析方法。它可以衡量各项因素影响程度的大小,以便查明原因,明确主要问题所在,提出改进措施,达到降低成本的目的。

(4)在运用因素分析法分析各项因素影响程度大小时,可采用连环代替法,也叫连锁代替法。

十七、成本费用考核

成本费用考核是指在财务报告期结束时,通过把报告期成本实际完成数额与计划指标、定额指标或预算指标进行对比,来审核和考察成本完成情况,评价成本管理工作的成绩和水平的一项管理工作。

主管部门通过对企业的实际成本费用完成情况与下达的成本费用计划指标考核,来衡量企业成本费用管理好坏,并作为对企业奖惩的主要依据,以督促企业进一步加强成本费用管理,提高经济效益。

企业通过对所属各单位、各部门归口管理、负责的成本费用计划指标进行考核,来衡量各单位,各部门经济责任制落实、贯彻执行的情况,并作为对其奖惩的主要依据,以促进企业内部成本管理基础工作的提高。

十八、施工企业的营业收入

1. 工程价款收入

工程价款收入指施工企业的基本业务收入,在企业营业收入总额中占有极大的比例。根据财务制度规定,施工企业工程价款收入主要指工程价款结算收入,此外,还包括工程索赔收入、向发包单位收取的临时设施基金、劳动保险基金、施工机构调遣费等。其中工程价款结算收入是指施工企业在建筑安装工程全部或部分完工时，按照承包合同所签订的投标价格或按照国家和地区规定的预算单价和取费标准，向发包单位办理工程结算所得的价款收入。

2.其他营业收入

其他营业收入是指除工程价款收入之外的施工企业其他各种营业收入，是对工程价款收入的补充，一般每笔业务金额较小，收入不太稳定，服务对象不十分固定。主要包括：劳务作业收入、设备租赁收入、产品销售收入、材料销售收入、多种经营收入和其他业务收入等。这部分营业收入在企业总收入中所占比例虽然不高，但随着市场经济的发展和企业经营机制的转变，这些收入有增加的趋势。

十九、企业利润及利润总额

(1)企业利润是企业在一定时期内，经营活动所取得的财务成果。施工企业的利润总额，由营业利润、投资净收益和营业外收支净额组成，即：

利润总额＝营业利润＋投资净收益＋营业外收支净额

(2)利润总额是企业在一定时期内实现盈亏的总额，它集中反映了企业生产经营活动各方面的效益，是企业最终的财务成果，是衡量企业生产经营管理的重要综合指标。

二十、施工企业的营业利润组成

营业利润由工程结算利润加其他业务利润减去管理费用和财务费用组成，可由下式表示：

营业利润＝工程结算利润＋其他业务利润－管理费用－财务费用

(1)工程结算利润。指企业及其内部独立核算的施工单位向工程发包单位(或总包单位)办理工程价款结算而形成的利润，为施工企业已结算工程的价款收入减去已结算工程的实际成本和流转税金及附加(含营业税、城市维护建设税、教育费附加等)的所得值，是施工企业的主营业务利润。可由下式表示：

工程结算利润＝工程价款收入－工程实际成本－工程结算税金及附加

(2)其他业务利润。指施工企业除工程价款收入以外的其他业务收入扣除其他业务成本及应负担的费用、流转税金及附加后的所得利润，一般包括产品销售利润、材料销售利润、其他销售利润、多种经营利润、机具设备租赁利润等。

二十一、企业的投资净收益

投资收益和投资损失是指企业对外投资所取得的收益或发生的损失，企业投资收益扣除企业投资损失后的净额为企业的投资净收益。

(1)企业对外投资收益。包括以下收益。

1)对外投资分得的利润：指企业以现金、实物、无形资产等进行对外投资分得的利润以及联营合作分得的利润。

2)股利：指企业以购买股票形式投资(包括优先股和普通股)分得的股息和红利收入。

3)债券利息：指企业以购买债券形式投资获得的利息收入。

4)企业对外投资到期收回或者中途转让取得款项高于账面价值的差额，以及按照权益法核算股权投资在被投资单位增加的净资产中所拥有的数额等。

(2)企业对外投资损失。包括企业对外投资分担的亏损，投资到期收回或中途转让取得款项低于账面价值的差额，以及按照权益法核算的股份投资在被投资单位减少的净资产中所分担的数额等。

二十二、营业外收入与营业外支出

(1)营业外收入。指与企业销售收入相对应的，虽与企业生产经营活动没有直接因果关系，但与企业又有一定联系的收入。营业外收入是企业利润总额的构成项目之一，其主要项目有固定资产盘盈和出售(报废清理)净收益、罚款收入、因债权人原因确实无法支付的应付款项、教育费附加返还款等。

(2)营业外支出。指与企业生产经营没有直接关系，但却是企业必须负担的各项支出。营业外支出是企业利润总额的冲减项目，主要包括固定资产盘亏、毁损报废和出售的净损失；非季节性和非大修理期间停工损失，职工子弟学校经费和技工学校经费，非常损失，公益救济性捐赠，赔偿金、违约金等。

二十三、企业的利润分配

企业实现的利润在交纳所得税后，一般按下列顺序进行分配：

(1)支付被没收的各种财物损失，以及各项税收的滞纳金和罚款。

(2)弥补以前年度亏损，即企业以前年度发生的亏损，在连续 5 年内未弥补完，5 年后应以税后利润弥补的部分。

(3)提取法定盈余公积金。法定盈余公积金指在分配给投资者利润之前按规定比例从税后利润中提取的资金，它属于投资者权益部分。一般企业法定盈余公积金，按照税后利润扣除第(1)、(2)项后余额的 10%提取。当法定盈余公积金达到企业注册资金的 50%时，可不再提取。

法定盈余公积金用于弥补企业亏损和按国家规定或经股东会议决议转增资本金。但转增资本金以后，其法定盈余公积金的账面余额，以不低于企业注册资本的 25%为限。

(4)提取公益金。公益金是用于职工集体福利支出的资金。它按企业当年税后利润扣除第(1)、(2)项后的一定比例提取。

(5)向投资者分配利润。企业的税后利润，在扣除(1)~(4)项以后，其余额应按投资各方的出资比例进行分配，以前年度未分配的利润，可以并入当年分配。在没有提取法定盈余公积金和公益金以前，不得向投资者分配利润。在向投资者分配利润前，经董事会决定，可以提取任意公积金。

第五章　建设工程招投标管理

所谓工程招标投标，是指招标人事先提出工程的条件和要求，邀请众多投标人参加投标并按照规定程序从中选择承包商的一种市场交易行为。

从招标交易过程来看必然包括招标和投标两个最基本的环节，前者是招标人以一定的方式邀请不特定或一定数量的潜在投标人组织投标，后者是投标人响应招标人的要求参加投标竞争。

建设工程招标，是指建设单位就拟建的工程发布通告，以法定方式吸引建设承包单位参加竞争，从中选择条件优越者完成工程建设任务的法律行为。建设工程投标，是指经过审查获得投标资格的建设承包单位按照招标文件的要求，在规定的时间内向招标单位填报投标书并争取中标的法律行为。

第一节　建设工程招投标概述

一、建设工程招标投标的特点与原则

1. 特点

随着我国市场经济体制改革的不断深入，招投标这种反映公平、公正、有序竞争的有效方式也得到不断的完善，具有如下特点：

(1)程序规范。

(2)多方位开放，透明度高。

(3)投标过程统一、有效地监管。

(4)公平、客观。

(5)双方一次成交。

2. 原则

工程招投标的基本原则为：公平、公正、公开和诚实信用。

二、建设工程招投标的目的

工程招投标的目的是为了签订合同。在法律上，合同的成立可分为要约和承诺两个阶段。要约内容必须具有足以使合同成立的主要条件，而承诺则是受要约人同意接受要约的全部条件意思表示。虽然招标文件对工程项目有详细介绍，但它缺少合同成立的重要条件——价格，在招标中，项目成交的价格是有待于投标者提出的。因而，它实际上是邀请其他人(投标者)来对其提出要约(报价)，是一种要约邀请。

招标者仍应受招标文件的约束。因为，第一，招标行为应受建筑市场的有关法规约束；第二，投标单位的投标书是在假设招标文件真实可靠的条件下作出的。一般认为投标是一种要约。投标符合要约的所有条件，它具有缔结合同的主观目的，一旦中标，投标人将受投标书的拘束，投标书的内容具有足以使合同成立的主要条件。

因此，工程招标是要约邀请，而投标则是要约，定标则是承诺。

三、建设工程招标投标的类型

(1)按照行业业务性质分类。按照行业业务性质，可以将建设工程招标投标分为勘察招标投标、设计招标投标、施工招标投标、建设监理招标投标和工程设备、材料招标投标。

(2)按照工程建设项目的构成分类。按照工程建设项目的构成，可以将建设工程招标投标分为建设项目招标投标、单项工程招标投标、单位工程招标投标。

(3)按照工程建设程序分类。按照工程建设程序，可以将建设工程招标投标分为建设项目可行性研究招标投标、工程勘察设计招标投标、工程施工招标投标。

(4)按照工程是否具有涉外因素分类。按照工程是否具有涉外因素，可以将建设工程招标投标分为国内工程招标投标和国际工程招标投标。

(5)按照工程发包承包的范围分类。按照工程发包承包的范围，可以将建设工程招标投标分为工程总承包招标投标、工程分承包招标投标和工程专项承包招标投标。

四、建设工程项目总承包招投标的概念

建设项目总承包招投标又叫建设项目全过程招投标，在国外称之为"交钥匙"承包方式。它是指从项目建议书开始，包括可行性研究报告、勘察设计、设备材料询价与采购工程施工、生产准备、投料试车，直到竣工投产、交付使用全面实行招标。工程总承包企业根据建设单位提出的工程使用要求，对项目建设书、可行性研究、勘察设计、设备询价与选购、材料订货、工程施工、职工培训、试生产、竣工投产等实行全面报价投标。

五、建设工程勘察招投标的概念

工程勘察招标是指招标单位就拟建工程的勘察任务发布通告，以法定方式吸引勘察单位参加竞争，经招标单位审查获得投标资格的勘察单位按照招标文件的要求，在规定的时间内向招标单位填报标书，招标单位从中选择条件优越者完成勘察任务。

六、建设工程设计招投标的概念

工程设计招投标是指招标单位就拟建工程的设计任务发布通告，以吸引设计单位参加竞争，经招标单位审查获得投标资格的设计单位按照招标文件的要求，在规定的时间内向招标单位填报投标书，招标单位从中择优确定中标单位来完成工程设计任务。设计招标主要是设计方案招标，工业项目可进行可行性研究方案招标。

七、建设工程施工招投标的概念

建设工程施工招标，是指招标单位就拟建的工程发布通告，以法定方式吸引建筑施工企业参加竞争，招标单位从中选择条件优越者完成工程任务的法律行为。

建设工程施工投标，是指经过招标单位审查获得投标资格的建筑施工企业按照招标文件的要求，在规定的时间内向招标单位填报投标书并争取中标的法律行为。

八、建设工程必须招标项目的标准

(1)施工单项合同估算价在 200 万元人民币以上的。

(2)重要设备、材料等货物的采购,单项合同估算价在50万元人民币以上的。

(3)勘察、设计、监理等服务的采购,单项合同估算价在100万元人民币以上的。

(4)单项合同估算价低于第(1)、(2)、(3)项规定的标准,但项目总投资额在3000万元人民币以上的。

九、建设工程强制性招标的项目

(1)关系社会公共利益、公众安全的基础设施项目。

(2)关系社会公共利益、公众安全的公用事业项目。

(3)使用国有资金投资项目。

(4)国家融资项目。

(5)使用国际组织或者外国政府资金的项目。

十、建设工程可不招标的工程施工建设项目

需要审批的工程建设项目,有下列情形之一的,由审批部门批准,可以不进行招标:

(1)涉及国家安全、国家秘密的。

(2)抢险救灾的。

(3)主要工艺、技术采用特定专利或者专有技术的。

(4)技术复杂或专业性强,能够满足条件的单位少于三家,不能形成有效竞争的。

(5)已建成项目需要改、扩建或者技术改造,由其他单位进行设计影响项目功能配套性的。

(6)在建工程追加工作量,原中标人有能力承担且不改变原委托监理合同的实质内容的。

(7)属于利用扶贫资金实行以工代赈需要使用农民工的施工项目。

(8)施工企业自建自用的工程,且该施工企业资质等级符合工程要求的施工项目。

(9)在建工程追加的附属小型工程或者主体加层工程,原中标人仍具备承包能力的。

十一、建设工程施工招投标的范围

凡政府和公有制企、事业单位投资的新建、改建、扩建和技术改造工程项目的施工,除某些不适宜招标的特殊工程外,均应按《工程建设施工招标投标管理办法》实行招标投标。凡具备条件的建设单位和相应资质的施工企业均可参加施工招标。可对项目全部工程、单位工程、特殊专业工程等招标,但不得对单位工程的分部、分项工程进行招标。

十二、工程招标投标的方式

1. 公开招标

公开招标(Open Tendering),又叫竞争性招标,即由招标人在报刊、电子网络或其他媒体上刊登招标公告,吸引众多潜在投标人参加投标竞争,招标人从中择优选择中标人的招标方式。按照竞争程度,公开招标可分为国内竞争性招标和国际竞争性招标。

(1)国际竞争性招标。就是在世界范围内进行招标,国内外合格的投标人均可以投标,要求制作完整的英文标书,在国际上通过各种宣传媒介刊登招标公告,是世界银行采用得最多、占招标金额极大的一种方式。世界银行根据不同地区和国家的情况,规定了凡是招标金额在一定限额以上的工程合同,都必须采用国际竞争性招标。对一般借款国来说,10万~25万美元以上的货物采购合同,大中型工程采购合同,都应采用国际竞争性招标。我国的贷款项目金

额一般都比较大，世界银行对中国的国际竞争性招标采购限额也放宽一些，工业项目采购凡在100万美元以上，均应采用国际竞争性招标来进行。

国际竞争性招标程序有很多的优点。第一，由于投标竞争激烈，一般可以以对买主有利的价格招标到需要的工程。第二，可以引进先进的设备、技术和工程技术及管理经验。第三，可以保证所有合格的投标人都有参加投标的机会。由于国际竞争性招标对工程的客观的衡量标准，可促进发展中国家的承包商提高工程建造质量，提高国际竞争力。第四，保证招标工作根据预先制定并为大家所知道的程序和标准公开而客观地进行，因而减少了在招标中作弊的可能。

国际竞争性招标也存在一些缺陷，主要是：国际竞争性招标费时较多。国际竞争性招标有一套周密而比较复杂的程序，从招标公告、投标人作出反应、评标到授予合同，一般都要半年到一年以上的时间。国际竞争性招标所需准备的文件较多。招标文件要明确规范各种技术规范、评标标准以及买卖双方的义务等内容。招标文件中任何含糊不清或未予明确的都有可能导致执行合同意见不一致，甚至造成争执。另外还要将大量文件译成国际通用文字，因而增加很大工作量。在中标的承包商中，发展中国家所占份额很少。在世界银行用于招标的贷款总金额中，国际竞争性招标约占60%，其中发达国家如美国、德国、日本等中标额就占到80%左右。

(2)国内竞争性招标。在国内进行招标，可用本国语言编写标书，只在国内的媒体上注销广告，公开出售标书，公开开标。通常用于合同金额较小(世界银行规定一般50万美元以下)、招标品种比较分散、分批交货时间较长、劳动密集型、商品成本较低而运费较高、当地价格明显低于国际市场等项目招标。此外，若从国内招标工程建设可以大大节省时间，而且这种便利将对项目的实施具有重要的意义，也可仅在国内实行竞争性招标。在国内竞争性招标的情况下，如果外国公司愿意参加，则应允许他们按照国内竞争性招标参加投标，不应人为设置障碍，妨碍其公平参加竞争。国内竞争性招标的程序大致与国际竞争性招标相同。由于国内竞争招标限制了竞争范围，通常国外承包商不能得到有关投标的信息，这与招标的原则不符，所以有关国际组织对国内竞争性招标都加以限制。

2.邀请招标

也称有限竞争性招标(Restricted Tendering)或选择性招标(Selective Tendering)，即由招标人选择一定数目的企业，向其发出投标邀请书，邀请他们参加投标竞争。一般都选择3～10个之间参加较为适宜，当然要视具体的招标项目的规模大小而定。由于被邀请参加的投标竞争者有限，不仅可以节约招标费用，而且提高了每个投标人的中标机会。然而，由于邀请投标限制了充分的竞争，因此招标投标法规一般都规定，招标人应尽量采用公开招标。

邀请招标的特点是：邀请投标不使用公开的公告形式；接受邀请的单位才是合格投标人；投标人的数量有限。

邀请招标与公开招标相比，因为不用刊登招标公告，招标文件只发送几家，投标有效期大大缩短，可以减低投标风险和投标价格。在欧盟的公共招标规则中，如果招标金额超过法定界限，必须使用招标形式的，项目法人有权自由选择公开招标或邀请招标，而由于邀请招标有上述的优点，所以在欧盟的成员国家中，邀请招标被广泛使用。

十三、勘察招标应具备的条件

(1)具有经过有审批权的机关批准的设计任务书。

(2)具有建设规划管理部门同意的用地范围许可文件。

(3)有符合要求的地形图。

十四、建设工程设计招标应具备的条件

(1)具有经过审批机关批准的设计任务书。如进行可行性研究招标。必须有批准的项目建议书。

(2)具有工程设计所需要的可靠的基础资料。

(3)已成立专门的招标小组或委托了代理招标事宜。

十五、建设施工招标应具备的条件

(1)概算已经批准。

(2)项目已正式列入国家、部门或地方的年度固定资产投资计划。

(3)建设用地的征用工作已经完成。

(4)有能够满足施工需要的施工图纸及技术资料。

(5)建设资金和主要建筑材料、设备的来源已经落实。

(6)已经建设项目所在地规划部门批准,施工现场的“三通一平”已经完成或一并列入施工招标范围。

十六、建设工程公开招标的项目

依法必须进行招标的项目,全部使用国有资金投资或者国有资金投资占控股或者主导地位的,以及国务院发展和改革部门确定的国家重点项目和省、自治区、直辖市人民政府确定的地方重点项目,除另有规定外,应当公开招标。

十七、依法必须进行招标的工程建设项目

(1)项目(或货物)技术复杂、专业性较强或有特殊要求,只有少量几家潜在投标人可供选择的。

(2)受自然地域环境限制或者环境资源条件特殊,符合条件的潜在投标人数量有限或将影响项目实施时机的。

(3)涉及国家安全、国家秘密或者抢险救灾,适宜招标但不宜公开招标的。

(4)拟公开招标的费用与项目的价值相比,不值得的。

(5)法律、法规规定不宜公开招标的。

十八、建设工程招标的方式

(1)公开招标。由招标单位通过报刊、广播、电视等公开发表招标广告。

(2)邀请招标。由招标单位向有承包能力的若干企业发出招标通知,被邀请的投标单位一般不少于三家。

(3)议标。对不宜公开招标或邀请招标的特殊工程,应报县级以上地方人民政府建设行政主管部门或其授权的招标投标办事机构,经批准后可以议标。参加议标的单位一般不少于两家。

第二节　建设工程招投标程序

一、国际招标投标的程序

在国际上，影响最大的招投标程序是世界银行的招投标程序，由于世界银行主张工程项目的招标应尽量采用国际竞争性招标（International Competitive Bidding——ICB），在实践中，世界银行的贷款总金额中国际竞争性招标也占了绝大多数，因此在此主要介绍国际竞争性招标程序。

国际竞争性招标的基本程序如下：

1. 总采购公告（General Procurement Notice）

（1）及时将投标机会通知国际社会，在国际竞争性招标中是很重要的。世界银行要求，贷款项目中心以国际竞争性方式采购的货物和工程，借款人必须准备交世界银行一份总采购公告。

（2）总采购公告应包括：项目国家、项自名称、资金来源及贷款、信贷号（如已确定的话）有关项目的信息，采用国际竞争性招标方式采购的全部采购合同，或至少招标文件或资格预审文件，已开始准备的采购合同及其项目等。

2. 进行资格预审

（1）一个项目的具体采购合同是否要进行资格预审，应由借款人和世界银行充分协商后，在贷款协定中明确规定。资格预审首先要确定投标人是否有投标资格（Eligibility），在有优惠待遇的情况下，也可确定其是否有资格享受本国或地区优惠待遇。

（2）除了确定投标资格外，资格预审的目的是为了审定可能的投标人是否有能力承担该项采购任务。审查内容主要为以下三个方面：

1）经验和以往承担类似合同的成绩。

2）为承担招标的合同任务配备的人员、设备和工厂设备的能力。

3）财务情况。

4）如果在投标前未进行过资格预审，则应在评标后对标价最低并拟授予合同的投标人进行资格定审，以便审定其是否有足够的人力财力资源有效地实施采购合同。资格定审的标准应在招标文件中明确规定，其内容与资格预审的标准相同。如果评标价最低的投标人不符合资格要求，就应拒绝这一投标，而对次低标的投标人进行资格定审。

3. 准备招标文件

招标文件是评标及签订合同的依据。它向未来的投标人提供与所需采购的货物或工程有关的一切情况，投标应注意的一切事项和评标的具体标准。它还规定了业主与投标人之间的权利和义务，并提出授予合同后业主与供货人、承包商之间的权利义务关系，作为今后签订正式合同的基础。

4. 具体合同招标广告（投标邀请书）

除了总采购公告外，借款人应将具体合同的投标机会及时通知国际社会。为此，应及时刊登具体合同的招标广告，即投标邀请书。

从发出广告到投标人作出反应之间应有充分的时间，以便投标人进行准备。一般从刊登招标广告或发售招标文件（两个时间中以较晚的时间为准）算起，给予投标商准备投标的时间不得少于45天。工程项目通常为60～90天，大型工程或复杂的设备，投标准备时间应不少于90天，特殊情况长达180天。

5.开标

在招标文件《投标人须知》中应明确规定投交标书的地址、投标截止时间和开标时间及地点，投交标书的方式不得加以限制（如规定必须寄交某邮政信箱），以免延误。应该允许投标人亲自或派代表投交标书。开标时间一般应是投标截止时间或紧接在截止时间之后。

在投标截止期以后收到的标书，尤其是已经开始宣读标书以后收到的标书，一般都可加以拒绝。

6.评标

评标主要有三个步骤：

(1)审标。审标是先将各投标人提交的标书就一些技术性、程序性的问题加以澄清并初步筛选。如：投标人是否具备投标资格，是否附有要求交纳的投标保证金，是否已按规定签字，是否在主要方面均符合招标文件提出的要求，是否有重大计算错误，其他方面是否都符合规定等。

(2)评标。按招标文件明确规定的标准和评标方法评定各标书的评标价。评标时既要考虑报价，也要考虑其他因素。投标书如与招标文件所列要求无重大偏离，应按招标文件规定办法在评标中加以计算。有些问题则可以通过双方一同举行澄清会议，寻求一致意见，加以解决，然后按评标价高低，由低至高，评定各标书的评标次序。

(3)资格定审。如果未经资格预审，则应对评标价最低标书的投标人进行资格定审。

世界银行认为：评审标书的目的是为了能在标书的评标价格基础上对各标书进行比较，以确定对借款人而言每份投标将需要多少费用。合同应授予评标价格最低的标书，但不一定是报价最低的标书。

特别需要注意的是，世界银行认为：任何因标书超过或低于某一预先估定的投标报价即被自动淘汰的程序，均不允许采用。

7.授予合同或拒绝所有投标

按照招标文件规定的标准，对所有符合要求的标书进行评标，得出结果后，应将合同授予标书评标价最低，并有足够人力财力资源的投标人。在正式授予合同之前，借款人应将评标报告连同授予合同的建议送交世界银行审查，征得其同意。

招标文件一般都规定借款人有拒绝所有投标的权利。借款人在采取这一行动之前应先与世界银行磋商，不能仅仅为了希望以更低价格采购到所需设备或工程而拒绝所有投标，再以同样的技术规格要求重新招标。但如果评标价最低的投标报价也大大超出了原来的预算，则可以废弃所有投标而重新招标。或者作为替代办法，可在废弃所有投标后再与最低的投标人谈判协商，以求取得协议。如不成功，可与次低标的投标人谈判。如果所有投标均有重大方面不符合要求，或招标缺乏有效的竞争，借款人也可废弃所有投标而重新招标。

在废弃所有投标时，借款人应在重新招标前审查导致废弃所有投标的原因，并考虑是否应修改技术规格或对项目内容进行修改，或对两者都做修改，以求再度招标时不致重蹈覆辙。

8.合同谈判和签订合同

中标人确定后，应尽快通知中标的投标商准备谈判。

在正式通知授予合同后，业主就须与承包商进行合同谈判。但合同谈判并不是重新谈判投标价格和合同双方的权利义务。因为对投标价格的必要调整已在评标的过程中确定，双方的权利义务以及其他有关商务条款，招标文件中都已明确规定。谈判主要是确定有些技术性或商务性的问题，最后双方正式签订合同。

二、工程招投标的工作流程

工程招标投标工作流程如图 5－1 所示。

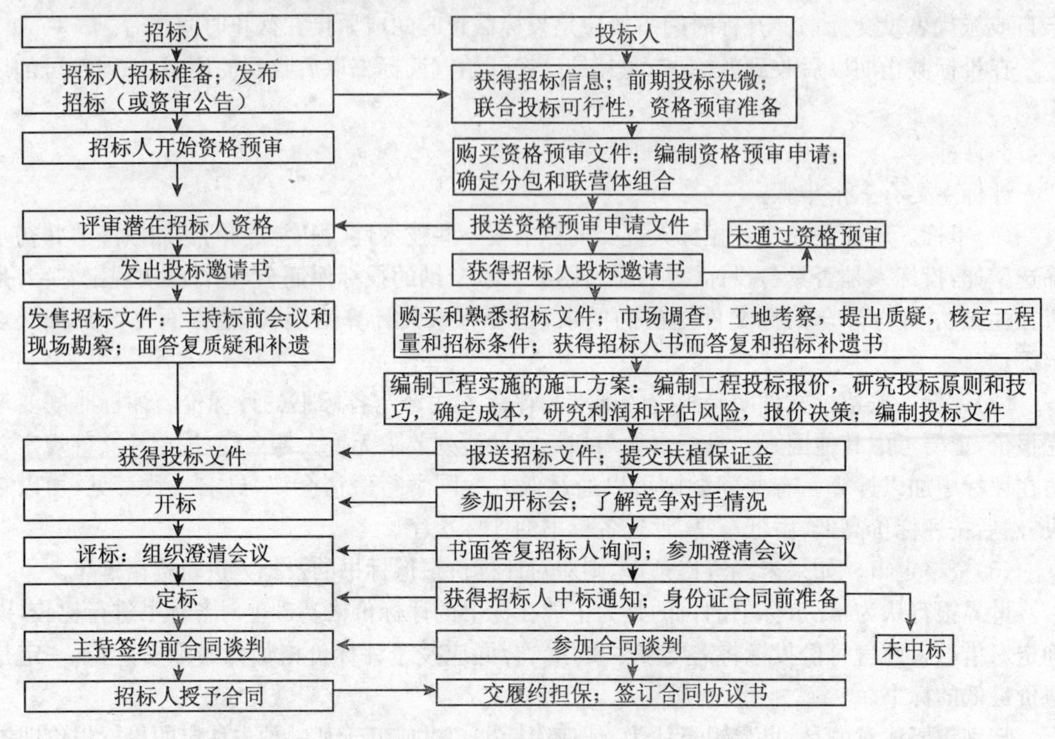

图 5－1 工程招投标工作流程

三、建设项目总承包的招投标程序

(1)编制招标文件。工程建设项目具备总承包招标发包条件后，由项目主管部门或建设单位编制招标文件，其主要内容有：综合说明书、工程款项支付方式、工程质量要求、合同主要条款、投标须知及投标起止日期和定标日期、地点等。

(2)投标单位报送标书。招标文件编妥后，通过公开或邀请等方式进行招标。投标的总承包单位按招标文件内容和要求拟定标书，报送招标单位。

(3)评标和定标。招标单位收到各投标单位的标书后组织定标，通过不同方法评标，选定最佳方案和相应的总承包单位。

(4)中标单位提交可行性研究报告。中标的总承包单位在承接工程建设任务后，进行项目可行性研究，提出可行性研究报告，交招标单位，经其审查同意后，由招标单位向工程建设项目审批机关报送。

(5)总承包单位进行分包。可行性研究报告经批准后，总承包公司即可按照程序，分别组织勘察设计招标、材料设备生产供应招标和工程施工招标，并分别签订合同。

四、工程勘察招投标的工作程序

(1)招标单位向招标管理机构办理招标登记。

(2)招标单位组织招标工作机构,该机构应具备下列条件:

1)有建设单位法定代表人或其委托的代理人参加。

2)有与工程规模相适应的技术、预算、财务、基建管理人员参加。

3)有对投标单位进行资质评审的能力。

(3)招标单位组织评标小组,其成员由招标单位及其上级主管部门和有关专家组成,应根据建设工程的规模、重要程度、复杂程度等情况选定。

(4)招标单位编制招标文件,招标文件经招标管理机构核准后,可发布招标广告。

(5)投标单位报名参加投标。

(6)招标单位对申请投标的单位进行资质审查,主要应审查投标单位的勘察证书、批准承担任务范围的文件的复印件、技术力量、主要勘察设备与测试手段及近年承担的主要工程项目及其勘察质量情况。

(7)经审查合格的投标单位领取招标文件。

(8)招标单位组织投标单位勘察工程现场和进行招标文件答疑。

(9)投标单位编制投标书,并递交给招标单位,投标书应包括下列内容:

1)标书综合说明书。

2)勘察方案及其实施的组织和技术措施。

3)需要建设单位提供的配合条件。

4)勘察开工、完工和提供勘察资料的日期。

5)勘察费用。

6)其他说明的内容。

(10)开标、评标、定标,确定中标单位。应综合考虑以下方面的情况,择优确定中标单位:

1)勘察方案的优劣。

2)勘察进度的快慢。

3)工程勘察费预算依据与取费率取值的合理性和正确性。

4)勘察资历和社会信誉。

(11)招标单位发中标通知书,与中标单位签订勘察合同。

五、工程设计招投标的程序

(1)招标单位编制招标文件。

(2)招标单位发布招标广告或发出招标通知书。

(3)投标单位购买或领取招标文件。

(4)投标单位报送申请书,并同时提供资格预审的有关文件。

(5)招标单位对投标单位进行资格审查,亦可委托咨询公司进行审查。

(6)招标单位组织投标单位踏勘工程现场,解答招标文件中的问题。

(7)投标单位编制投标书,其内容应包括:

1)方案设计综合说明书。

2)方案设计内容及图纸。

3)建设工期。

4)主要的施工技术要求和施工组织方案。

5)工程投资估算和经济分析。

6)设计进度和收费。

7)投标书编制完成后,应加盖设计单位及其负责人的印鉴。

(8)投标单位按规定时间密封报送投标书。

(9)招标单位当众开标,组织评标,确定中标单位,发出中标通知书。评标定标由招标单位负责,应邀请有关部门及专家共同进行,确定中标的依据是:

1)设计方案优劣。

2)投入产出、经济效益好坏。

3)设计进度快慢。

4)设计资历和社会信誉。

(10)招标单位与中标单位签订合同。

六、建设工程施工招标的程序

按照《工程建设施工招标投标管理办法》(以下简称为《管理办法》),施工招标的程序如下。

(1)由建设单位组织招标工作机构。建设单位招标应当具备如下条件:

1)建设单位必须是法人或依法成立的其他组织。

2)有与招标工程相适应的经济、技术管理人员。

3)有组织编制招标文件的能力。

4)有审查投标单位资质的能力。

5)有组织开标、评标、定标的能力。

6)建设单位应据此组织招标工作机构,负责招标的技术性工作。若建设单位不具备上述相应的条件,则必须委托具有相应资质的咨询或监理单位代理招标。

(2)向招标投标办事机构提出招标申请书,其内容包括:招标单位的资质、招标工程具备的、拟采用的招标方式和对投标单位的要求等。

(3)编制招标文件。招标文件应包括如下内容:

1)工程综合说明,包括工程名称、地址、招标项目、占地范围、建筑面积和技术要求、质量标准及现场条件、招标方式、要求开工和竣工时间、对投标企业的资质等级要求等。

2)工程设计图纸和技术资料及技术说明书,通常称之为设计文件。

3)工程量清单,以单位工程为对象,按分部分项工程列出工程数量;对采用标准设计的工程,可按建筑面积列出工程数量。

4)由银行出具的建设资金证明和工程款的支付方式及预付款的百分比。

5)主要材料(钢材、木材、水泥等)与设备的供应方式,加工订货情况和材料、设备价差的处理方法。

6)特殊工程的施工要求以及采用的技术规范。

7)投标书的编制要求及评标、定标原则。

8)投标、开标、评标、定标等活动的日程安排。

9)《建设工程施工合同条件》及调整要求。

10)要求交纳的投标保证金额度,其数额根据工程投资的大小确定。一般不低于投标价的1%。

11)每套超标文件售价只记工本费,最高不超过1000元。

12)投标须知,主要应包括以下内容:

①承发包双方业务往来中收发函的规定。

②设计文件的拟定单位及投标企业与之发生业务联系的方式。

③解释招标文件的单位、联系人等方面的说明。

④填写标书的规定和投标、开标要求的时间、地点等。

⑤投标企业提供担保的方式。

⑥投标企业对投标文件有关内容提出建议的方式。

⑦招标单位拒绝投标的权利。

⑧投标单位对招标文件保密的义务等。

这些内容并非一切项目投标须知中均需包括的内容，具体项目可按照实际情况调整。

(4)制定标底，报招标投标办事机构审定。工程施工招标必须编制标底。标底由招标单位自行编制或委托经建设行政主管部门认定具有编制标底能力的咨询、监理单位编制。编制标底应遵守以下原则：

1)根据设计图纸有关资料、招标文件，参照国家规定的技术、经济标准定额及规范，确定工程量和编制标底。

2)标底应由成本、利润和税金组成，一般应控制在批准的总概算(或修正概算)及投资包干的限额内。

3)标底作为建设单位的期望计划价，应力求与市场的实际变化吻合，要有利于竞争和保证工程。

4)标底应考虑人工、材料、机械台班等价格变动因素，还应包括施工不可预见费、包干费和措施费等，工程要求优良的还应增加相应费用。

5)一个工程只能编制一个标底。

标底必须报经招标投标办事机构审定。实行议标的工程，承包价由双方协商，报招标投标办事机构备案。

(5)发布招标公告或招标邀请书。

若采用公开招标方式，应根据工程性质和规模在当地或全国性报纸或公开发行的专业刊物上发布招标公告，其内容应包括：招标单位和招标工程的名称、招标工程简介、工程承包方式、投标单位资格、领取招标文件的地点、时间和应缴费用等。

若采用邀请招标方式，应由招标单位向预先选定的承包商发出招标邀请书。

(6)招标单位对报名参加投标者进行资格预审，并将审查结果通知各申请投标者。

资格审查一般是在规定的时间内，愿参加投标者向招标单位购买资格预审书，填写并交回。资格审查主要包括：

1)企业注册证明和技术等级。

2)主要施工经历。

3)质量保证措施。

4)技术力量简况。

5)施工机械设备简况。

6)正在施工的承建项目。

7)资金或财务状况。

8)企业的商业信誉。

9)准备在招标工程上使用的施工机械设备。

10)准备在招标工程上采用的施工方法和施工进度安排。

(7)向合格的投标者分发招标文件及设计图纸、技术资料等。

(8)组织投标单位踏勘现场,并对招标文件答疑。

通常投标者提出的问题应由招标单位书面答复,并以备忘录的形式发给各投标者作为招标文件的补充和组成。

(9)建立评标组织,制定评标、定标办法。

评标组织由建设单位及其上级主管部门(含建设单位委托的咨询、监理单位)和建设单位邀请的有关单位组成,特殊工程或大型工程还可邀请有关专家参加。

评标、定标应采用科学的方法,按平等竞争、公正合理的原则,对投标单位的报价、工期、主要材料用量、施工方案、质量实绩、企业信誉等进行综合评价。

(10)召开开标会议,审查投标标书。开标由招标单位主持,一般应按规定邀请当地公证机关代表到会公证,当众拆封,宣读要点,并逐项登记。

有下列情况之一时,投标书宣布作废:

1)未密封。

2)无单位和法定代表人或其代理人的印鉴。

3)未按规定的格式填写,内容不全或字迹模糊,辨认不清。

4)逾期送达。

5)投标单位未参加开标会议。

(11)组织评标,决定中标单位。

目前评标多采用打分法,根据投标单位的得分情况确定中标单位。自开标(或开始议标)至定标的期限,小型工程不超过10天,大中型工程不超过30天,特殊情况可适当延长。

(12)发出中标通知书,招标单位应在定标7天内发出中标通知书,同时抄送各未中标单位,抄报招标投标办事机构,未中标的投标单位应在接到通知7天内退回招标文件及有关资料,招标单位同时退还投标保证金。

(13)建设单位与中标单位签订承发包合同。

如因下列原因之一导致部分或全部完成了招标程序而无一中标企业,造成招标单位被迫宣告招标失败时,仍可申请再次招标,这些原因是:

1)无合格的投标企业前来投标或投标单位数量不足法定数。

2)标底在开标前泄密。

3)各投标企业的报价均为不合理标。

4)在定标前发现标底有严重漏误而无效。

5)其他在招标前未预料到,但在招标过程中发生并足以影响招标成功的事由。

七、建设工程施工投标的程序

(1)报名参加投标。报名参加投标的单位,应向招标单位提供以下材料:

1)企业营业执照和资质证书。

2)企业简历。

3)自有资金情况。

4)全员职工人数,包括技术人员、技术工作数量及平均技术等级等,企业自有主要施工机械设备一览表。

5)近三年承建的主要工程及其质量情况。

6)现有主要施工任务,包括在建和尚未开工工程一览表。

(2)按下列妻求编制并填写资格预审书:

1)按资格预审文件要求填写。

2)报送的有关内容应完全符合资格预审文件要求达到标准。

3)报送资格预审的所有内容中应有证明文件。

4)对施工设备要有详细的性能说明。

5)报送的预审资料应有一份原件及数份复印件,并按指定时间、地点报送。

(3)领取招标文件。经招标单位对报名参加招标的施工企业的资格审查,合格者可领到或购买招标单位发送的招标文件。

(4)研究招标文件。投标单位在领取招标文件后,应认真研究工程条件、工程施工范围、工程量、工期、质量要求及合同主要条件等,弄清承包责任和报价范围。模糊不清或把握不准之处,应做好记录,在答疑会上澄清。

(5)调查投标环境。投标环境是中标后工程施工的自然、经济和社会环境,着重是施工现场的地理位置、现场地质条件、交通情况、现场临时供电、供水、通信设施情况,当地劳动力资源和材料资源、地方材料价格等各个方面以确定投标策略。

投标单位应结合具体工程项目的情况确定自己的投标策略。

(6)编制施工计划,制定施工方案。投标单位应核实工程量,在此基础上制定施工方案,编制施工计划。

(7)按照招标文件的要求编制投标文件。

(8)投送投标文件。应在要求的期限内将投标文件送至指定的地点。

(9)参加开标会议。投标单位必须参加开标会议。

(10)订立施工合同。如若中标,则应及时与招标单位订立施工合同。

第三节 招标文件

一、招标人的条件

招标人是指依照法律规定进行工程建设项目的勘察、设计、施工、监理以及与工程建设有关的重要设备、材料等招标的法人或其他组织。

对于经国家发改委审批(含经国家发改委初审后报国务院审批)的工程建设项目的自行招标活动,招标人自行办理招标事宜的具体条件包括:

(1)具有项目法人资格(或者法人资格)。

(2)具有与招标项目规模和复杂程度相适应的工程技术、概预算、财务和工程管理等方面专业技术力量。

(3)有从事同类工程建设项目招标的经验。

(4)设有专门的招标机构或者拥有3名以上专职招标业务人员。

(5)熟悉和掌握招标投标法及有关法规规章。

二、自行招标的书面材料

招标人自行招标的，项目法人或者组建中的项目法人应当在向国家发改委上报项目可行性研究报告时，一并报送申请自行招标的书面材料。书面材料应当至少包括：

(1)项目法人营业执照、法人证书或者项目法人组建文件。

(2)与招标项目相适应的专业技术力量情况。

(3)内设的招标机构或者专职招标业务人员的基本情况。

(4)拟使用的专家库情况。

(5)以往编制的同类工程建设项目招标文件和评标报告，以及招标业绩的证明材料。

(6)其他材料。

在报送可行性研究报告前，招标人确需通过招标方式或者其他方式确定勘察、设计单位开展前期工作的，应当在该书面材料中说明。

三、招标文件的编制基本要求

(1)对招标文件的一般性要求。招标人应当根据招标项目的特点和需要编制招标文件。招标文件应当包括招标项目的技术要求、对投标人资格审查的标准、投标报价要求和评标标准等所有实质性要求和条件以及拟签订合同的主要条款。

(2)有关技术和标准。国家对招标项目的技术、标准有规定的，招标人应当按照其规定在招标文件中提出相应要求，招标文件规定的各项技术标准应符合国家强制性标准。

招标文件中规定的各项技术标准均不得要求或标明某一特定的专利、商标、名称、设计、原产地或生产供应者，不得含有倾向或者排斥，潜在投标人的其他内容。如果必须引用某一生产供应者的技术标准才能准确或清楚地说明拟招标项目的技术标准时，则应当在参照后面加上“或相当于”的字样。招标文件不得要求或者标明特定的生产供应者以及含有倾向或者排斥潜在投标人的其他内容。

(3)关于评标标准和方法。招标文件应当明确规定评标时除价格以外的所有评标因素，以及如何将这些因素量化或者据以进行评估。

招标人制定的评标标准和详细的评标办法要在招标文件中载明。在评标时不得超出招标文件中载明的评标标准和办法对投标文件进行评审和比较，不得改变招标文件中规定的中标条件。

(4)投标有效期。招标文件应当规定一个适当的投标有效期，以保证招标人有足够的时间完成评标和与中标人签订合同。

投标有效期从投标人提交投标文件截止之日起计算。

在原投标有效期结束前，出现特殊情况的，招标人可以书面形式要求所有投标人延长投标有效期。投标人同意延长的，不得要求或被允许修改其投标文件的实质性内容，但应当相应延长其投标保证金的有效期；投标人拒绝延长的，其投标失效，但投标人有权收回其投标保证金。因延长投标有效期造成投标人损失的，招标人应当给予补偿，但因不可抗力需要延长投标有效期的除外。

(5)关于价格调整、备选标和优惠。施工招标项目工期超过 12 个月的，招标文件中可以规定工程造价指数体系、价格调整因素和调整方法。

招标人可以要求投标人在提交符合招标文件规定要求的投标文件外，提交备选投标文件，但应当在招标文件中作出说明，并提出相应的评审和比较办法。

对于划分有多个单项合同的招标项目，招标人可根据实际情况在招标文件中规定允许投标人为获得整个项目合同而提出优惠。

若有范本的，招标文件一般应按照相应的招标文件范本来进行编制。

(6)投标保证金。施工招标投标保证金除现金外，可以是银行出具的银行保函、保兑支票、银行汇票或现金支票，一般不得超过投标总价的2%，但最高不得超过80万元人民币。投标保证金有效期应当超出投标有效期30天。

勘察设计和监理招标项目投标保证金数额一般不超过投标报价的2%，最多不超过10万元人民币。

(7)标底编制。招标人可根据项目特点决定是否编制标底。编制标底的，标底编制过程和标底必须保密。标底在评标中应当作为参考，但不得作为评标的唯一依据。招标项目也可以不设标底，进行无标底招标。

任何单位和个人不得强制招标人编制或报审标底，或干预其确定标底。

标底由招标单位负责编制或委托具有编制标底能力的单位编制。招标项目编制标底的，应根据批准的初步设计、投资概算，依据有关计价办法，参照有关工程定额、结合市场供求状况，综合考虑投资、工期和质量等方面的因素合理确定。一个工程只能编制一个标底。

四、建设施工招标文件的主要内容

以《标准施工招标文件》(九部委〔2007〕56号)为例，施工招标文件的内容构成包括四卷八章：

第一卷：第一章　招标公告(未进行资格预审)；第一章　投标邀请书(适用于邀请招标)；第一章　投标邀请书(代资格预审通过通知书)；第二章　投标人须知；第三章　评标办法(经评审的最低投标价法)；第三章　评标办法(综合评估法)；第四章　合同条款及格式；第五章　工程量清单。

第二卷：第六章　图纸。

第三卷：第七章　技术标准和要求。

第四卷：第八章　投标文件格式。

招标人应当在招标文件中规定实质性要求和条件，并用醒目的方式标明。招标人可以要求投标人在提交符合招标文件规定要求的投标文件外，提交备选投标方案，但应当在招标文件中作出说明，并提出相应的评审和比较办法。

五、勘察设计招标文件的主要内容

(1)投标须知。

(2)投标文件格式及主要合同条款。

(3)项目说明书，包括资金来源情况。

(4)勘察设计范围，对勘察设计进度、阶段和深度的要求。

(5)勘察设计基础资料。

(6)勘察设计费用支付方式，对未中标人是否给予补偿及补偿标准。

(7)投标报价要求。

(8)对投标人资格审查的标准。

(9)评标标准和方法。

(10)投标有效期。

六、监理招标文件的主要内容

(1)招标公告(或投标邀请书)。

(2)投标须知。主要内容应包括:工程概况,委托监理的范围和标段划分情况,相应的招标工程概算,工程质量、工期要求,投标人需承诺的内容,投标报价、报送投标文件及开标会的要求,评标办法和标准,定标原则,招标人需要说明的其他事项。

(3)合同文本及合同条件。包括建设工程委托监理合同协议书及合同条件(含专用条件和通用条件)。

(4)投标文件的内容及编制要求。主要内容应包括:投标书、法定代表人授权书、投标承诺书,监理费用报价及报价分析资料,监理大纲、投标人综合情况、拟进场的总监理工程师和监理人员情况、拟进场使用的主要设备和检测仪器。

(5)技术规范。指明本项目、采用的监理规范和工程技术规范。

(6)有关资料及附件。包括有关技术资料(含线路平、纵断面图,主要工点表,设计说明等),投标书、履约保函、中标通知书、未中标通知书的格式。

七、货物招标文件的主要内容

(1)投标邀请书。

(2)投标人须知。

(3)投标文件格式。

(4)技术规格、参数及其他要求。

(5)评标标准和方法。

(6)合同主要条款。

招标人应当在招标文件中规定实质性要求和条件,说明不满足其中任何一项实质性要求和条件的投标将被拒绝,并用醒目的方式标明,没有标明的要求和条件在评标时不得作为实质性要求和条件。对于非实质性要求和条件,应规定允许偏差的最大范围、最高项数以及对这些偏差进行调整的方法。

国家对招标货物的技术、标准、质量等有特殊要求的,招标人应当在招标文件中提出相应特殊要求,并将其作为实质性要求和条件。

八、招标公告的发布

公开招标应当发布招标公告。招标公告应当通过报刊或者其他媒介发布。招标人或其委托的招标代理机构应至少在一家指定的媒介发布招标公告,招标公告在规定媒体或网站发布的有效时间一般不得少于 5 日。指定报纸在发布招标公告的同时,应将招标公告如实抄送指定网络,指定报纸和网络应当在收到招标公告文本之日起 7 日内发布招标公告。指定媒介发布依法必须招标项目的招标公告,不得收取费用,但发布国际招标公告的除外。

招标公告应当载明下列事项:

(1)招标人的名称和地址。

(2)招标项目的性质、数量。

(3)招标项目的地点和时间要求。

(4)获取招标文件的办法、地点和时间。

(5)对招标文件收取的费用。

(6)需要公告的其他事项。

招标人或招标代理机构可以对有兴趣投标的法人或者其他组织进行资格预审。但应当通过报刊或者其他媒介发布资格预审公告。资格预审公告应当载明下列事项：

(1)招标人的名称和地址、招标项目的性质和数量。

(2)招标项目的地点和时间要求。

(3)获取资格预审文件的办法、地点和时间。

(4)对资格预审文件收取的费用。

(5)提交资格预审申请书的地点和截止日期。

(6)资格预审的日程安排。

(7)需要公告的其他事项。

资格预审应当主要审查有兴趣投标的法人或者其他组织，是否具有圆满履行合同的能力。有兴趣投标的法人或者其他组织应当向招标人或者招标代理机构提交证明其具有圆满履行合同能力的证明文件或者资料。招标人或者招标代理机构应当对提交资格预审申请书的法人或者其他组织作出预审决定。

采用邀请招标的，招标人一般应当向3家以上有兴趣投标的或者通过资格预审的法人或者其他组织发出投标邀请书。

九、招标文件的出售

招标人或者招标代理机构应当按照招标公告或者投标邀请书规定的时间、地点出售招标文件。自招标文件出售之日起至停止出售之日止，最短不得少于5个工作日。招标人可以通过信息网络或者其他媒介发布招标文件。通过信息网络或者其他媒介发布的招标文件与书面招标文件具有同等法律效力，但出现不一致时以书面招标文件为准。招标人应当保持书面招标文件原始正本的完好。

对招标文件或者资格预审文件的收费应当合理，不得以营利为目的。对于所附设计文件，招标人可以向投标人酌收押金；对于开标后投标人退还设计文件的，招标人应当向投标人退还押金。招标文件售出后不予退还。除不可抗力外，招标人或者招标代理机构在发布招标公告或者发出投标邀请书后不得终止招标。

招标人或者招标代理机构需要对已售出的招标文件进行澄清或者非实质性修改的，应当在提交投标文件截止日期15日前以书面形式通知所有招标文件的购买者，该澄清或修改内容为招标文件的组成部分。

自招标文件发出之日起至提交投标文件截止之日止，最短不得少于20日。

十、现场踏勘和标前会注意事项

(1)招标人根据招标项目的具体情况，可以组织潜在投标人踏勘项目现场，向其介绍工程场地和相关环境的有关情况。

(2)潜在投标人依据招标人踏勘项目现场所介绍情况作出的判断和决策，由投标人自行负责。

(3)招标人不得单独或者分别组织任何一个投标人进行现场踏勘。

(4)对于潜在投标人在阅读招标文件和现场踏勘中提出的疑问，招标人可以书面形式或召开投标预备会的方式解答，但需同时将解答以书面方式通知所有购买招标文件的潜在投标人。该解答的内容为招标文件的组成部分。

(5)对于货物招标，除招标文件明确要求外，出席投标预备会不是强制性的，由潜在投标人自行决定，并自行承担由此可能产生的风险。

十一、投标人要求

(1)投标人是响应招标、参加投标竞争的法人或者其他组织。依法招标的科研项目允许个人参加投标的，投标的个人适用有关投标人的规定。

(2)投标人应当按照招标文件的规定编制投标文件。投标文件一般应当载明下列事项：投标函；投标人资格、资信证明文件；投标项目方案及说明，投标价格；投标保证金或者其他形式的担保；招标文件要求具备的其他内容。投标文件内容应与招标人在招标文件内的约定一致，否则将会导致废标。

(3)投标文件应在规定的截止日期前密封送达投标地点。招标人或者招标代理机构对在提交投标文件截止日期后收到的投标文件，应不予开启并退还。招标人或者招标代理机构应当对收到的投标文件签收备案。投标人有权要求招标人或者招标代理机构提供签收证明。

(4)投标人可以撤回、补充或者修改已提交的投标文件，但是应当在提交投标文件截止日之前，书面通知招标人或者招标代理机构，并备案待查。

第四节 开标、评标、中标

一、开 标

1. 开标的概念

招标人在规定的时间和地点，在投标人和其他相关人员参加的情况下，当众拆开投标资料，宣布各投标人的名称，投标报价情况，这个过程叫开标。

2. 开标的要求

根据招标投标法及其配套法规和有关规定，开标应满足下列要求：

(1)开标应当在招标文件确定的提交投标文件截止时间的同一时间公开进行；开标地点应当为招标文件中预先确定的地点。

(2)开标由招标人或招标代理机构主持，邀请评标委员会成员、投标人代表、公证处代表和有关单位代表参加，投标人若不派代表列席开标会，其标书作废，按通常做法，招标人将没收其投标保证金。

(3)开标时，由招标人或者其推选的代表检查投标文件的密封情况，也可以由招标人委托的公证机构检查并公证，经确认无误后，由工作人员当众拆封，宣读投标人名称、投标价格和投标文件的其他主要内容。

(4)招标人在招标文件要求提交投标文件的截止时间前收到的，所有符合要求的投标文件，开标时都应当众予以拆封、宣读。开标过程应当记录，并存档备查。

(5)投标人可以对唱标作必要的解释，但所作的解释不得超过投标文件记载的范围或改变投标文件的实质性内容。

二、评　　标

1.评标的概念及基本规定

招标人根据招标文件的要求，对投标人所报送的投标资料进行审查，对工程施工组织设计、报价、质量、工期等条件进行评比和分析，这个过程叫做评标。

根据招标投标法及其配套法规和有关规定，评标应满足下列要求：

(1)评标由招标人依法组建的评标委员会负责。依法必须进行招标的项目，其评标委员会由招标人的代表和有关技术、经济等方面的专家组成，成员人数为 5 人以上单数，其中技术、经济等方面的专家不得少于成员总数的 2/3。

(2)专家应当从事相关领域工作满 8 年并具有高级职称或者具有同等专业水平，由招标人从国务院有关部门或者省、自治区、直辖市人民政府有关部门提供的专家名册或者招标代理机构的专家库内的相关专业的专家名单中确定。一般招标项目可以采取随机抽取方式，特殊招标项目可以由招标人直接确定。与投标人有利害关系的人不得进入相关项目的评标委员会，已经进入的应当更换。评标委员会成员的名单在中标结果确定前应当保密。

(3)招标人应当采取必要的措施，保证评标在严格保密的情况下进行。任何单位和个人不得非法干预、影响评标的过程和结果。

(4)评标委员会可以要求投标人对投标文件中含义不明确的内容作必要的澄清或者说明，但是澄清或者说明不得超出投标文件的范围或者改变投标文件的实质性内容。

(5)评标委员会应当按照招标文件确定的评标标准和方法，对投标文件进行评审和比较；设有标底的，应当参考标底。

(6)评标委员会完成评标后，应当向招标人提出书面评标报告，并推荐合格的按名次排列的中标候选人 1～3 人(且要排列先后顺序)，也可以按照招标人的委托，直接确定中标人。

2.评标委员会的组建要求

评标委员会依法组建，负责评标活动，向招标人推荐中标候选人或者根据招标人的授权直接确定中标人。评标委员会由招标人负责组建。评标委员会成员名单一般应于开标前确定。评标委员会成员名单在中标结果确定前应当保密。评标委员会由招标人或其委托的招标代理机构熟悉相关业务的代表，以及有关技术、经济、法律等方面的专家组成，成员人数为 5 人以上单数，其中技术、经济、法律等方面的专家不得少于成员总数的 2/3。

评标委员会设负责人的，评标委员会负责人由评标委员会成员推举产生或者由招标人确定。评标委员会负责人与评标委员会的其他成员具有同等的表决权。评标委员会的专家成员应当从省级以上人民政府有关部门提供的专家名册或者招标代理机构的专家库内的相关专家名单中确定。

确定评标专家，可以采取随机抽取或者直接确定的方式。一般项目，可以采取随机抽取的方式；技术特别复杂、专业性要求特别高或者国家有特殊要求的招标项目，采取随机抽取方式确定的专家难以胜任的，可以由招标人直接确定。

评标专家应符合下列条件：

(1)从事相关专业领域工作满八年并具有高级职称或者同等专业水平。

(2)熟悉有关招标投标的法律法规，并具有与招标项目相关的实践经验。

(3)能够认真、公正、诚实、廉洁地履行职责。

(4)有下列情形之一的，不得担任评标委员会委员。

(5)投标人或者投标人主要负责人的近亲属。

(6)项目主管部门或者行政监督部门的人员。

(7)与投标人有经济利益关系,可能影响对投标公正评审的。

(8)曾因在招标、评标以及其他与招标投标有关活动中从事违法行为而受过行政处罚或刑事处罚的。

(9)评标委员会成员有上述规定情形之一的,应当主动提出回避。

(10)评标委员会成员应当客观、公正地履行职责,遵守职业道德,对所提出的评审意见承担个人责任。评标委员会成员不得与任何投标人或者与招标结果有利害关系的人进行私下接触,不得收受投标人、中介人、其他利害关系人的财物或者其他好处。

(11)评标委员会成员和与评标活动有关的工作人员不得透露对投标文件的评审和比较、中标候选人的推荐情况以及与评标有关的其他情况。

上述所称与评标活动有关的工作人员,是指评标委员会成员以外的因参与评标监督工作或者事务性工作而知悉有关评标情况的所有人员。

3.评标委员会的工作任务

(1)应了解内容

1)招标的目标。

2)招标项目的范围和性质。

3)招标文件中规定的主要技术要求、标准和商务条款。

4)招标文件规定的评标标准、评标方法和在评标过程中考虑的相关因素。

(2)应做的准备工作

1)招标人或者其委托的招标代理机构应当向评标委员会提供评标所需的重要信息和数据。招标人设有标底的,标底应当保密,并在评标时作为参考。

2)评标委员会应当根据招标文件规定的评标标准和方法,对投标文件进行系统地评审和比较。招标文件中没有规定的标准和方法不得作为评标的依据。招标文件中规定的评标标准和评标方法应当合理,不得含有倾向或者排斥潜在投标人的内容,不得妨碍或者限制投标人之间的竞争。

3)评标委员会应当按照投标报价的高低或者招标文件规定的其他方法对投标文件排序。以多种货币报价的,应当按照中国银行在开标日公布的汇率中间价换算成人民币。

招标文件应当对汇率标准和汇率风险作出规定。未作规定的,汇率风险由招标人承担。

4.评标的程序

(1)技术评估

技术评估的目的是确认和比较投标人完成本工程的技术能力以及施工方案的可靠性。技术评估的主要内容如下:

1)施工方案的可行性。对各类分部分项工程的施工方法、施工人员和施工机械设备的配备、施工现场的布置、临时设施的安排、施工顺序及其相互衔接等方面进行评审,特别是对该项目的关键工序的施工方法进行可行性论证,应审查其技术的难点、先进性和可靠性。

2)施工进度计划的可靠性。审查施工进度计划是否满足对竣工时间的要求,是否科学、合理、切实可行,同时还要审查保证施工进度计划的措施,如施工机具、劳务的安排是否合理和可能等。

3)施工质量保证。审查投标文件中提出的质量控制和管理措施,包括质量管理人员的配备、质量检验仪器的配置和质量管理制度。

4)工程材料和机器设备供应的技术性能符合设计技术要求。审查投标文件中关于主要材料和设备的样本、型号、规格和制造厂家名称、地址等,判断其技术性能是否达到设计标准。

5)分包商的技术能力和施工经验。如果投标人拟在中标后将中标项目的部分工作分包给他人完成,应当在投标文件中载明。应审查拟分包的工作必须是非主体、非关键性工作;审查分包人应当具备的资格条件以及完成相应工作的能力和经验。

6)对于投标文件中按照招标文件规定提交的建议方案作出技术评审。如果招标文件中规定可以提交建议方案,则应对投标文件中的建议方案的技术可靠性与优缺点进行评估,并与原招标方案进行对比分析。

(2)商务评估

商务评估的目的是从工程成本、财务和经验分析等方面评审投标报价的准确性、合理性、经济效益和风险等,比较投标给不同的投标人产生的不同后果。商务评估在整个评标工作中通常占有重要地位,主要内容如下:

1)审查全部报价数据计算的正确性。通过对投标报价数据全面审核,看其是否有计算上或累计上的算术错误,如果有,按"投标者须知"中的规定改正和处理。

2)分析报价构成的合理性。通过分析工程报价中直接费、间接费、利润和其他采用价比例关系、主体工程各专业工程价格的比例关系等,判断报价是否合理。注意审查工程量清单中的单价有无脱离实际的"不平衡报价",计日工劳务和机械台班(时)报价是否合理等。对建议方案的商务评估(如果有的话)。

(3)投标文件澄清

必要时,为了有助于投标文件的审查、评价和比较,评标委员会可以约见投标人,对其投标文件予以澄清,以口头或书面提出问题,要求投标人回答,随后在规定的时间内,投标人以书面形式正式答复。澄清和确认的问题必须由授权代表正式签字,并声明将其作为投标文件的组成部分,但澄清问题的文件不允许变更投标价格或对原投标文件进行实质性修改。这种澄清的内容可以要求投标人补充报送某些标价计算的细节资料,对其具有某些特点的施工方案作出进一步的解释,补充说明其施工能力和经验或对其提出的建议方案作出详细的说明,等等。

(4)综合评价与比较

综合评价与比较是在以上工作的基础上,根据事先拟定好的评标原则、评价指标和评标办法,对筛选出来的若干个具有实质性响应的招标文件综合评价与比较,最后选定中标人。中标人的投标应当符合下列条件之一:

1)能最大限度地满足招标文件中规定的各项综合评价标准。

2)能满足招标文件各项要求,并且经评审的投标价格最低,但是投标价格低于成本的除外。

一般设置的评价指标包括:投标报价。施工方案(或施工组织设计)与工期。质量标准与质量管理措施。投标人的业绩、财务状况、信誉等。

评标方法可采用打分法或评议法。打分法是由每一位评委独立地对各份投标文件分别打分,即对每一项指标采用百分制打分,并乘以该项权重,得也该项指标实际得分,将各项指标实际得分相加之和为总得分。最后评标委员会统计打分结果,评出中标者。评议法不量化评价指标,通过对投标人的投标报价、施工方案、业绩等内容进行定性的分析与比较,选择投标人在各项指标都较优良者为中标人,也可以用表决的方式确定中标人。或者选择能够满足招标文件各项要求,并且经过评审的投标价格最低、标价合理者为中标人。

5.符合性鉴定的概念

所谓符合性鉴定是检查投标文件是否实质上响应招标文件的要求。实质上,响应的含义是其投标文件应该与招标文件的所有条款、条件、规定相符,无显著差异或保留。符合性鉴定一般包括下列内容。

(1)投标文件的有效性。投标人以及联合体形式投标的所有成员是否已通过资格预审,获得投标资格。投标文件中是否提交了承包人的法人资格证书及投标负责人的授权委托证书;如果是联合体,是否提交了合格的联合体协议书以及投标负责人的授权委托证书。投标保证的格式、内容、金额、有效期、开具单位是否符合招标文件要求。投标文件是否按规定进行了有效的签署,等等。

(2)投标文件的完整性。投标文件中是否包括招标文件规定应递交的全部文件,如标价的工程量清单,报价汇总表,施工进度计划、施工方案、施工人员和施工机械设备的配备等,以及应该提供的必要的支持文件和资料。

(3)与招标文件的一致性。凡是招标文件中要求投标人填写的空白栏目是否全都填写并作出明确的回答,如投标书及其附录是否完全按要求填写。对于招标文件的任何条款、数据或说明是否有任何修改、保留和附加条件。

通常符合性鉴定是评标的第一步,如果投标文件实质上不响应招标文件的要求,将被列为废标予以拒绝,并不允许投标人通过修正或撤销其不符合要求的差异或保留,使之成为具有响应性投标。

评标委员会可以书面方式要求投标人对投标文件中含义不明确、对同类问题表述不一致或者有明显文字和计算错误的内容作必要的澄清、说明或者纠正。澄清、说明或者补正应以书面方式进行,并不得超出投标文件的范围或者改变投标文件的实质性内容。

投标文件中的大写金额和小写金额不一致的,以大写金额为准;总价金额与单价金额不一致的,以单价金额为准,但单价金额小数点有明显错误的除外;对不同文字文本投标文件的解释发生异议的,以主导语言文本为准。

(4)在评标过程中,评标委员会发现投标人以他人的名义投标、串通投标、以行贿手段谋取中标或者以其他弄虚作假方式投标的,该投标人的投标应作废标处理。

(5)在评标过程中,评标委员会发现投标人的报价明显低于其他投标报价或者在设有标底时明显低于标底,使得其投标报价可能低于其个别成本的,应当要求该投标人作出书面说明并提供相关证明材料。投标人不能合理说明或者不能提供相关证明材料的,由评标委员会认定该投标人以低于成本报价竞标,其投标应作废标处理。

(6)投标人资格条件不符合国家有关规定和招标文件要求的,或者拒不按照要求对投标文件进行澄清、说明或者补正的,评标委员会可以否决其投标。

(7)评标委员会应当审查每一投标文件是否对招标文件提出的所有实质性要求和条件作出响应。未能在实质上响应的投标,应作为废标处理。

(8)评标委员会应当根据招标文件,审查并逐项列出投标文件的全部投标偏差。

1)投标偏差分为重大偏差和细微偏差。下列情况属于重大偏差。

2)没有按照招标文件要求提供投标担保或者所提供的投标担保有瑕疵。

3)投标文件没有投标人授权代表签字和加盖公章。

4)投标文件载明的招标项目完成期限超过招标文件规定的期限。

5)明显不符合技术规格、技术标准的要求。

6)投标文件载明的货物包装方式、检验标准和方法等不符合招标文件的要求。

7)投标文件附有招标人不能接受的条件。

8)不符合招标文件中规定的其他实质性要求。

投标文件有上述情形之一并未能对招标文件作出实质性响应,作废标处理。招标文件对重大偏差另有规定的,从其规定。

细微偏差是指投标文件在实质上响应招标文件要求,但在个别地方存在漏项或者提供了不完整的技术信息和数据等情况,并且补正这些遗漏或者不完整不会对其他投标人造成不公平的结果。细微偏差不影响投标文件的有效性。

评标委员会应当书面要求存在细微偏差的投标人在评标结束前予以补正。拒不补正的,评标委员会在详细评审时可以对细微偏差作不利于该投标人的量化,量化标准应当在招标文件中规定。

(9)评标委员会根据规定否决不合格投标或者界定为废标后,因有效投标不足3个使得投标明显缺乏竞争的,评标委员会可以否决全部投标。投标人少于3个或者所有投标被否决的,招标人应当依法重新招标。

6.详细评审的一般要求

(1)评标方法包括经评审的合理最低投标价法、综合评估法或者法律、行政法规允许的其他评标方法。

(2)经评审的合理最低投标价法。经评审的合理最低投标价法一般适用于具有通用技术、性能标准或者招标人对其技术、性能没有特殊要求的招标项目。

根据经评审的最低投标价法,能够满足招标文件的实质性要求,并且经评审的最低投标价(但应高于企业的个别成本)的投标,应当推荐为中标候选人。

采用经评审的最低投标价法的,评标委员会应当根据招标文件中规定评标价格调整方法,对所有投标人的投标报价以及投标文件的商务部分作必要的价格调整。

采用经评审的最低投标价法的,中标人的投标应当符合招标文件规定的技术要求和标准,但评标委员会无需对投标文件的技术部分进行价格折算。

根据评审的最低投标价法完成详细评审后,评标委员会应当拟定一份“标价比较表”,连同书面评标报告提交招标人。“标价比较表”应当载明投标人的投标报价,对商务偏差的价格调整和说明以及经评审的最终投标价。

(3)综合评估法。不宜采用经评审的最低投标价法的招标项目,一般应当采取综合评估法进行评审。

根据综合评估法,最大限度地满足招标文件中规定的各项综合评价标准的投标,应当推荐为中标候选人。衡量投标文件是否最大限度地满足招标文件中规定的各项评价标准,可以采取折算为货币的方法、打分的方法或者其他方法。需量化的因素及其权重应当在招标文件中明确规定。

评标委员会对各个评审因素进行量化时,应当将量化指标建立在同一基础或者同一标准上,使各投标文件具有可比性。

技术部分和商务部分进行量化后,评标委员会应当对这两部分的量化结果进行加权,计算出每一投标的综合评估价或者综合评估分。

根据综合评估法完成评标后,评标委员会应当拟定一份“综合评估比较表”,连同书面评标报告提交招标人。“综合评估比较表”应当载明投标人的投标报价、所作的任何修正、对商务偏差的调整、对技术偏差的调整、对各评审因素的评估以及对每一投标的最终评审结果。

(4)备选标。根据招标文件的规定，允许投标人投备选标的，评标委员会可以对中标人所投的备选标进行评审，以决定是否采纳备选标。不符合中标条件的投标人的备选标不予考虑。

(5)优惠。对于划分有多个单项合同的招标项目，招标文件允许投标人为获得整个项目合同而提出优惠的，评标委员会可以对投标人提出的优惠进行审查，以决定是否将招标项目作为整个合同授予中标人。将招标项目作为一个整体合同授予的，整体合同中标人的投标应当最有利于招标人。

(6)评标和定标期限。评标和定标应当在投标有效期结束日 30 个工作日前完成。不能在投标有效期结束日 30 个工作日前完成评标和定标的，招标人应当通知所有投标人延长投标有效期。拒绝延长投标有效期的投标人有权收回投标保证金。同意延长投标有效期的投标人应当相应延长其投标担保的有效期，但不得修改投标文件的实质性内容。因延长投标有效期造成投标人损失的，招标人应当给予补偿，但因不可抗力需延长投标有效期的除外。

招标文件应当载明投标有效期。投标有效期从提交投标文件截止日起计算。

7.评标办法

评标办法既是招标单位对投标单位投标书进行评价和比较的基本标准，也是评标过程中的操作方法和准则。一般常用的评标办法有三种，即定性综合评标法、定量综合评标法和评标价法。

8.定性综合评标法的概念及特点

定性综合评标法不明确列出评价的指标，也不以数量多少作为评价的标准，而是通过对投标单位的能力、业绩、财务状况、信誉、投标价格、工期、质量、施工组织设计等内容进行定性分析和比较，综合各方面的因素和意见，最终形成评标结果。

在正式投标后的评标中，使用这种方法的已日渐减少，但在邀请招标的资格审查，即常见的队伍考察中，这种办法却被广泛采用。这种方法的优点是简单易行，有利于集中各方面的观点；缺点是评价尺度不明确，透明度不高，受评标人员个人因素影响较大，还有可能产生意见分歧，导致决策困难。

9.举例说明定量综合评标法

定量综合评标法要求先确定一系列评价指标，再给这些指标赋予一定的分值，评标时，按照投标书的内容和评价标准逐项给分，最终以分值的高低作为评价结果优劣的反映。其核心内容包括两个方面，即评标指标的确定和各项分值的分配。

作为一种综合评价方法，它的主要评价指标不仅包括投标的价格、工期、质量等，还包括要求投标单位在投标书中反映的经验与业绩、社会信誉等内容。尽管各个工程在评价指标上，尤其是各指标分值上会有差异，但总的原则是相同的。下面举例说明。

如某工程，以邀请招标方式发包，要求工期不超过 303 天，质量等级优良。采用定量综合评标法评标。

评价指标与分值分配如下：

(1)投标价格(55 分)

具体计分办法是：以标底价的－6%作为参照标准。投标单位的总报价与标底价相比，达到标底的－6%(即下浮 6%)得满分 55 分。并以－6%为参照标准，投标总价在标底价的 0～

－6％或－6％～－10％之间，每增减一个百分点，减 2 分；投标总价高于标底或低于－10％，每增减一个百分点，减 4 分。上述计分用内插法计算。

(2)质量等级(5 分)

投标单位承诺招标文件要求，得 5 分；达不到要求不予评标。

(3)工期(10 分)

投标工期超过 303 天，不予评标；达到招标文件要求的，得基本分 7 分；工期在 270～303 天之间，用内插法加分，最多加 3 分；工期少于 270 天，不再加分。

(4)施工组织设计(25 分)

施工组织设计包括以下各项：

1)施工场地总平面布置(1 分)

有总平面布置且较合理的，得 1 分；无总平面布置或布置不合理的，不得分。

2)施工方案(4 分)

无施工方案或方案重大失误的，不予评标。方案基本合理的，得 3 分；比较合理的，加 1 分。

3)进度安排(4 分)

无进度安排或进度安排严重不合理的，不予评标。有进度安排的，得 3 分。有进度安排且安排合理的，加 1 分。

4)质量保证措施(4 分)

无质量保证措施的，不得分；保证措施基本合理的，得 3 分；措施得力的，加 1 分。

5)安全保证措施(4 分)

无安全保证措施的，不得分；保证措施基本合理的，得 3 分；措施得力的，加 1 分。

6)人员配备与组织机构(3 分)

项目经理选配合适的，得 1 分；其他管理人员选配合适的，得 1 分；现场组织机构合理的，得 1 分。

7)施工机具设备安排(2 分)

无安排的，不得分；安排基本合理的，得 1 分；较合理的，加 1 分。一般招标项目可以采取随机抽取方式，特殊招标项目可以由招标人直接确定。

10.评标价法示例

评标价法也称为单因素评标法。实际上，它是以其他方面的评价获得通过为前提，以评标价作为中标的唯一指标，而且评标价的构成也不仅仅是投标报价一个因素。因此，它仍是一种多因素的综合评价方法。将该方法举例说明如下。

某工程要求工期不超过 360 天，质量等级合格。除投标报价外，钢材按 2000 元/t 折价，木材按 1200 元/m^3 折价，水泥按 220 元/t 折价，工期按每提前一天折减 0.4 万元。两家投标人的主要投标指标如下。

甲投标人：投标报价 480 万元，钢材 160 t，木材 44m^3，水泥 760 t，工期 340 天；

乙投标人：投标报价 460 万元，钢材 168 t，木材 40m^3，水泥 740 t，工期 245 天。

按照折价标准，两投标人的评标价分别是：

甲投标人：$480+160\times0.2+44\times0.12+760\times0.022-20\times0.4=526.00$(万元)；

乙投标人：$460+168\times0.2+40\times0.12+740\times0.022-25\times0.4=504.68$(万元)。

在两投标人均通过投标书有效性、计算正确性校核和施工组织设计可行性评价的前提下，乙投标人综合评标价低于甲单位 16.32 万元，乙投标人中标。

11. 评标报告的内容与要求

(1)评标委员会完成评标后，应当向招标人提出书面评标报告，并抄送有关行政监督部门。评标报告应当如实记载以下内容：

1)基本情况和数据表；

2)评标委员会成员名单；

3)开标记录；

4)符合要求的投标一览表；

5)废标情况说明；

6)评标标准、评标方法或者评标因素一览表；

7)经评审的价格或者评分比较一览表；

8)经评审的投标人排序；

9)推荐的中标候选人名单与签订合同前要处理的事宜；

10)澄清、说明、补正事项纪要。

(2)评标报告由评标委员会全体成员签字。对评标结论持有异议的评标委员会成员可以书面方式阐述其不同意见和理由。评标委员会成员拒绝在评标报告上签字且不陈述其不同意见和理由的，视为同意评标结论。评标委员会应当对此作出书面说明并记录在案。

(3)提交书面评标报告。向招标人提交书面评标报告后，评标委员会即告解散。评标过程中使用的文件、表格以及其他资料应当即时归还招标人。

三、中 标

1. 中标候选人的要求

评标委员会推荐的中标候选人应当限定在 1～3 人，并标明排列顺序。中标人的投标应当符合下列条件之一：

(1)能够最大限度满足招标文件中规定的各项综合评价标准。

(2)能够满足招标文件的实质性要求，并且经评审的投标价格最低；但是投标价格低于成本的除外。

在确定中标人之前，招标人不得与投标人就投标价格、投标方案等实质性内容进行谈判。

2. 定标的客观要求

(1)评标委员会经评审，认为所有投标都不符合招标文件要求的，可以否决所有投标。依法必须进行招标的项目的所有投标被否决的，招标人应当依照本法重新招标。

(2)在确定中标人前，招标人不得与投标人就投标价格、投标方案等实质性内容进行谈判。

(3)评标委员会成员应当客观、公正地履行职务，遵守职业道德，对所提出的评审意见承担个人责任。评标委员会成员不得私下接触投标人，不得收受投标人的财物或者其他好处。评标委员会成员和参与评标的有关工作人员不得透露对投标文件的评审和比较、中标候选人的推荐情况以及与评标有关的其他情况。

(4)评标委员会推荐的中标候选人应该为 1～3 人，并且要排列先后顺序，招标人只能选择排名第一的中标候选人作为中标人。对于使用国有资金投资和国际融资这样的项目，如排名第一的投标人因不可抗力不能履行合同、自行放弃中标或没按要求提交投保金的，招标人可以选取排名第二的中标候选人作为中标人,依此类推。

(5)中标人确定后,招标人应当向中标人发出中标通知书,并同时将中标结果通知所有未中标的投标人。中标通知书发出即生效,且对招标人和中标人都具有法律效力。

(6)招标人和中标人应当自中标通知书发出之日起 30 日内,按照招标文件和中标人的投标文件订立书面合同。招标人和中标人不得再行订立背离合同实质性内容的其他协议。招标文件要求中标人提交履约保证金的,中标人应当提交。

(7)依法必须进行招标的项目,招标人应当自确定中标人之日起 15 日内,向有关行政监督部门提交招标投标情况的书面报告。

(8)中标人应当按照合同约定履行义务,完成中标项目。中标不得向他人转让中标项目,也不得将中标项目肢解后分别向他人转让,中标人按照合同约定或者经招标人同意,可以将中标项目的部分非主体、非关健性工作分包给他人完成。接受分包的人应当具备相应的资格条件,并不得再次分包。中标人应当就分包项目向招标人负责,接受分包的人就分包项目承担连带责任。

3.中标通知书与合同签订时间要求

中标人确定后,招标人应当向中标人发出中标通知书,同时通知未中标人,并与中标人在中标通知书发出后 30 个工作日之内签订合同。

中标通知书对招标人和中标人具有法律约束力。中标通知书发出后。招标人改变中标结果或中标人放弃中标的,应当承担法律责任。

招标人应当与中标人按照招标文件和中标人的投标文件订立书面合同。招标人与中标人不得再行订立背离合同实质性内容的其他协议。

招标人与中标人签订合同后 5 个工作日内,应当向中标人和未中标的投标人退还投标保证金。

第五节　投标文件

一、投标文件的组成内容

1.投标函及投标函附录

(1)投标函。

(2)投标函附录。

2.法定代表人身份证明或授权委托书

(1)法定代表人身份证明。

(2)法定代表人授权委托书。

3.联合体协议书

取合体协议书。

4.投标保证金

投标保证金。

5.已标价工程量清单

已标价工程量清单。

6.施工组织设计

(1)拟为承包本工程设立的项目实施组织机构图。

(2)拟投入本工程的主要施工设备表。

(3)拟配备本工程的试验和检测仪器设备表。

(4)施工进度计划。

(5)劳动力计划表。

(6)施工总平面图。

(7)临时工程占地计划表。

(8)外部电力需求计划表。

(9)合同用款估算表。

7. 项目管理机构

(1)拟投入本工程的人员构成表。

(2)项目管理机构人员组成表。

(3)拟投入本工程主要人员简历表。

8. 拟分包项目情况表

拟分包项目情况表。

9. 资格审查资料

(1)投标人基本情况表。

(2)企业年营业额资料。

(3)企业财务状况表。

(4)银行信贷证明(格式)。

(5)近年完成的类似项目情况表。

(6)正在施工和新承接的项目情况表。

(7)近年发生的诉讼及仲裁情况表。

(8)违法、重大质量、安全责任事故情况表。

(9)拟投入本工程的人员构成表。

10. 其他材料

(1)保密承诺书。

(2)投标人承诺书。

二、投标文件中的投标函和投标函附录

投标函是为投标单位填写投标总报价而由业主准备的一份空白文件。投标书中主要应反映以下内容:投标单位、投标项目名称、投标总报价(签字盖章)及提醒各投标人投标后需要注意和遵守的有关规定等。投标人在详细研究了招标文件并经现场考察和参加标签会议之后,即可依据所掌握的信息确定投标报价策略,然后通过施工预算的单价分析和报价决策,填写工程量清单,并确定该工程的投标总报价,最后将投标总报价填写在投标书上。招标文件中提供投标书的统一格式。

随同投标文件应提交初步的工程进度计划和主要分项工程施工方案,以表明其计划与方案能符合技术规范的要求和投标须知中规定的工期。

投标函附录,一般情况下其数据应在招标文件发售前由招标人填写,由投标人签署确认。数据栏中,对数据的限额说明见招标文件中的条款数据表。投标书附录的形式参考表5－1FIDIC合同条件下的投标书附录。

表5-1　FIDIC合同条件下的投标书附录

事项	合同条款	数据
投标担保金额	—	不低于投标价的××%,或人民币××万元
履约担保金额	10.1	合同价格的10%
发开工令期限(从签订合同协议书之日算起)	41.1	××天
开工期(接到监理工程师的开工令之日算起)	41.1	××天
工期	43.1	××月
拖期损失偿金	47.1	人民币××(元)/天
拖期损失偿金限额	47.1	合同价格的10%
缺陷责任期	49.1	××年
中期支付证书最低限额	60.2	合同价格的××%,或人民币××万元
保留金的百分比	60.3	月支付额的10%
保留金限额	60.3	合同价格的5%
开工预付款	60.5	合同价格的××%
材料、设备预付款	60.7	主要材料、设备单据所列费用的××%
支付时间	60.15	中期支付证书开出后××天 最后支付证书开出后42天
未付款额的利率	60.15	××‰/天

投标书签署人签名：

三、投标担保的相关要求

(1)投标人在送交投标文件时,应同时按资料表规定的数额或比例提交投标担保。

(2)投标人可任选下列一种投标担保的形式:投标银行保函、银行汇票或招标人同意的其他形式。投标银行保函,应采用招标文件第三卷中提供的格式,也可以用经招标人同意的担保银行使用的格式。联合体的担保,可以由联合体主办人出具,或由各成员分别出具,但担保金额总和应符合投标须知资料表的规定。投标银行保函和银行汇票应由投标人从具有法人资格的银行开具,并保证其有效。

(3)投标担保在投标文件有效期满后28天内保持有效,招标人如果按规定延长了投标文件有效期,则投标担保的有效期也相应延长。

(4)未提交投标担保的投标文件,招标人将按不符合性投标而予以拒绝。

(5)未中标人的投标担保将尽快退还,其期限不超过投标文件有效期满后28天。

(6)中标人的投标担保,在提交了履约担保并签订了合同协议书后退还。

(7)投标人如有下列情况,将没收其投标担保:

①在投标文件有效期内撤回或修改投标文件;②中标人未能按投标须知的规定签订合同协议书或提交履约担保。

四、投标文件的签署的要求

(1)投标人应按投标须知的规定,向招标人签署投标文件,份数按资料表规定,其中一份正本,其余为副本。当正本与副本有不一致时,以正本为准。

(2)投标文件正本应用不褪色的墨水书写或打印,由投标人的法定代表人或其授权的代理人签署,并将(投标)授权书附在其内。投标文件正本中的任何一页,都要有授权的投标文件签字人签字或盖章。

(3)投标文件的任何一页都不应涂改、行间插字或删除,如果出现上述情况,不论何种原因造成,均应由投标文件签字人在改动处签字或盖章。

五、编制投标文件应注意的事项

(1)投标文件内容都必须使用招标文件中提供的格式或大纲。

(2)除另有规定者外,投标人不得修改投标文件格式,如果原有的格式不能表达投标意图可另附补充说明,不要复写、抄写或复印,要求用计算机打印。

(3)按招标文件要求认真填写标书,要反复核对,至少做标人算完后,由另一人复核单价和逐项审查有否计算上的错误。填报标书不得涂改。

(4)要防止丢项、漏项和漏页。

(5)单位名称应写全称,切忌写简称。特别注意法人代表要签字盖章。

六、投标文件的密封与标记

(1)投标文件的正本与副本应分开包装,加贴封条,并在封套的封口处加盖投标人单位章。

(2)投标文件的封套上应清楚地标明“正本”或“副本”字样,封套上应写明的其他内容见投标人须知前附表。

(3)未按上述第 1 项或第 2 项要求密封和加写标记的投标文件,招标人不予受理。

七、投标文件的递交要求

(1)投标人应在规定的投标截止时间前递交投标文件。

(2)投标人递交投标文件的地点为投标人须知前附表标明的地点。

(3)除投标人须知前附表另有规定的外,投标人所递交的投标文件不予退还。

(4)招标人收到投标文件后,向投标人出具签收凭证。

(5)逾期送达的或未送达指定地点的投标文件,招标人不予受理。

八、投标文件的修改与撤回要求

(1)在规定的投标截止时间前,投标人可以修改或撤回已递交投标文件,但应以书面形式通知招标人。

(2)投标人修改或撤回已递交投标文件的书面通知应按照招标文件的要求签字或盖章。招标人收到通知后,向投标人出具签收证明。

(3)修改的内容为投标文件的组成部分。修改的投标文件应按照招标文件的规定进行编制、密封、标记和递交,并标明“修改”字样。

第六节　投标决策

一、联合投标的组织形式

工程投标时,组织一个强有力的、内行的投标班子是十分重要的。一个好的投标班子的成员应有经济管理类人才、专业技术类人才、商务金融类人才以及合同管理类人才。

对于那些规模庞大、技术复杂的工程项目，可以由几家工程公司联合起来投标，这样可以发挥各公司的特长和优势，补充技术力量的不足，增大融资能力，提高整体竞争能力。

联合投标可以是同一个国家的公司相互联合，也可以是国际性的联合，即来自不止一个国家的公司的联合。这类联合组织有许多形式，如：

(1)合资公司。由两个或几个公司共同出资正式组成一个新的法人单位，进行注册并进行长期的经营活动。

(2)联合集团。各公司单独具有法人资格，不一定以集团名义注册为一家公司，他们可以联合投标和承包一项或多项工程。

(3)联合体。专门为特定的工程项目组成一个非永久性团体，对该项目进行投标和承包。联合投标和承包，有利于各公司相互学习、取长补短、相互促进、共同发展，但需要拟定完善的合作协议和严格的规章制度，并加强科学管理。

二、投标决策的内容

投标决策，包括三方面内容：其一，针对项目招标是投标还是不投标；其二，倘若去投标，投什么性质的标；其三，投标中如何采用策略和技巧。投标决策的正确与否，关系到能否中标和中标后的效益，关系到施工企业的发展前景和职工的经济利益。因此，企业的决策班子必须充分认识到投标决策的重要意义，把这一工作摆在企业的重要议事日程上。

三、投标决策的程序及内容

1. 是否参加投标的决策

承包商在进行是否参加投标的决策时，应考虑到以下几个方面的问题。

(1)承包招标项目的可行性与可能性。如：本企业是否有能力(包括技术力量、设备机械等)承包该项目，能否抽调出管理力量、技术力量参加项目承包，竞争对手是否有明显的优势等。

(2)招标项目的可靠性。如：项目的审批程序是否已经完成，资金是否已经落实等。

(3)招标项目的承包条件。如果承包条件苛刻，自己无力完成施工，则也应放弃投标。

对于是否参加投标的决策，承包商的考虑务求全面，有时很小的一个条件未得到满足都可能招致投标和承包的失败。

2. 全面分析招标文件

招标文件所确定的内容，包括工程概况、质量和工期要求等，是承包商制定投标书的依据。因此，承包商必须全面分析招标文件。如果忽略了招标文件的部分内容，或者对招标文件理解错误，都将招致决策的失误。对于招标文件已确定的不可变更的内容，应侧重分析有无实现的可能，以及实现的途径、成本等。对于有些要求，如银行开具保函，应由承包商与其他单位协作完成，则应分析其他单位有无配合的可能。另外，还应特别注意招标文件中存在的问题，如：文件内容是否有不确定、不详细、不清楚的地方，是否还缺少其他文件、资料或条件。

最后，还应对合同签订和履行中可能遇到的风险作出分析。

3. 综合分析项目所处的内部外部环境

项目的内外部环境会对项目的完成产生直接的影响，承包商也必须予以综合考虑。

项目的外部环境极其广泛，如：政局情况，包括政治制度、宗教、种族矛盾等等；与项目有关的法律文件；通货膨胀情况、劳动力供应、运输等情况；气候、水文、地质等自然条件。

另外，也应考虑与项目有关的政府管理部门的情况和态度，与项目有关的各部门的协作情况等，还应组织考察组对现场进行考察。

4. 确定项目的实施方案

承包商应确定合理的实施方案和项目进度安排，这是承包商工程预算的依据，也是业主选择承包商的重要因素。因此，承包商确定的实施方案应务求合理、规范、可行。

实施方案应以施工方案为主，施工方案应包括具体方案、工程进度计划、现场平面布置方案等内容。制定方案时应尽可能多地考虑几个途径，以便于比较。

5. 进行工程预算

工程预算是承包商核算的为全面完成项目施工所需的费用（包括利润），是承包商投标报价的基础。工程预算是一项很细致的工作，从招标投标管理的角度看，承包商应当特别注意复核项目的工程量。

四、投标资格预审时应注意的问题

资格预审是承包商能否通过投标过程中的第一关。投标人申报资格预审时应注意的事项有：

（1）应注意平时对一般资格预审的有关资料的积累工作，并存储在计算机内，到针对某个项目填写资格预审调查表时，再将有关资料调出来，并加以补充完善。如果平时不积累资料，完全靠临时填写，则往往会达不到业主要求而失去机会。

（2）在投标决策阶段，研究并确定今后本公司发展的地区和项目时，注意收集信息，如果有合适的项目，及早动手作资格预审的申请准备。如果发现某个方面的缺陷（如资金、技术水平、经验年限等）不是本公司可以解决的，则应考虑寻找适宜的伙伴，组成联营体来参加资格预审。

（3）加强填表时的分析，既要针对工程特点，下功夫填好重点部位，又要反映出本公司的施工经验、施工水平和施工组织能力，这往往是业主考虑的重点。第四，做好递交资格预审表后的跟踪工作，如果是国外工程可通过当地分公司或代理人，以便及时发现问题，补充资料。

五、精读、分析招标文件的目的

精读、分析招标文件的目的是：第一，全面了解承包商在合同中的权利和义务；第二，深入施工承包商中所面临的和需要承担的风险；第三，缜密研究招标文件中的漏洞和疏忽，为投标策略寻找依据，创造条件。

六、投标须知内容中的注意要点

投标须知也称投标条件或投标指南，详细说明了投标人在准备和提出报价方面的要求。投标人一旦提交了投标文件，则应在整个投标有效期内对其所提交的投标文件负责。

投标须知中的内容通常不构成最终合同的内容，因此，有关承包人履约或按合同支付的指导性内容，以及涉及作为未来的承包人的风险与义务等内容，一般不在投标须知中表述，而在合同条款中阐明。在投标须知中应特别关注招标人评标的组织、方法和标准，授予合同的条件，以使投标人有针对性地投标。投标一旦偏离或者不完整，就有可能被招标人拒绝。

七、读招标合同条款注意事项

结合投标须知和合同条款在报价时应特别注意考虑下列因素：

(1)承包方式(承包合同类型)及是否有指定分包商。

(2)开竣工时间及工期奖惩，便于安排施工进度计划、施工方案和现场技术措施(冬、雨季施工措施)。

(3)维修期和维修期间的担保金额。这对何时可收回工程"尾款"、承包商的资金利息和保函费用计算有影响。

(4)保函要求。包括投标保函、履约保函、预付款保函、缺陷责任期保函、临时进口施工机具保函等。应注意保函有效期的规定、允许开保函的银行限制等。

(5)保险。是否指定了保险公司、保险种类和最低保险金额。

(6)付款条件。即预付款的支付、工程价款结算办法、尾留金的支付条件等。这些是影响承包商计算流动资金及其利息费用的重要因素。

(7)对某些部位的工程或设备提供，是否必须由业主指定的分包商进行分包。应为"指定的分包商"提供何种条件、承担何种责任以及计价方法等。

(8)对于材料、设备、工资在施工期限内涨价及当地货币贬值有无补偿，即合同有无任何调价条款，以及调价计算公式。

八、研究招标文件中的技术规范、招标图纸和参考资料

1. 技术规范

技术规范是招标文件和合同条件的一个非常重要的组成部分，是施工过程中承包人控制质量和监理工程师检查验收施工质量的主要依据，是投标人在投标时必不可少的资料。因为依据这些资料，投标人才能进行工程估价和确定投标价。

技术规范的第一章为总则，通常包括工程介绍、工程范围、定义、工程所使用的技术标准、规范和图纸，承包人对工程施工包括临时工程施工应负的责任、为监理工程师提供的设施等。从第二章开始为专业技术规范。专业技术规范一般包含下列 6 个方面的内容：范围、材料、一般规定、施工要求、质量控制、计量与支付。专业技术规范可按施工内容和性质分章，以公路工程为例，一般可分为路基土石方、路面、桥梁、隧道、排水与涵洞、防护、公路设施与预埋管线、绿化与环境保护。

应重点研究工程地质和地貌、水文地质、水文和气象、建材情况、工程勘测深度和工程设计水平、本合同的合同范围和合同内容、工程施工工序、工程质量标准和技术要求、计量和支付等。从投标报价方面讲，该部分是直接费用部分的报价条件。对不清楚的问题要作归纳和统计，待标前会或现场考察时解决。

研究招标文件中要求采用的施工验收规范，或是有无特殊的施工技术要求和特殊材料设备技术要求，有关选择代用材料、设备的规定等，以便考虑相应的定额，计算有特殊要求项目的价格。

2. 招标图纸和参考资料

(1)招标图纸是招标文件和合同的重要组成部分，是投标人在拟定施工组织方案、确定施

工方法以至提出替代方案、计算投标报价时必不可少的资料。投标人在投标时应严格按招标图纸和工程量清单计算标价，即使允许投标人提出替代方案投标，但首先必须按招标图纸提出投标报价，然后再提出替代方案的投标报价，以供评标时进行审查与比较。

(2)招标图纸中所提供的地质钻孔柱状图、土层分层图等均为投标人的参考资料，对于招标人提供的水文、气象资料等也是参考资料，投标人应根据上述资料作出自己的分析和判断，据此拟定施工方案，确定施工方法，提出投标报价。业主和监理工程师对这类分析和判断不负责任。

九、研究招标文件工程量清单时应注意的事项

(1)应当仔细研究招标文件中的工程量清单的编制体系和方法。

(2)结合工程量清单、技术规范和合同条款研究永久性工程之外的项目有何报价要求。

(3)结合投标须知、合同条件、工程量清单，注意对不同种类的合同采取不同的方法和策略。对于承包商而言，在总价合同中承担着工程量方面的风险，就应当将工程量核算得准确一些；在单价合同中，承包商主要承担单价不准确的风险，就应对每一子项工程的单价作出详尽细致的分析和综合。

通过对上述重点问题的研究，找出招标文件中存在的问题或没有表达清楚的问题(特别报价条件不清楚的问题)，依此制定工程所在地市场调查和工地考察大纲，即带着问题去参加标前会、市场调查和工地考察。

十、投标人现场考察的内容

投标人在现场考察之前，应先拟定好现场考察的提纲和疑点，设计好现场调查表格，作到有准备、有计划地进行现场考察。现场考察的主要内容如下：

(1)地理、地貌、气象方面。项目所在地及附近地形地貌与设计图纸是否相符。

1)项目所在地的河流水深、地下水情况、水质等。

2)项目所在地近20年的气象，如最高最低气温、每月雨量、雨日、冰冻深度、降雪量、冬季时间、风向、风速、台风等情况。

3)当地特大风、雨、雪、灾害情况。

4)地震灾害情况。

5)自然地理：修筑便道位置、高度、宽度标准，运输条件及水、陆运输情况。

(2)工程施工条件。工程所需当地建筑材料的料源及分布地。

1)场内外交通运输条件，现场周围道路桥梁通过能力，便道便桥修建位置、长度、数量。

2)施工供电、供水条件，外电架设的可能性(包括数量、架支线长度、费用等)。

3)新盖生产生活房屋的场地及可能租赁民房情况、租地单价。

4)当地劳动力来源、技术水平及工资标准情况。

5)当地施工机械租赁、修理能力。

(3)经济方面。工程所需各种材料，当地市场供应数量、质量、规格、性能能否满足工程要求及其价格情况。

1)当地买土地点、数量、单价、运距。

2)当地各种运输、装卸及汽柴油价格。

3)当地主副食供应情况和近3～5年物价上涨率。

4)保险费情况。

(4)工程所在地有关健康、安全、环保和治安情况,如医疗设施、救护工作、环保要求、废料处理、保安措施等。

(5)其他方面。投标人完成标前调查和现场考察工作后,可根据调查结果,编制出材料和机械台班单价,同时给施工组织设计提供了大量第一手资料,为制定出合理的报价打下基础。

十一、投标时核实工程量的作用及注意事项

1.作用

(1)全面掌握本项目需发生的各分项工程的数量,便于投标中进行准确的报价。

(2)及时发现工程量清单中关于工程量的错误和漏洞,为制定投标策略提供依据(可以使用不平衡报价法,工程量偏高的项目报低价,工程量偏低的地方报高价)。

(3)有利于促使投标人对技术规范中的计量支付规定作进一步的研究,便于精确地编写各工程细目的单价。

2.应注意的事项

(1)全面核实设计图纸中各分项工程的工程量。

(2)在核实工程量时,不仅应核实计划工程量,更应计算施工工程量和计量工程量。

十二、投标可以提出的质量问题

这是投标准备的重要工作。从招标人发售招标文件开始至投标截止日前规定的时间(一般为 14～28 天),投标人有权以书面方式提出各种质疑。招标人也有权对招标文件中存在的任何问题进行修改和补遗。

(1)对投标人不利的问题。如报价条件模糊:合同中总价包干工程项目漏项或者工程量明显偏小;指定的供货人不作为指定分包商对待等。这类性质的问题应随时向招标人提出质疑,要求澄清或更正。如果来不及提出或招标人来不及答复的问题,这时应整理好备忘录,列入合同谈判时提出解决,或者留在合同执行时解决。

(2)对投标人有利的问题。招标文件中有的条款,投标人在投标时可以利用或以后合同执行时可以提出索赔要求的,这类问题投标人在投标过程中一般是不提的。如单价合同中某项目工程量偏小,可适当提高单价;工程量清单项目分项不细,对采用不均匀报价技巧有利;由招标人直接提供建筑材料和永久设备,则招标人承担数量和质量的责任,这便于承包人进行工期和经济索赔等。

(3)按国内或国际惯例或标准合同条款中某些条款。原本对合同双方比较公平或者对投标人有利,而在该项目招标中,招标人把上述条款均改成对招标人有利的条款。例如按国际惯例工程预付款是签订合同协议书,并交纳同额度银行预付款保函后,招标人一次支付合同价10%的工程预付款,有的招标人改成分 2 次或 3 次支付。工程施工详图延误交付承包人施工时,应给予工期索赔,但有的招标人在招标文件中规定,只有承包人事先提出施工图供应计划并得到监理工程师批准的条件下延误供应施工图影响了工期时,才能得到工程延期补偿。保留金达到合同价 5%时,使用同额度银行保函替代,这是国际上经常采用的办法,但是,往往招标人在招标文件规定每期支付扣留保留金,而未规定达到合同价 5%时用同额度银行保函替代。在上述的情况下,投标人有意修改,使自己处于有利地位是应该的,但是,不宜在投标过程中提出,这对争取中标不利。这类性质的问题应该在招标人对此投标人有授标意向,并进行合

同谈判时提出。这时招标人比较容易接受，且接受将作为合同文件的组成部分。所以该阶段要作好这方面的备忘录，以适当的时机提出并加以解决。

十三、投标施工组织设计编制的依据与目的

1. 依据

投标施工组织设计是在市场调查和工地考察的基础上，依据工程设计图纸、技术质量要求和规范标准、经复核的工程数量、发包人提供的建设条件和施工条件，以及招标文件规定的工程开工日期和完工日期等进行编制。

2. 目的

编制的目的是：供招标人评价投标人工程建设经验，评价能否顺利完成本合同，以及是否能够满足招标文件的实质性要求，同时投标人也要依此编制合同项目的投标报价；中标后在此基础上，进一步编制实施的施工组织设计，以指导项目承包合同的执行。

十四、投标报价

1. 投标报价的概念

建设项目的价格是市场上的商业价格，按市场供求关系即竞争情况定价。投标报价是由成本和利润组成，其中成本由直接费用和间接费用构成。有经验、成熟的施工企业，应有自己各项目的直接费用的单价。也就是说，对本企业在施工方法和施工技术上有优势的施工项目，通过反复的施工实践，经各项目的成本分析，制定出主要项目直接费用的单价。该单价是准确的保本价，也是编制投标报价的基础。在保本的直接费单价上再摊入间接费、风险基金和利润后，即为各项目的综合单价。在投标时结合工程项目和市场竞争情况；对上述综合单价进行适当修正（增加或减少风险基金和利润部分），即为投标报价。

2. 投标报价的依据

(1)招标文件（合同条件、技术规范、设计图纸及工程量清单）

招标文件中提供的工程量清单是编制报价的主要依据。编制报价时要认真进行校核，若有不符之处应按招标文件的有关规定请业主澄清，切勿自行修改工程量清单的内容和数量，以免造成废标。报价时招标文件各部分的优先次序应是：合同专用条款及数据表（含招标文件补遗书中与此有关的部分）优先于合同通用条款；工程量清单中的工程数量（含招标文件补遗书中与此有关的部分）优先于图纸中的工程数量；工程量清单中项目划分、计量与技术规范相结合。

(2)施工组织设计及施工方案

先进合理的施工方案或切实可行的工程进度计划是编制合理报价的重要因素。不同的施工方案具有不同的技术条件和不同的经济效果。先进合理的施工方案具有技术上先进而经济上合理的特点，必然导致合理的报价。针对具体工程，技术先进的施工工艺未必经济合理。同样道理，不同的进度计划具有不同的工期和不同的工程成本，因而切实可行的工程进度计划也是编制合理报价的重要因素。

(3)综合取费标准

所谓综合取费标准指其他直接费、现场经费、间接费、计划利润、税金的取费标准，除税金采用国家规定的法定税率以外的各项费用都是可以根据工程特点、企业经营管理水平和市场竞争状况综合取定，即采用“竞争费”原则。建设、交通、铁道、水利水电等行业概预算编制办法

都规定了各工程项目的各项费用的取费办法和最高取费标准，投标单位在编制报价时同样要参考这些取费标准，结合本企业的情况和工程所在地的实际作适当调整，确定其他直接费、现场经费、间接费、计划利润和国家法定的价内税税率、采用固定价格所测算的风险费的取费及费率，确保既要中标又要获得一定利润。

(4)工料机消耗量水平

预算定额是国家或国家授权制定单位，规定消耗在某一单位工程基本构造要素上的工、料、机数量标准和最高限额，投标单位在编制报价时应参考对应工程最新预算定额。但为了提高报价竞争力和保证能完成施工合同，可结合本企业的施工技术管理水平，同时必须根据工程所在地的实际情况对各项定额作适当调整，或按照国家(或行业主管部门)统一规定的工程项目划分、计量单位和工程量计算规则，由企业自行编制的计算直接费的企业定额，编制出既具有竞争力、又能保证完成施工合同的报价。

目前有一种改革趋势，即"工程实体消耗量(材料)与施工措施性消耗量分离(人工和机械、施工方法、施工工艺)"，前者控制，后者放开竞争。目前国内投资工程主要是"控制量"原则。

(5)工料机价格水平

工料机价格是影响报价的关键因素，目前一般采用"指导价或市场价"原则，即人工工日单价执行地区(行业)规定的人工工日单价的指导价格或投标单位的市场调查价，机械台班执行地区(行业)统一工程机械台班费用定额的机械台班分析价或租赁价，也可以采用市场调查价，材料价格采用业主规定的供应价或市场调查分析出来的到工地材料价格。

(6)对投标工程相关内容的研究与评估

1)对投标对手的调查与研究。要收集掌握竞争对手参加投标的一些资料，如企业资质、施工能力、是否急于中标、以往报价的价位高低及与业主的关系。

2)对有关报价参考资料的研究。要对当地近几年来已完成的同类工程造价进行分析和评估。

3)对投标工程有关情况的分析。要了解工程所在的地理条件、自然条件、周边料场分布及运价情况。

4)对招标单位倾向性和投标困难的评估。

5)了解评标和定标办法。

建设期内工程造价增长因素、难以预料的工程和费用以及保险费、供电贴费、技术复杂程度、地形地质条件、工期质量要求等都是编制报价的依据。

3. 投标报价的流程

报价主要流程如图 5—2 所示。

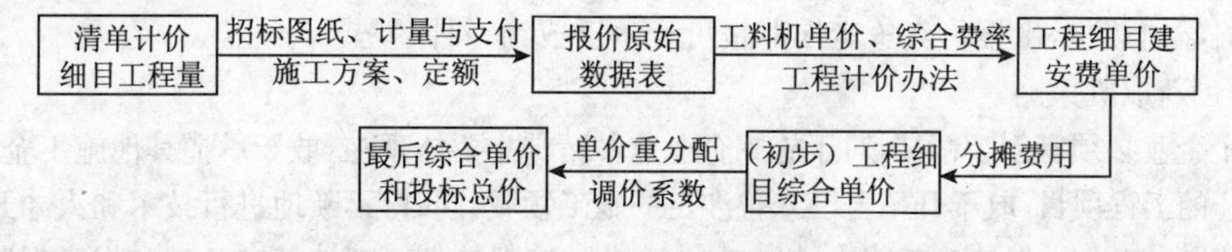

图 5—2　投标报价流程

4. 投标报价的基础性工作内容

投标报价编制的基础性工作是：

(1)在招标文件的前提下，对工程现场的实际考察与询价，对招标工程量的实际核算，对工程分包的询价及安排，对施工组织管理的安排，对施工进度和施工技术方案的制定等。

(2)考虑土木工程承包市场的行情，竞争对手的实力，市场上人工、机械及材料供应的费用。

(3)应该结合本企业的自身经验和习惯，包括该施工企业的管理水平、工程经验与信誉、技术能力与机械装备能力、财务应变能力、抵御风险的能力、降低工程成本增加经济效益的能力等。综合考虑这诸多因素，利用已熟悉的投标报价程序和方法，编制出合理的报价，以争取中标。

5.投标报价竞争策略方法

投标报价竞争策略方法，如图5—3所示。

投标报价竞争策略方法

- 不平衡报价
  - 不平衡报价法，也称为前重后轻法。是指一个工程项目的投标报价，在总价基本确定后，如何调整内部各个项目的报价，以使其既不提高总价，不影响中标，又能在结算时得到更理想的经济效益。
  - 能够早日结账收款的项目可以报得较高，以利于资金周转，后期工程项目可适当降低；经过工程量核算，预计今后工程量会增加的项目，单价适当提高，这样在最终结算时可多赚取利润，而将工程量完不成的项目单价降低，工程结算时损失不大。
  - 设计图纸不明确，估计修改后工程量要增加的，可以提高单价，而工程内容说不清楚的，则可降低一些单价。
- 多方案报价
  - 多方案报价法。对于一些招标文件，如果发现工程范围不很明确、条款不清楚或很不公正、技术规范要求过于苛刻时，则要在充分估计投标风险的基础上，按多方案报价法处理。即是按原招标文件报一个价，然后再提出“如某条款(如某规范规定)作某些变动，报价可降低多少……”。
- 增加建议方案
  - 增加建议方案。有时招标文件中规定，可以提一个建议方案，即可以修改原设计方案，提出投标者自己的方案。
- 突然降价法
  - 突然降价法。报价是一项保密的工作，但是对手往往通过各种渠道、手段来刺探情况。因此在报价时可以采取迷惑对方的手法，即先按一般情况报价或表现出自己对该工程兴趣不大，到快投标截止时，再突然降价。
  - 采用这种方法时，一定在准备投标报价的过程中考虑好降价的幅度，在临近投标截止日期时，根据情报信息与分析判断，作出最后决策。
- 先亏后盈法
  - 先亏后盈法。有的承包商为了打进某一地区，依靠国家、某财团或自身的雄厚资本实力，采取一种不惜代价、只求中标，在以后的工程再谋求赢利的低价投标方案。应用这种手法的承包商必须有较好的资信条件，并且提出的施工方案也先进可行，同时要加强对公司情况的宣传，否则即使标价低，也不一定被选中。

图5—3　投标报价竞争策略方法

6.非报价竞争策略

非报价竞争策略指的是除报价因素之外，还包括企业信誉、承建工程的质量水准、财力、科技力量、效率、管理水平、适应市场需求的应变能力等企业经营所涉及的一切方面的竞争。目前，我国的建筑市场，报价竞争虽不能决定中标与否，但是效果是明显的。随着经济发展和市场竞争日益白热化，由报价竞争走向非报价竞争已成为一种趋势。

(1)创新取胜策略

一个企业必须有创新精神，对于施工企业这种精神主要体现在：敢于承揽其他施工企业没有勇气承揽的工程项目，敢于开拓自己未曾涉足的施工领域，同时，不断地进行技术和人才开发，更新设备，开发新资源，保持施工能力的优势，为企业始终保持创新精神奠定基础和提高保障。

(2)优质取胜策略

施工企业不论采取何种战略，如果不能使业主信任其工程质量，是无法获得成功的。质量是竞争力的基础，尤其是在今天各施工企业谋求滚动发展的情况下，以优质取胜就显得更为迫切和重要。所有施工企业应根据自身的情况，正确制定适合本企业的质量战略，形成或保持竞争优势是必要的。

(3)技术领先取胜策略

施工企业每次的竞标主要表现在报价和施工组织设计两个方面。技术是否领先直接影响着成本是否降低、工艺是否先进、方案是否科学,影响着企业的管理水平。综合实力直接关系着企业竞争力的高低。所以企业要根据自身特点和实际情况,制定切实可行的有特色的科技战略和人才开发战略,努力形成或保持领先的地位,达到取胜的目的。

(4)信誉取胜策略

这是施工企业经过长期不断的努力向业主交付一个保证质量、保证工期且在施工过程中体现良好合作精神的建筑,而在某行业或某区域树立的良好的信誉来取胜的策略。这也是施工企业所必须采取的基本策略,对企业保持持续竞争力有重大意义。

(5)联合经营取胜策略

国内市场已呈现为一个大市场,跨行业、跨区域的竞争已成为必然。在这种情况下,集合企业间的优势(转移优势、地理优势、公关优势等),弥补各自的不足,形成新的生产力和竞争力,已成为一种有效的策略。

战略与策略是宏观与微观、长远与当前的辨证关系。战略通过策略来完成,策略则服从、服务于战略。只有两者同时发挥作用,施工企业在参与国内市场竞争时才更有竞争力。

第六章　合同的策划与合同条件

合同策划，是指在建筑工程项目的开始阶段，对整个建设工程有关合同的签订和实施有重大影响问题的筹划和谋划。合同总体策划的目标是合同保证项目总目标的实现。它必须反映建筑工程项目战略和企业战略，反映企业的经营指导方针和根本利益。

在现阶段的工程建设市场中，土木工程施工合同条件是建设工程施工合同当事人之间订立合同的基础依据之一，是一种科学、合理组织施工和处理风险的推荐性范本，对工程施工合同的签订和工程施工过程的组织具有重大的意义。

第一节　合同的策划

一、业主方合同条件的选择

合同条件是合同内容中最重要的组成部分之一，有标准合同条件和非标准合同条件之分。

在实际工程中，业主可按照需要自己（或委托咨询公司）起草的合同协议（包括合同条款），也可选择标准合同条件。为规范和公平起见，一般最好采用标准合同条件。

选择标准合同条件的，业主可按照自己的需要通过特殊条款对标准的合同文本进行修改、限定或补充，以期更好地实现工程目的。

二、业主方重要的合同条款内容

业主应理性地对待合同，通过合同更好地约束承包商完成工程项目，尽可能地实现预定的工程目标。

下列几种条款是业主必须格外重视的条款：

(1)合同中各种词语的定义及解释的准确和统一。

(2)有关付款方式和方法。

(3)合同价格的调整条件、调整范围和调整方法等。

(4)合同风险在双方之间的分配和分担。

(5)有关进度控制和管理。

(6)对承包商的一定的激励措施。

(7)合同双方的权利、义务和职责。

(8)合同纠纷处理的方式、方法。

三、承包商投标方向选择的依据

(1)承包市场情况，竞争的形势，如市场处于发展阶段或处于不景气阶段。

(2)该工程竞争者的数量以及竞争对手状况，以确定自己投标的竞争力和中标的可能性。

(3)工程及业主状况。

1)工程的特点。技术难度，时间紧迫程度，是否为重大的、有影响的工程，例如一个地区的形象工程，该工程施工所需要的工艺、技术和设备。

2)业主的规定和要求。如承包方式、合同种类、招标方式、合同的主要条款。

3)业主的资信。如业主是否为资信好的企业家或政府。业主过去有没有不守信用、不付款的历史，业主的建设资金准备情况和企业运行状况。如果工程需要承包商垫资，则更要小心。

(4)承包商自身的情况。包括本公司的优势和劣势，技术水平，施工力量，资金状况，同类工程经验，现有的在手工程数量等。

投标方向的确定要能最大限度地发挥自己的优势，符合承包商的经营总战略，如正准备发展，力图打开局面，则应积极投标。承包商不要企图承包超过自己施工技术水平、管理水平和财务能力的工程，以及自己没有竞争力的工程。

四、承包商合同风险总评价的内容

承包商在合同策划时必须对本工程的合同风险有一个总体的评价。一般来说，如果工程存在以下问题，则工程风险很大：

(1)工程规模大、工期长，而业主要求采用固定总价合同形式。

(2)业主仅给出初步设计文件让承包商做投标文件，图纸不详细、不完备，工程量不准确、范围不清楚，或合同中的工程变更赔偿条款对承包商很不利，但业主要求采用固定总价合同。

(3)业主将做标期压缩得很短，承包商没有时间详细分析招标文件，而且招标文件为外文，采用承包商不熟悉的合同条件。

有许多业主为了加快项目进度，采用缩短做标期的方法，这不仅对承包商风险太大，而且会造成对整个工程总目标的损害，常常欲速则不达。

(4)工程环境不确定性大。如物价和汇率大幅度波动、水文地质条件不清楚，而业主要求采用固定价格合同。

实践证明，如果存在上述问题，特别当一个工程中同时出现上述问题，则这个工程可能彻底失败，甚至有可能将整个承包企业拖垮。这些风险造成损失的规模，在签订合同时常常是难以想象的。承包商若参加投标，应要有足够的思想准备和措施准备。

通过分析大量的工程案例发现，一个工程合同争执、索赔的数量和工期的拖延量与如下因素有直接的关系：采用的合同条件，合同形式，做标期的长短，合同条款的公正性，合同价格的合理性，承包商的数量，评标的充分性和澄清会议，设计的深度及准确性等。

五、承包方选择分包的条件

(1)技术上需要。总承包商不可能也不必具备总承包合同工程范围内的所有专业工程的施工能力，通过分包的形式可以弥补总承包商技术、人力、设备、资金等方面的不足。同时总承包商又可通过这种形式扩大经营范围，承接自己不能独立承担的工程。

(2)经济上的目的。对有些分项工程，如果总承包商自己承担会亏本，而将它分包出去，让报价低同时又有能力的分包商承担，总承包商不仅可以避免损失，而且可以取得一定的经济效益。

(3)转嫁或减少风险。通过分包，可以将总包合同的风险部分地转嫁给分包商，这样，大家共同承担总承包合同风险、提高工程经济效益。

(4)业主的要求。业主指令总承包商将一些分项工程分包出去。通常有如下两种情况：

1)对于某些特殊专业或需要特殊技能的分项工程，业主仅对某专业承包商信任和放心，可要求或建议总承包商将这些工程分包给该专业承包商，即业主指定分包商。

在国际工程中，一些国家规定，外国总承包商承接工程后必须将一定量的工程分包给本国承包商，或工程只能由本国承包商承接，外国承包商只能分包。这是对本国企业的一种保护措施。

2)业主对分包商有较高的要求，也要对分包商作资格审查。没有工程师(业主代表)的同意，承包商不得随便分包工程。由于承包商向业主承担全部工程责任，分包商出现任何问题都由总包负责，所以分包商的选择要十分慎重。一般在总承包合同报价前就要确定分包商的报价，商谈分包合同的主要条件，甚至签订分包意向书。国际上许多大承包商都有一些分包商作为自己长期的合作伙伴，形成自己外围力量，以增强自己的经营实力。

六、联营承包的概念

联营承包是指两家或两家以上的承包商(最常见的为设计承包商、设备供应商、工程施工承包商)联合投标，共同承接工程。

(1)联营的优点如下：

1)承包商可通过联营进行联合，以承接工程量大、技术复杂、风险大、难以独家承揽的工程，使经营范围扩大。

2)在投标中发挥联营各方技术和经济的优势；珠连璧合，使报价有竞争力。而且联营通常都以全包的形式承接工程，各联营成员具有法律上的连带责任，业主比较欢迎和放心，容易中标。

3)在国际工程中，国外的承包商如果与当地的承包商联营投标，可以获得价格上的优惠，这样更能增加报价的竞争力。

4)在合同实施中，联营各方互相支持，取长补短，进行技术和经济的总合作，这样可以减少工程风险，增强承包商的应变能力，能取得较好的工程经济效果。

5)通常，联营仅在某一工程中进行，该工程结束，联营体解散，无其他牵挂。如果愿意，各方还可以继续寻求新的合作机会。所以它比合营、合资有更大的灵活性。合资成立一个具有法人地位的新公司通常费用较高，运行形式复杂，母公司仅承担有限责任，业主不信任。

(2)联营承包已成为许多承包商的经营策略之一，在国内外工程中都较为常见。联营的形式有：

1)外部联营。几个承包商签订联营合同，组成联营体，每个承包商在联营关系上被称为联营成员。联营体与业主签订总承包合同，所以对外只有一个承包合同。

2)内部联营。它实质上与分包相似，仅一联营成员作为联营领袖与业主签订总承包合同，向业主承担全部工程责任，同时负责工程的组织和协调工作。他实质上处于总包地位。而其他联营成员仅承担自己工程范围内的合同责任，并直接向联营领袖收取相应的工程价款，与业主无直接的合同关系。他们实质上处于分包地位。

七、承包商在投标报价和合同谈判中需要确定的重要问题

(1)承包商所属各分包(包括劳务、租赁、运输等)合同之间的协调。

(2)分包合同的策划，如分包的范围、委托方式、定价方式和主要合同条款的确定。在这里要加强对分包商和供应商的选择和控制工作，防止由于他们的能力不足，或对本工程没有足够的重视而造成工程和供应的拖延，进而影响总承包合同的实施。

(3)承包合同投标报价策略的制定。

(4)合同谈判策略的制定等。

八、承包商的合同执行战略

合同执行战略是承包商按企业和工程具体情况确定的执行合同的基本方针。例如：

(1)企业必须考虑该工程在企业同期许多工程中的地位、重要性，确定优先等级。对重要的、有重大影响的工程，如对企业信誉有重大影响的创牌子工程，大型、特大型工程，对企业准备发展业务的地区的工程，必须全力保证，在人力、物力、财力上优先考虑。

(2)承包商必须以积极合作的态度和热情圆满地履行合同。在工程中，特别在遇到重大问题时积极与业主合作，以赢得业主的信赖，赢得信誉。例如在中东，有些合同在签订后或在执行中遇到不可抗力(如战争、动乱)，按规定可以撕毁合同，但有些承包商理解业主的困难，暂停施工，同时采取措施，保护现场，降低业主损失，待干扰事件结束后，继续履行合同。这样不仅保住了合同，取得了利润，而且赢得了信誉。

(3)对明显导致亏损的工程，特别是企业难以承受的亏损，或业主资信不好，难以继续合作，有时不惜以撕毁合同来解决问题。有时承包商主动地中止合同，比继续执行一份合同的损失要小。特别当承包商已跌入"陷阱"中，合同不利，而且风险已经发生时。

(4)在工程施工中，由非承包商责任引起承包商费用增加和工期拖延，承包商提出合理的索赔要求，但业主不予解决。承包商在合同执行中可以通过控制进度，通过直接或间接地表达履约热情和积极性，向业主施加压力和影响以求得合理的解决。通常工程结束，交付给业主，承包商的索赔主动权就没有了。

九、合同策划的依据

(1)业主方面。业主的资信、资金供应能力、管理水平、管理风格和具有的管理力量，业主的目标以及目标的确定性，期望对工程管理的介入深度，对工程师和承包商的信任程度，对工程的质量和工期要求等。

(2)承包商方面。承包商的能力、资信、企业规模、管理风格和水平、在本项目中的目标与动机、目前经营状况、过去同类工程经验、企业经营战略、长期动机、承受和抗御风险的能力等。

(3)工程方面。工程的类型、规模、特点、技术复杂程度，工程技术设计准确程度，工程质量要求和工程范围的确定性、计划程度，招标时间和工期的限制，项目的盈利性，工程风险程度，工程资源(如资金、材料、设备等)供应及限制条件等。

(4)环境方面。工程所处的法律环境，建筑市场竞争激烈程度，物价的稳定性，地质、气候、自然、现场条件的确定性，资源供应的保证程度，获得额外资源的可能性等。

十、合同策划的步骤

(1)研究企业战略和项目战略，确定企业和项目对合同的要求。由于合同是实现项目目标和企业目标的手段，所以它必须体现和服从企业及项目战略。

项目的总的管理模式对合同策划有很大的影响，例如业主全权委托监理工程师，或业主任命业主代表全权管理，或业主代表与监理工程师共同管理。一个项目不同的组织形式，不同的项目管理体制则有不同的项目任务的分解方式，需要不同的合同类型。

(2)确定合同的总体原则和目标。

(3)分层次、分对象对合同的一些重大问题进行研究,列出可能的各种选择,按照上述策划的依据,综合分析各种选择的利弊得失。

(4)对合同的各个重大问题作出决策和安排,提出合同措施。在合同策划中有时要采用各种预测、决策方法,风险分析方法,技术经济分析方法。例如专家咨询法、头脑风暴法、因素分析法、决策树、价值工程等。

(5)在项目过程中,开始准备每一个合同招标以及准备签订每一份合同时都应对合同策划再作一次评价。

十一、平行承包模式的特点

平行承包模式及合同结构如图 6—1 所示,图中直线表示合同关系,虚线表示工作关系。

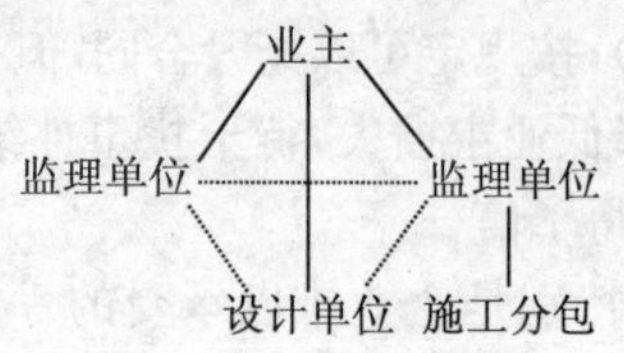

图 6—1 平行承包模式

平行承包模式的特点有:

(1)传统模式是以总包商为基础的项目管理模式,在英国已有 200 年历史,至今在英联邦国家或原英属殖民地仍广泛使用。ICE 合同条件及 FIDIC 合同条件(如 1988 年 FIDIC 第 4 版的建设工程施工合同条件,即"红皮书")均适用于传统项目管理模式。世界银行贷款项目的采购方式一般亦以传统模式为主,采用 FIDIC 合同条件。

(2)传统模式的运作程序为设计→招投标→施工→竣工验收。由业主委托的建筑师或咨询工程师进行方案设计、初步设计和施工图设计,并为业主编制招标文件,包括编制工程量清单(Bill of Quantities),然后进行招标。建筑师或咨询工程师又协助业主或代业主对承包商的投标书进行评定,然后向业主推荐中标的承包商。建筑师或咨询工程师代表业主与中标的承包商进行签约前的合同谈判,最后为业主准备承包工程施工合同文本(一般起 FIDIC 合同条件所附的标准协议书格式),由业主与承包商签订。

(3)承包商在传统管理模式中一般不从事设计任务,当然不承担任何设计图纸上的责任。承包商只是照图施工,一旦业主有新的要求,或对原先图纸作出变更,承包商就有理由就此提出索赔。

(4)施工开始后,建筑师或咨询工程师受业主委托对工程项目进行"三控制"(质量、工期、成本的控制)、"二管理"(合同管理和信息管理)和"综合协调"。

(5)按传统模式实施的项目,其实施程序按部就班,必然导致整个项目的建设周期比较长,不利于有些项目的出资人希望投资及早回报的愿望。

(6)传统模式强调估价师的作用,他们为业主控制投资预算,核查承包商的报价和工程量完成情况。

(7)由于设计与施工分别由工程咨询公司(我国通常为设计院)和承包商(我国通常称施工单位)来承担,双方分别与业主签订合同,双方之间又无合同约束,常常出现不协调,业主不得不委托建筑师或咨询工程师加强项目管理,减少争端,以顺利实现项目目标。

十二、D＋B模式（设计＋施工总承包模式）的特点

这种承包模式及合同结构如图6－2所示，该种模式的主要特点是：

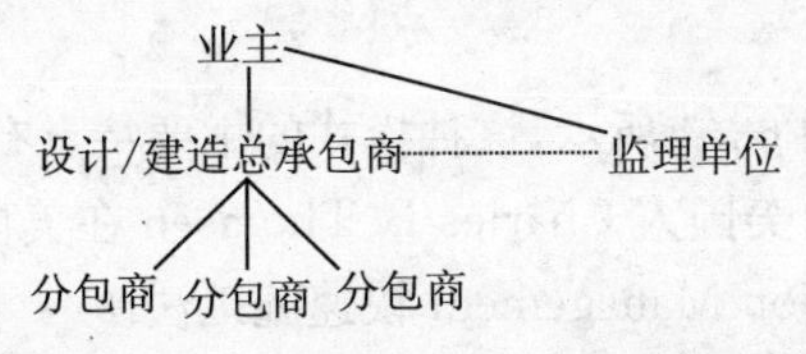

图6－2　设计施工总承包模式

(1)FIDIC于1995年出版了“设计—建造—交钥匙工程合同条件”（即“橘皮书”），它是D＋B项目最常用的合同条件，也是1995年英国建设工程师学会常用的合同条件。1995年英国建设工程师学会（ICE）编制的新工程合同（NEC）系列中的工程施工合同条件（即ECC合同条件）也可用于D＋B项目。

(2)D＋B项目的招标文件一般由雇主代表编制，主要表述雇主的要求并提供概念设计（Concept Design）及工程流程系统图（Process Flow Diagram）。

(3)“D＋B总承包商”承担了工程项目从规划审批、初步设计审批、施工图审批所有必要的政府审批手续并为雇主获得工程项目施工许可证。施工结束后，“D＋B总承包商”负责获得有关部门对工程项目的验收证书，最终为雇主获得“产权证”（Property Ownership Certificate）。

(4)在“橘皮书”中，雇主代表的角色替代了“红皮书”中的咨询工程师，说明由工程咨询公司承担的雇主代表已成为雇主的一个成员。

(5)由于“D＋B总承包商”承担了工程项目从设计到施工及竣工验收的全部责任，雇主委托的“雇主代表”的主要工作是作好协调、督促并检查“D＋B总承包商”按合同对工程的质量、工期、成本要求来实施项目。

十三、EPC模式（项目总承包交钥匙模式）的特点

EPC模式及合同结构如图6－3所示，该种模式的主要特点是：

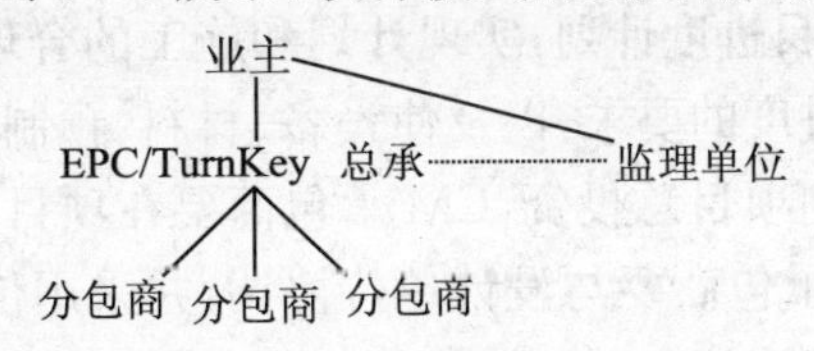

图6－3　EPC发包模式关系图

(1)EPC模式是为满足业主要求承包商提供全面服务（一揽子服务）需要而产生的，通常由一家大型建筑施工企业或承包商联合体承担对大型和复杂工程的设计、设备采购、工程施工直至交付使用的“交钥匙”承包模式。

(2)按EPC模式实施时，业主一般不再聘请工程咨询公司为其服务，往往由业主自身来管理工程项目，也不排除业主聘用1～2名工程管理专家作为顾问，这是因为EPC总承包商承担了工程项目的全部责任。

(3)EPC总承包商必须熟知国际金融、国际工程设备采购的国际惯例。

(4)EPC项目多集中于资金投入量大、技术要求高、管理难度大的工业建筑，如石油化工、制造业、电力、供水等项目。要求EPC总承包商除具备融资能力、复杂项目管理能力外，还应

具有某一工业领域中专有技术和成套设备采购能力的优势。

(5)EPC 总承包商往往可以带动承包商所在国成套设备的出口。

十四、CM 模式的特点

CM 模式及合同结构如图 6－4 所示，该种模式的主要特点有：

(1)CM 模式于 1968 年由美国人 Charles B. Thomsen 在美国纽约州立大学研究后提出，也称为 Fast-Track Construction Management 快速施工法。

(2)CM 承包商一般由大型建筑施工承包商来承担。CM 承包商既不从事设计，又不从事施工，主要从事项目管理。

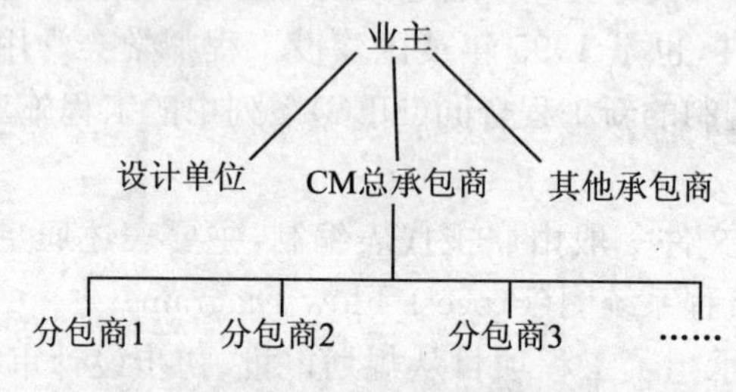

图 6－4　施工管理模式

(3)竞争 CM 承包商的主要条件为能力、经验及承诺的最高合同总价。

(4)CM 承包商与各分包商所签的分包合同全部向业主公开。

(5)CM 承包商只从业主处收取项目管理的服务费用，以及当实际成本低于最高合同总价时，可按合同规定与业主分享节余部分。

(6)CM 模式与传统模式的比较。必须注意的是，在 CM 模式中施工的开始已提前到设计工作尚未全部结束之前，但是由于整个施工可合理地按分部工程分解成若干个阶段，而每一个阶段的施工招标都是在有了该部分完整的施工图的基础上进行的，因此它与我国大跃进年代曾出现过的"边设计、边施工"，即在无设计图纸(或设计资料不齐全)的情况下盲目施工，有着本质的区别。

(7)CM 承包商的主要工作。为了缩短建设周期，CM 承包商先要合理地确定分包合同结构和招标方案，制定周密的项目进度计划，实现计划和施工的合理搭接，使各分包工程的施工招标和施工准备满足工程总进度的要求，以及使设备、材料、预制构件等的生产和供货等各项工作得到妥善安排。为了控制项目总投资，CM 承包商要在项目的各个阶段准确地编制项目估算，并不断进行调整。CM 承包商要与设计单位协调，并采用价值工程等方法，向设计单位提供能降低施工成本的合理化建议。

在整个招标过程中，CM 承包商要负责招标工作的组织、招标文件和合同文件的编制、主持标书标定和合同谈判并直接与分包商签约。

在施工阶段，CM 承包商则负责直接管理和指挥、协调各分包商，甚至直接从事未分包工程和零星工程的施工，最终使工程高质量地按期完成。

十五、总价合同的类型

总价合同有固定总价合同、调值总价合同、固定工程量总价合同和管理费总价合同 4 种不同形式，如图 6－5 所示。

十六、工程单价合同的类型

1. 估计工程量单价合同

估计工程量单价合同是以工程量表为基础、以工程单价表为依据来计算合同价格。例如，当计算每米管线的安装价格时，除了分项工程单价表(Schedule of Rates)之外，还必须有一个管线安装的总工程量计算表作为计价基础。这个总工程量估算表就是常说的工程量概算表或暂估工程量清单。

- 总价合同
  - 固定总价合同
    - 固定总价合同适用于工期较短(一般不超过2年)而且对最终产品的要求又非常明确的工程项目。根据这种合同，承包商将承担一切风险责任。除非承包商能事先预测他可能遭到的全部风险，否则他将为许多不可预见的因素付出代价。因此，这类合同对承包商而言，其报价一般都较高。
  - 调值总价合同
    - (1)调值总价合同的总价一般是以图纸及规定、规范为基础，按时价(Current Price)进行计算。它是一种相对固定的价格，在合同执行过程中，由于通货膨胀而使其所使用的工、料成本增加时，其合同总价也应作相应的调整。
    - (2)在调值总价合同中，发包人承担了通货膨胀这一不可预见的费用因素的风险，而承包人只承担施工中的有关时间和成本等因素的风险。
    - (3)调值总价合同适用于工程内容和技术经济指标规定的很明确的项目。由于合同中列有调值条款，所以工期在1年以上的项目均适于采用这种合同形式。应用得较普遍的调价方法有文件证明法和调价公式法。通俗地讲，文件证明法就是凭正式发票向业主结算价差。为了避免因承包商对降低成本不感兴趣而引起的副作用，合同文件中应规定业主和监理工程师有权指令承包商选择价廉的供应来源。
  - 固定工程量总价合同
    - (1)固定工程量总价合同是指由发包人或其咨询单位将发包工程按图纸和规定、规范分解成若干分部分项工程量，由承包人据以标出分项工程单价，然后将分项工程单价与分项工程量相乘，得出分项工程总价，再将各个分项工程总价相加，即构成合同总价。
    - (2)由于发包单位详细划定了分部分项工程，这就有利于所有投标人在统一的基础上计价报价，从而也有利于评价时进行对比分析。同时，这个分项工程量也可作为在工程实施期间由于工程变更而调整价格的一个固定基础。
    - (3)在固定工程量总价合同中，承包商不需测算工程量而只需计算在实际施工中工程量的变更。因此，只要实际工程量变动不大，这种形式的合同管理起来是比较容易的。其缺点是由于准备划分和计算分部分项工程量将会占用很多的时间，从而也就延长了设计周期，拖长了招标准备时间。
  - 管理费总价合同
    - 发包单位雇用某承包公司(或服务公司)的管理专家对发包工程项目的施工进行管理和协调，并由发包单位向承包公司支付一笔总的管理费用，这种合同就是管理费总价合同。

图6－5　总价合同

工程的价格应按照实际完成量计算。也就是说，合同中的单位价格乘以实际工程量便得出工程结算的总价格。采用这种合同时，要求实际完成的工程量与原估计的工程量不能有实质性的变更，不过究竟多大范围的变更才不算实质性的变更很难确定，这是这种合同形式的一个缺点。但是对于正常的工程项目来说，采用估计工程单价合同，可以使承包商对其投标的工程范围有一个明确的概念。

2. 纯单价合同(Straight Unit Rate Contract)

采用这种形式的合同时，发包单位只向投标人给出发包工程的分部分项工程以及工程范围，而不对工程量作任何规定，承包商在投标时只需要对这种给定范围的分部分项工程提出报价即可。

十七、成本补偿合同的类型

当工程内容及其技术经济指标尚未全面确定，而由于种种理由工程又必须向外发包时，采用成本补偿合同这种形式，对招标单位来说是比较合适的。但是这种合同形式有两个最明显的缺点：一是发包单位对工程总造价不能实行实际的控制；二是承包商对降低成本也很少会有兴趣。因此，采用这种合同形式时，它的条款必须非常严格，这样才能保证有效的工作。

成本补偿合同有以下几种形式：

(1)成本加固定费用合同。根据这种合同，发包单位对承包商支付的人工、材料和设备台班费等直接成本全部予以补偿，同时还增加一笔管理费。所谓固定费用是指杂项费用和利润相加之和。计算公式为：

$$C=C_d+F$$

式中 C ——总造价；

C_d——实际发生的直接费；

F ——为给承包商数额固定不变的酬金，通常接估算成本的一定百分比确定。

(2)成本加定比费用合同。这种形式的合同与上述第(1)种相似，不同的只不过是所增加的费用不是一个固定金额而是相当于成本的一定百分比。计算公式为：

$$C=C_d(1+p)$$

式中 p——双方事先商定的酬金固定百分数。

(3)成本加浮动酬金合同。酬金是根据报价书中的成本概算指标制定的。概算指标可以是总工程量的工时数的形式，也可以是人工和材料成本的货币形式。合同中对这个指标规定了一个底点(Foor)(约为工程成本概算的60%～75%)和一个顶点(Ceiling)(约为工程成本概算的110%～135%)，承包商在概算指标的顶点之下完成工程时可以得到酬金。酬金的额度通常根据低于指标顶点的情况而定。当酬金加上报价书中的成本概算总额达到顶点时则不再发给酬金。如果承包商的工时或工料成本超出指标顶点时，应对超出部分进行罚款，直至总费用降到顶点时为止。

(4)目标成本加奖励。在仅有初步设计和工程说明书就迫切要求开发的情况下，可根据粗略计算的工程量和适当的单价表编制概算作为目标成本。随着详细设计逐步具体化，工程量和目标成本可加以调整，另外规定一个百分数作为酬金。最后结算时，如果实际成本高于目标成本并超过事先商定的界限(例如5%)，则减少酬金；如果实际成本低于目标成本(也有一个幅度界限)，则增加酬金。用公式表示为：

$$C=C_D+P_1C_0+P_2(C_0-C_D)$$

式中 C_0 ——目标成本；

P_1 ——基本酬金百分数；

P_2 ——奖励酬金百分数。

第二节 合同条件

一、合同条件的概念

对于国际工程项目，在业主颁发的招标文件以及随后签订的的合同中，合同条件都是最为重要的组成部分之一。它规定了业主和承包商的职责、义务和权利以及监理工程师(条款中一般用“工程师”一词,下同)或业主代表在根据业主和承包商之间签订的合同执行对工程的监理或管理任务时的职责和权限。

在工程实施过程中,业主和承包商首先应受工程所在国的法律和法规的约束。但这些法律和法规不可能反映出业主和承包商之间围绕一个工程项目的某些具体约定。合同条件则试图对合同实施过程中每一个可以设想到的细节和每一种可能出现的情况都尽量作出具体的规定,以达到在执行过程中每一步操作都有“法”可依的目的。

二、ICE 合同条件的概念

英国土木工程师学会在土木工程建设合同方面具有高度的权威性。它编制的“ICE 土木工程合同条件”在英联邦和原英国殖民地国家的土木工程界有着广泛的影响。ICE 合同条件属于单价合同形式,以实际完成的工程量和投标书中的单价来控制工程项目的总造价。同 ICE 合同条件配套使用的有《ICE 分包合同标准格式》,规定了总承包商与分包商签订分包合同时采用的标准格式。FIDIC《土木施工合同条件》的最早版本即来源于 ICE 合同条件,因此可以发现二者有很多相似之处。ICE 还为设计—建造模式制定了专门的合同条件。

三、AIA 合同条件的概念

美国建筑师学会制定的 AIA 合同条件主要用于私营的房屋建筑工程,在美国及美洲各国应用甚广,影响很大。AIA 合同文件的计价方式主要有总价、成本补偿及最高限定价格法。针对不同的工程项目管理模式及不同的合同类型有多种形式的 AIA 合同条件,分为 A、B、C、D、G 等系列,具体内容如下:

A 系列——用于业主与承包商之间的各种标准合同文件,不仅包括合同条件,还包括承包商资格申报表,保证标准格式等。

B 系列——用于业主与建筑师之间的标准合同文件,其中包括专门用于建筑设计,室内装修工程等特定情况的标准合同文件。

C 系列——用于建筑师与专业咨询机构之间的标准合同文件。

D 系列——建筑师行业内部使用的文件。

G 系列——建筑师企业及项目管理中使用的文件。

其中最为核心的是“通用条件”(A201)。

AIA 还为包括 CM 方式在内的各种工程项目管理模式专门制定了各种协议书格式,采用不同的工程项目管理模式及不同的计价方式时,只需选用不同的“协议书格式”与“A201 通用条件”配合在一起使用即可。对于比较简单的小型项目,AIA 还专门编制了简短合同条件。

四、FIDIC 的概念

FIDIC 是国际咨询工程师联合会法语名称的字头缩写。1913 年,欧洲 3 个国家的咨询工程师协会成立了国际工程师联合会,以下简称 FIDIC。二次世界大战结束后,受此次战争波及的国家急于医治战争创伤,建筑业于是得到了巨大的发展机会。与此同时,由于在建筑行业取得的优异业绩,FIDIC 日益得到发展和壮大,至今联合会成员已包括 60 多个国家和地区,中国于 1996 年正式加入。

FIDIC 下属有两个地区成员协会:FIDIC 亚洲及太平洋地区成员协会(ASPAC)和 FIDIC

非洲成员协会集团(CAMA),下设五个长期性的专业委员会:业主咨询工程师关系委员会(CCRC)、合同委员会(CC)、风险管理委员会(RMC)、质量管理委员会(QMC)和环境委员会(ENVC)。

FIDIC的各专业委员会编制了许多规范性文件,这些文件不仅供FIDIC成员国采用,世界银行、亚洲开发银行、非洲开发银行的招标样本也常采用。FIDIC编制的规范性文件中应用较广的有:

(1)《土木工程施工合同条件》,又称红皮书。

(2)《电气与机械工程合同条件》,又称黄皮书。

(3)《业主/咨询工程师标准服务协议书》,又称白皮书。

(4)《设计－建造与交钥匙合同条件》,又称橙皮书。

(5)《土木工程施工分包合同条件》。1999年9月,FIDIC又出版了新的《施工合同条件》、《工程设备与设计－建造合同条件》、《EPC交钥匙工程合同条件》及《合同简短格式》。

鲁布格水电站引水系统工程是我国第一个利用世界银行贷款,并按世界银行规定,采用国际竞争性招标和项目管理的工程,也是国内第一个使用FIDIC《土木工程施工合同条件》的工程。从1982年国际招标,1984年正式开工,到1988年7月竣工的4年多的时间内,创造了著名的"鲁布格工程项目管理经验"。FIDIC合同条件也随之引入我国,并逐步获得广泛的应用。

五、FIDIC编制的各类合同条件的特点

(1)国际性、通用性、权威性。

(2)公正合理、职责分明。

(3)程序严谨、易于操作。

(4)通用条件和专用条件的有机结合。

六、FIDIC合同条件的应用范围

(1)国际金融组织贷款和一些国际项目直接采用。在我国,凡亚洲开发银行贷款项目,都全文采用FIDIC红皮书。对世界银行贷款项目,在财政部编制的招标文件范本中,对FDIC合同条件作了一些特殊的规定和修改,请在使用时注意。

(2)合同谈判时采用。因为FIDIC合同条件是国际上权威性的文件,在招标过程中,如果承包商认为招标文件中有些规定不合理或是不完善,可以用FIDIC合同条件作为"国际惯例",在合同谈判时要求对方修改或补充某些条款。

(3)对比分析采用。

(4)局部选择采用。

第七章 建设工程合同的签订及谈判技术

合同审查是为合同谈判和签订服务的。合同当事人通过合同的详细审查过程,发现待签订合同中存在的问题,在此基础上形成合同审查表,成为合同谈判的最主要依据文件。如果所有合同审查阶段发现的问题都能或大部分能在合同谈判阶段解决,双方当事人之间签订合同可靠性会大大提高。对于合同审查阶段发现但合同谈判阶段确实解决不了的问题,合同当事人应尽早制定相应的对策和措施,确保工程合同实施过程中自己一方的损失能降到最低。

谈判是签订合同的前奏,不仅关系到双方的利益,也关系到合同的履行,是一个普遍存在而又十分重要的问题。

第一节 合同的审查

一、合同审查的概念及目的

合同审查是指与合同签订有关的人员(或团体),对合同的合法性、合同内容与项目的一致性、合同条款的完善性等进行的审查,是一项技术性很强的综合性工作,它要求合同管理者必须熟悉与合同相关的法律法规,精通合同条款,对工程环境有全面的了解,有合同管理的实际工作经验并有足够的细心和耐心。

合同审查的目的,是为了找出将要签订的合同存在的问题,并试图通过合同谈判阶段解决这些问题。对于合同谈判阶段确实解决不了的,应尽快制定相应对策和措施。

二、合同效力应审查的内容

1.工程项目合法性审查

工程项目合法性审查也就是对合同客体资格的审查。主要审查工程项目是否具备招标投标、签订和实施合同的一切条件,包括:

(1)是否具备工程项目建设所需要的各种批准文件。

(2)工程项目是否已经列入年度建设计划。

(3)建设资金与主要建筑材料和设备来源是否已经落实。

2.合同当事人资格的审查

合同当事人资格的审查也就是对合同主体资格的审查。无论是发包人还是承包人必须具有发包和承包工程、签订合同的资格,即具备相应的民事权利能力和行为能力。有些招标文件或当地法规对外地或外国承包商有一些特别规定,如在当地注册、获取许可证等。在我国,承包人要承包工程不仅必须具备相应的民事权利能力(营业执照、许可证),而且还必须具备相应的民事行为能力(资质等级证书)。

3.合同内容合法性审查

此项审查主要对合同条款和所指的行为是否符合法律规定进行审查,如分包转包的规定、劳动保护的规定、环境保护的规定、赋税和免税的规定、外汇额度条款、劳务进出口等条款是否符合相应的法律规定。

4. 合同订立过程的审查

此项审查如审查招标人是否有规避招标行为和隐瞒工程真实情况的现象;投标人是否有串通作弊、哄抬标价或以行贿的手段谋取中标的现象;招标代理机构是否有泄露应当保密的与招标投标活动有关的情况和资料的现象,以及其他违反公开、公平、公正原则的行为。

有些合同需要公证,或由官方批准后才能生效,这应当在招标文件中说明,在国际工程中,有些国家项目、政府工程,在合同签订后,由业主向承包商发出中标通知书后,还得经过政府批准后,合同才能生效。对此,应当特别注意。

三、合同完备性审查包括的内容

1. 合同文件完备性审查

即审查属于该合同的各种文件是否齐全。如发包人提供的技术文件等资料是否与招标文件中规定的相符,合同文件是否能够满足工程需要等。

2. 合同条款完备性审查

(1)如果是无标准合同文本,如联营合同等。无论是发包人还是承包人在审查该类合同的完备性时,应尽可能多地收集实际工程中的同类合同文本,并进行对比分析,以确定该类合同的范围和合同文本结构形式。再将被审查的合同按结构拆分开,并结合工程的实际情况,从中寻找合同漏洞。

(2)如果采用的是合同示范文本,如 FIDIC 条件,或我国施工合同示范文本等,则一般认为该合同条款较完备。此时,应重点审查专用合同条款是否与通用合同条款相符、是否有遗漏等。

(3)如果未采用合同示范文本,但合同示范文本存在。在审查对应当以示范文本为样板,将拟签订的合同与示范文本的对应条款一一对照,从中寻找合同漏洞。

四、施工合同应重点审查的内容

施工合同应重点审查的内容如表 7—1 所示。

表 7—1 施工合同应重点审查的内容

类 别	内 容
工作范围	即承包人所承担的工作范围,包括施工、材料和设备供应,施工人员的提供,工程量的确定,质量、工期要求及其他义务。工作范围是制定合同价格的基础,因此工作范围是合同审查与分析中一项极其重要的不可忽视的问题。招标文件中往往有一些含糊不清的条款,故有必要进一步明确工作范围。在这方面,经常发生的问题有: (1)因工作范围和内容规定不明确或承包人未能正确理解而出现报价漏项,从而导致成本增加甚至整个项目出现亏损。 (2)由于工作范围不明确,对一些应包括进去的工程量没有进行计算而导致施工成本上升。 (3)规定工作内容时,对于规格、型号、质量要求、技术标准文字表达不清楚,从而在实施过程中易产生合同纠纷。 (4)对于承包的国际工程,在将外文标书翻译成中文时出现错误,如将金扶手翻译成镀金扶手,将发电机翻译成发动机等,这必然导致报价失误。 因此,合同审查一定要认真仔细,规定工作内容时一定要明确具体,责任分明。特别是在固定总价合同中,根据双方已达成的价格,查看承包人应完成哪些工作,界面划分是否明确,对追加工程能否另计费用。对招标文件中已经体现、工程质量也已列入,但总价中未计人者,是否已经逐项指明不包括在本承包范围内,否则要补充计价并相应调整合同价格。为现场监理工程师提供的服务如包含在报价内,分析承包人应提供的办公及住房的建筑面积、标准,工作、生活设备数量和标准等是否明确。合同中有否诸如"除另有规定外的一切工程"、"承包人可以合理推知需要提供的为本工程服务所需的一切工程"等含糊不清的词句

续上表

类　别	内　容
权利和责任	合同应公平合理地分配双方的责任和权益。因此，在合同审查时，一定要列出双方各自的责任和权利，在此基础上进行权利义务关系分析，检查合同双方责权是否平衡，合同有否逻辑问题等。同时，还必须对双方责任和权力的制约关系进行分析。如在合同中规定一方当事人有一项权力，则要分析该权力的行使会对对方当事人产生什么影响，该权力是否需要制约，权力方是否会滥用该权力，使用该权力，权力方应承担什么责任等。据此可以提出对该项权力的后制约。例如合同中规定"承包商在施工中随时接受工程师的检查"条款。作为承包商，为了防止工程师滥用检查权，应当相应增加"如果检查结果符合合同规定，则业主应当承担相应的损失（包括工期和费用赔偿）"条款，以限制工程师的检查权。 如果合同中规定一方当事人必须承担一项责任，则要分析承担该责任应具备什么前提条件，以及应该拥有什么权力，如果对方不履行相应的义务应承担什么责任等。例如，合同规定承包商必须按时开工，则在合同中应相应地规定业主应按时提供现场施工条件、及时支付预付款等。 在审查时，还应当检查双方当事人的责任和权益是否具体、详细、明确，责权范围界定是否清晰等。例如，对不可抗力的界定必须清晰，如风力为多少级，降雨量为多少毫米、地震的震级为多少等等。如果招标文件提供的气象、水文和地质资料明显不全，则应争取列入非正常气象、水文和地质情况下业主提供额外补偿的条款，或在合同价格中约定对气象、水文和地质条件的估计，如超过该假定条件，则需要增加额外费用
工期和施工进度计划	工期的长短直接与承发包双方利益密切相关。对发包人而言，工期过短，不利于工程质量，还会造成工程成本增加；而工期过长，则影响发包人正常使用，不利于发包人及时收回投资。因此，发包人在审查合同时，应当综合考虑工期、质量和成本三者的制约关系，以确定最佳工期。对承包人来说，应当认真分析自己能否在发包人规定的工期内完工；为保证自己按期竣工，发包人应当提供什么条件，承担什么义务；如发包人不履行义务应承担什么责任，以及承包人不能按时完工应当承担什么责任等。如果根据分析，很难在规定工期内完工，承包人应在谈判过程中依据施工规划，在最优工期的基础上，考虑各种可能的风险影响因素，争取确定一个承发包双方都能够接受的工期，以保证施工的顺利进行
开工	主要审查开工日期是已经在合同中约定还是以工程师在规定时间发出开工通知为准，从签约到开工的准备时间是否合理，发包人提交的现场条件的内容和时间能否满足施工需要，施工进度计划提交及审批的期限，发包人延误开工、承包人延误进点各应承担什么责任等
竣工	主要审查竣工验收应当具备什么条件及验收的程序和内容；对单项工程较多的工程，能否分批分栋验收交付，已竣工交付部分，其维修期是否从出具该部分工程竣工证书之日算起；工程延期竣工罚款是否有最高限额；对于工程变更、不可抗力及其他发包人原因而导致承包人不能按期竣工的，承包人是否可延长竣工时间等
工程质量	主要审查工程质量标准的约定能否体现优质优价原则；材料设备的标准及验收规定；工程师的质量检查权力及限制；工程验收程序及期限规定工程质量有瑕疵责任的承担方式；工程保修期期限及保修责任等
工程款及支付问题	工程造价条款是工程施工合同的关键条款，但通常会发生约定不明或设而不定的情况，为日后争议和纠纷的发生埋下隐患。实际情况表明，业主与承包商之间发生的争议、仲裁和诉讼等，大多集中在付款上，承包工程的风险或利润，最终也都要在付款中表现出来。因此，无论发包人还是承包人都必须花费相当多的精力来研究与付款有关的各种问题。包括： (1)履约担保条款。应包括履约担保的额度、方式（现金、保函或别的形式）、交付时间和期限、有效期、索赔范围、退回条件等相关内容。 (2)预付款条款．一般情况下，施工合同预付款包括开工（动员）预付款和材料设备预付款。合同中如果两类预付款条款都有，而且内容较为完备，则对承包人而言风险较小，反之，如果合同中没有预付款或只有两种预付款中的一种，则风险相对较大。对于任何一类预付款，应注意下列内容是否完备：预付的时间和期限、条件、额度、预付款项的扣回及其相应的违约责任等。 (3)工程进度款。工程进度款是整个工程合同付款最主要的构成部分，必须关注以下内容的完备性和合理性：支付时间和期限、付款范围、支付条件、支付程序、支付限额和相关的违约责任等。 (4)保留金。具体审查保留金的扣除时间和期限、扣除方式、条件，保留金的返还条件、程序、方法和保留金的索赔以及违约责任等。 (5)合同计价方式和价格调整。合同的计价方式，如采用、固定价格方式，则应检查在合同中是否约定合同价款风险范围及风险费用的计算方法，价格风险承担方式是否合理；如采用单价方式，则应检查在合同中是否约定单价随工程量的增减而调整的变更限额百分比（如 15%，20%或 25%）；如采用成本加酬金方式，则应检查合同中成本构成和酬金的计算方式是否合理。还应分析工程变更对合同价格的影响。 (6)结算。结算一般在竣工验收后进行，对于结算条款，应重点关注：结算的时间和期限，结算的条件，结算的范围、方式、程序和与结算有关的违约责任等。 (7)清算。清算一般在缺陷责任期后进行，对于清算条款，应重点关注：结算的时间和期限，结算的条件，结算的范围、方式、程序和与结算有关的违约责任等

续上表

类 别	内 容
违约责任	违约责任条款订立的目的在于促使合同双方严格履行合同义务，防止违约行为的发生。发包人拖欠工程款、承包人不能保证工程质量或不按期竣工，均会给对方以及第三人带来不可估量的损失。因此，违约责任条款的约定必须具体、完整。在审查违约责任条款时，要注意： (1)对双方违约行为的约定是否明确，违约责任的约定是否全面。在工程施工合同中，双方的义务繁多，因此一些违反非合同主要义务的责任承担往往容易被忽视，而违反这些义务极可能影响到整个合同的履行。所以，应当注意必须在合同中明确违约行为，否则很难追究对方的违约责任。 (2)违约责任的承担是否公平。针对自己关键性权利，即对方的主要义务，应向对方规定违约责任，如对承包人必须按期完工、发包人必须按规定付款等，都要详细规定各自的履行义务和违约责任。在对自己确定违约责任时，一定要同时规定对方的某些行为是自己履约的先决条件，否则自己不应当承担违约责任。 (3)对违约责任的约定不应笼统化，而应区分情况作相应约定。有的合同不论违约的具体情况，笼而统之约定一笔违约金，这很难与因违约而造成的实际损失相匹配，从而导致出现违约金过高或过低等不合理现象。因此，应当根据不同的违约行为，如工程质量不符合约定、工期延误等分别约定违约责任。同时，对同一种违约行为，应视违约程度，承担不同的违约责任。 (4)虽然规定了违约责任，在合同中还要强调，对双方当事人发生争执而又解决不了的违约行为及由此而造成的损失可用协商调解和仲裁(或诉讼)办法来解决，以作为督促双方履行各自的义务和承担违约责任的一种保证措施
其他	此外，在合同审查时，还必须注意合同中关于保险、担保、工程保修、变更、索赔、争议的解决及合同的解除等条款的约定是否完备、公平合理

五、审查合同条款公正性的必要性

公平公正、诚实信用是合同法的基本原则，当事人无论是签订合同还是履行合同，都必须遵守该原则。但是，在实际操作中，由于建筑市场竞争异常激烈，而合同的起草权掌握在发包人手中，承包人只能处于被动应付的地位，因此业主所提供的合同条款往往很难达到公平公正的程度。所以，承包人应逐条审查合同条款是否公平公正，对明显缺乏公平公正的条款，在合同谈判时，通过寻找合同漏洞、向发包人提出自己合理化建议、利用发包人澄清合同条款及进行变更的机会，力争使发包人对合同条款作出有利于自己的修改。同时，发包人应当认真审查研究承包人的投标文件，从中分析投标报价过程中承包人是否存在欺诈等违背诚实信用原则的现象。

六、合同审查表

1. 合同审查表的作用

合同审查后，对分析研究结果可以用合同审查表进行归纳整理。用合同审查表可以系统地针对合同文本中存在的问题提出相应的对策。合同审查表的主要作用有：通过合同的结构分解，使合同当事人及合同谈判者对合同有一个全面的了解；检查合同内容的完整性，与标准的合同结构对照；即可发现该合同缺少哪些必需条款；分析评价每一合同条款执行的法律后果及风险，为合同谈判和签订提供决策依据。通过审查还可以发现：

(1)合同条款之间的矛盾。

(2)不公平条款，如过于苛刻、责权利不平衡、单方面约束性条款。

(3)隐含着较大风险的条款。

(4)内容含糊,概念不清,或未能完全理解的条款。

对于一些重大工程或合同关系与合同文本较复杂的工程,合同审查的结果应经律师或合同法律专家核对评价,或在其指导下进行审查,以减少合同风险,减少合同谈判和签订中的失误。

2. 合同审查表应具有的特点

(1)完整的审查项目和审查内容。通过审查表可以直接检查合同条款的完整性。

(2)被审查合同在对应审查项目上的具体条款和内容。

(3)对合同内容的分析评价,即合同中有什么样的问题和风险。

(4)针对分析出来的问题提出建议或对策。

3. 合同审查表中的审查项目

审查项目的建立和会商结构标准化是审查的关键。在实际工程中,某一类合同,其条款内容、性质和说明的对象往往基本相同,此时,即可将这类合同的合同结构固定下来,作为该类合同的标准结构。合同审查可以将合同标准结构中的项目和子项目作为具体的审查项目。

4. 合同审查表中的合同条款要求

审查表中的条款号必须与被审查合同条款号相对应。

被审查合同相应条款的内容是合同分析研究的对象,可从被审查合同中直接摘录该被审查合同条款到审查表中来。

5. 合同审查表中的编码

这是为计算机数据处理的需要而设计的,以方便调用、对比、查询和储存。编码应能反映所审查项目的类别、项目、子项目等项目特征,复杂的合同还可以细分。为便于操作,合同结构编码系统要统一。

6. 合同审查表中的说明

合同表中的说明是对该合同条款存在的问题和风险进行分析研究。主要是具体客观地评价该条款执行的法律后果及会给合同当事人带来的风险。这是合同审查中最核心的问题。分析的结果是否正确、完备将直接影响到以后的合同谈判、签订乃至合同履行时合同当事人的地位和利益。因此合同当事人对此必须给予高度重视。

7. 合同审查表中的建议或对策

针对审查分析得出的合同中存在的问题和风险,提出相应的对策或建议,并将合同审查表交给合同当事人和合同谈判者。合同谈判者在与对方进行合同谈判时可以针对审查出来的问题和风险,落实审查表中的对策或建议,做到有的放矢,以维护合同当事人的合法权益。

第二节　合同谈判准备及程序

一、通过合同谈判,招标人可以解决的问题

(1)讨论某些局部变更,包括设计变更、技术条件或合同条件变更对合同价格的影响。对承包人来说,由于建筑市场竞争非常激烈,发包人在招标时往往提出十分苛刻的条件,在投标

时，承包人只能被动应付。进入合同谈判、签订合同阶段，由于被动地位有所改变，承包人往往利用这一机会与发包人讨价还价，力争改善自己的不利处境，以维护自己的合法利益。

(2)评标时发现其他投标人的投标文件中某些建议非常可行，而中标人并未提出，发包人非常希望中标人能够采纳这些建议。因此需要与承包人商讨这些建议，并确定由于采纳建议导致的价格变更。

(3)完善合同条款。招标文件中往往存在缺陷和漏洞，如工程范围含糊不清，合同条款较抽象，可操作性不强，合同中出现错误、矛盾和二义性等，从而给今后合同履行带来很大困难。为保证工程顺利实施，必须通过合同谈判完善合同条款。

二、通过合同谈判，承包人可以实现的目标

(1)争取改善合同条件，谋求公正和合理的权益，使承包人的权利与义务达到平衡。

(2)澄清标书中某些含糊不清的条款，充分解释自己在投标文件中的某些建议或保留意见。

(3)利用发包人的某些修改变更进行讨价还价，争取更为有利的合同价格。

为了切实维护自己的合法利益，在合同谈判之前，无论是发包人还是承包人都必须认真仔细地研究招标文件及双方在招投标过程中达成的协议，审查每一个合同条款，分析该条款的履行后果，从中寻找合同漏洞及于己不利的条款，力争通过合同谈判使自己处于较为有利的位置，以改善合同条件中一些主要条款的内容，从而能够从合同条款上全力维护自己的合法权益。

三、合同谈判需要做的思想准备工作

1.谈判目的

谈判的目的是必须明确的首要问题，因为不同的目标决定了谈判方式与最终谈判结果，一切具体的谈判行为方式和技巧都是为谈判的目的服务的。因此，首先必须确定自己的谈判目标，同时，要分析揣摩对方谈判的真实意图，从而有针对性地进行准备并采取相应的谈判方式和谈判策略。

2.确立己方谈判的基本原则和谈判中的态度

明确谈判目的后，必须确立己方谈判的基本立场和原则，从而确定在谈判中哪些问题是必须坚持的，哪些问题可以作出一定的合理让步以及让步的程度等。同时，还应具体分析在谈判中可能遇到的各种复杂情况及其对谈判目标实现的影响，谈判有无失败的可能，遇到实质性问题争执不下该如何解决等。做到既保证合同谈判能够顺利进行，又保证自己能够获得于己有利的合同条款。

四、合同谈判前对己方分析的内容

签订工程合同之前，必须对自己的情况进行详细分析。对发包人来说，应按照可行性研究的有关规定，作定性和定量的分析研究，在此基础上论证项目在技术上、经济上的可行性，经过方案比较，推荐最佳方案。在此基础上，了解自己建设准备工作情况，包括技术准备、征地拆迁、现场准备及资金准备等情况，以及自己对项目在质量、工期、造价等方面的要求，以确定己

方的谈判方案。

对承包商而言，在接到中标函后，应当详细分析项目的合法性与有效性，项目的自然条件和施工条件，己方在承包该项目有哪些优势，存在哪些不足，以确立己方在谈判中的地位。同时，必须熟悉合同审查表中的内容，以确立己方的谈判原则和立场。

五、合同谈判前对对方做的了解

1. 对方是否为合法主体，资信情况如何

这是首先必须要确定的问题。如果承包人越级承包，或者承包人履约能力极差，就可能会造成工程质量低劣，工期严重延误，从而导致合同根本无法顺利进行，给发包人带来巨大损害。相反，如果工程项目本身因为缺少政府批文而不合法，发包主体不合法，或者发包人的资信状况不良，也会给承包人带来巨大损失；因此在谈判前必须确认对方是履约能力强、资信情况好的合法主体，否则，就要慎重考虑是否与对方签订合同。

2. 对方谈判人员的基本情况

包括对方谈判人员的组成，谈判人员的身份、年龄、健康状况、性格。资历、专业水平、谈判风格等，以便己方有针对性地安排谈判人员并作好思想上和技术上的准备，并注意与对方建立良好的关系，发展谈判双方的友谊，争取在到达谈判桌以前就有亲切感和信任感，为谈判创造良好的氛围。同时，还要了解对方是否熟悉己方。另外，必须了解对方各谈判人员对谈判所持的态度、意见，从而尽量分析并确定谈判的关键问题和关键人物的意见和倾向。

3. 谈判对手的真实意图

只有在充分了解对手的谈判诚意和谈判动机后，并对此作好充分的思想准备，才能在谈判中始终掌握主动权。

六、合同谈判方案的准备

在确立己方的谈判目标及认真分析己方和对手情况的基础上，拟定谈判提纲。同时，要根据谈判目标，准备几个不同的谈判方案，还要研究和考虑其中哪个方案较好以及对方可能倾向于哪个方案。这样，当对方不易接受某一方案时，就可以改换另一种方案，通过协商就可以选择一个为双方都能够接受的最佳方案。谈判中切忌只有一个方案，当对方拒不接受时，易使谈判陷入僵局。

七、合同谈判准备

1. 合同谈判前应准备的资料

合同谈判必须有理有据，因此谈判前必须收集整理各种基础资料和背景材料，包括对方的资信状况、履约能力、发展阶段、项目由来及资金来源、土地获得情况、项目目前进展情况等，以及在前期接触过程中已经达成的意向书、会议纪要、备忘录等。并将资料分成 3 类：一是准备原招标文件中的合同条件、技术规范及投标文件、中标函等文件。以及向对方提出的建议等资料；二是准备好谈判时对方可能索取的资料以及在充分估计对方可能提出各种问题的基础上准备好适当的资料论据，以便对这些问题作出恰如其分的回答；三是准备好能够证明自己能力和资信程度等的资料，使对方能够确信自己具备履约能力。

2. 合同谈判前的组织准备

在明确了谈判目标并作好了应付各种复杂局面的思想准备后，就必须着手组织一个精明强干、经验丰富的谈判班子具体进行谈判准备和谈判工作。谈判组成员的专业知识结构、综合业务能力和基本素质对谈判结果有着重要的影响。一个合格的谈判小组应由有着实质性谈判经验的技术人员、财务人员、法律人员组成。谈判组长应由思维敏捷、思路清晰，具备高度组织能力与应变能力，熟悉业务并有着丰富经验的谈判专家担任。

3. 合同谈判前具体会议事务准备

这是谈判开始前必须的准备工作，包括三方面内容：选择谈判的时机、谈判的地点以及谈判议程的安排。尽可能选择有利于己方的时间和地点，同时要兼顾对方能否接受。应根据具体情况安排议程，议程安排应松紧适度。

八、合同谈判的原则

合同谈判的原则如图 7－1 所示。

- 合同谈判的原则
  - 客观性的原则：要求谈判人全面搜集信息材料；客观分析信息材料；寻求客观标准，如法律规定、国际惯例等；不屈从压力，只服从事实和真理。
  - 公平竞争性的原则：谈判是为了谋求一致，需要合作，但合作并不排斥竞争。因此，其一，要做到公平竞争，首先各方地位一律平等。其二，标准要公平。这个标准不应以一方认定的标准判断，而应以各方都认同的标准为标准。其三，给人以选择机会，即从各自提出的众多方案中筛选出最优的方案——最大限度满足各方需要的方案，没有选择就无从谈判。其四，协议公平。尼尔伦伯格认为“谈判获得成功的基本哲理是：每方都是胜者”，即我们今天所说的“双赢”。只有公平的协议，才能保证协议的真正履行。强权之下达成的不平等协议是没有持久约束力的。
  - 依法谈判的原则：国与国之间的谈判要依据国际法和国际惯例，国内商务谈判自然应遵守我国有关的法律和法规。
  - 求同存异的原则：谈判的前提是各方需要和利益的不同，但谈判的目的不是扩大分歧，而是弥合分歧，使各方成为谋求共同利益、解决问题的伙伴。
  - 妥协互补的原则：所谓妥协就是用让步的方法避免冲突或争执。但妥协不是目的，而是求得利益互补，在谈判中会出现许多僵局，而唯有某种妥协才能打破僵局，使谈判得以继续，直至协议达成。
至于妥协，有根本妥协和非根本妥协之分。谈判各方的利益都不是单一的，这表现在谈判方案的多项条款中，其中某些主要条款必须是志在必得、不得放弃的，妥协只能在非根本利益上的条款体现，有时即使谈判破裂也在所不惜，因为这时在非根本利益上得到补偿，也不足以弥补根本的损失。所以，谈判前，各方都必须明确自己的根本利益。

图 7－1　合同谈判的原则

九、合同谈判的程序

1. 一般讨论

谈判开始阶段通常都是先广泛交换意见，各方提出自已的设想方案，探讨各种可能性，经过商讨逐步将双方意见综合并统一起来，形成共同的问题和目标，为下一步详细谈判作好准备。不要一开始就使会谈进入实质性问题的争论，或逐条讨论合同条款。要先摘清基本概念和双方的基本观点，在双方相互了解基本观点之后，再逐条逐项仔细地讨论。

2. 技术谈判

在一般讨论之后，就要进入技术谈判阶段。主要对原合同中技术方面的条款进行讨论，包括工程范围、技术规范、技术标准、施工条件、施工方案、施工进度、质量检查、竣工验收等。

3. 商务谈判

主要对原合同中商务方面的条款进行讨论，包括工程合同价款、支付条件、支付方式、预付款、履约保证、保留金、货币风险的防范、合同价格的调整等。需要注意的是，技术条款与商务条款往往是密不可分的，因此，在进行技术谈判和商务谈判时，不能将两者分割开来。

4. 合同拟定

谈判进行到一定阶段后，在双方都已表明了观点，对原则问题双方意见基本一致的情况下，相互之间就可以交换书面意见或合同稿。然后以书面意见或合同稿为基础，逐条逐项审查讨论合同条款。先审查一致性问题，后审查讨论不一致的问题。对双方不能确定、达不成一致意见的问题，再请示上级审定，下次谈判继续讨论，直至双方对新形成的合同条款一致同意并形成合同草案为止。

十、合同谈判的内容与要求

在我国，由于工程合同一般都是通过招投标手段签订的，因此工程合同双方当事人中的任何一方，在合同谈判中，都只能对合同文件中错误、漏洞和相关缺陷进行谈判，对于待签订合同中既定的，没有争议、歧义、漏洞和相关缺陷的条款，任何一方都没有讨价还价和余地。对此，《中华人民共和国招标投标法》作了明确的规定："招标人和中标人应当自中标通知书发出之日起三十日内，按照招标文件和中标人的投标文件订立书面合同。招标人和中标人不得再行订立背离合同实质性内容的其他协议。"这一条款充分说明了工程合同谈判的内容和范围。

第三节　合同谈判技巧

一、合同谈判时，开局阶段的"破冰"期的处理

"破冰"期是谈判开局阶段的准备。通常情况，"破冰"期以控制在全部谈判时间的2%～5%为宜，长时间或多轮谈判，"破冰"期可以相对延长。例如，谈判双方在异地的大型会谈，可用整天的时间组织观光，沟通感情、增进了解，为正式谈判创造良好的气氛。在"破冰"期中间，应注意如下几个问题：

(1)不要急于进入正题。在创造气氛中我们已经谈到，谈判者初见面时不宜急于切入正题，而应首先沟通感情、增进了解，否则便犯了"破冰"期约大忌。俗话说"欲速则不达"，就是告诉我们办任何事情都要循序渐进，不可心急，谈判亦是如此。

(2)不要举止轻狂。如果谈判者在谈判的一开局就举止轻狂，甚至锋芒毕露地炫耀自已，这在富有经验的谈判者面前，就是一个初涉谈判的小丑形象。

(3)不要紧张，说话不要唠叨。

(4)行为、举止和言语不要太生硬，谈判"破冰"期应是感情自然流露。

(5)不要与谈判对方较劲。

另外，要很好地渡过谈判"破冰"期，不要忘了微笑和幽默。

二、创造和谐谈判气氛的营造

要想形成一个和谐的谈判气氛，要把谈判的时间、环境等客观因素与谈判者自身的主观努力相结合，应该做好以下几方面的工作：

(1)谈判者要在谈判气氛形成过程中起主导作用。形成谈判气氛的关键因素是谈判者的主观态度，谈判者要积极主动地与对方进行情绪、思想上的沟通，而不能消极地取决于对方的态度。例如，当对方还板着脸时，你应该率先露出微笑，主动地握手、主动地关切、主动地交谈，都有益于创造良好的气氛。如果谈判者都能充分发挥自己的主观能动性，一定会创造出良好的谈判气氛。

(2)不要刚一见面就提出要求。如果这样，很容易使对方的态度即刻变得比较强硬，谈判的气氛随之恶化，双方唇枪舌战，寸步不让，易使谈判陷于僵局。由此可见，谈判尚未达成必要的气氛之前，不可不讲效果地提出要求，这不仅不利于培养起良好的谈判气氛，还会使得谈判基调骤然降温。

(3)不要在一开始就涉及有分歧的议题。谈判刚开始，良好的气氛尚未形成，最好先谈一些友好的或中性的话题。如询问对方的问题，以示关心；回顾以往可能有过交往的历史，以密切关系；谈谈共同感兴趣的新闻；幽默而得体地开开玩笑等。这些都有助于缓解谈判开始的紧张气氛，达到联络感情的目的。

(4)心平气和，坦诚相见。谈判之前，双方无论是否有成见，身份、地位、观点、要求有何不同，一旦坐到谈判桌前，就意味着双方共同选择了磋商与合作的方式解决问题。因此，谈判之初就应心平气和，坦诚相见，这才能使谈判在良好的气氛中开场。这就要求谈判者抛弃偏见，全心全意地效力于谈判，切勿在谈判之初就以对抗的心理出发，这只能不利于谈判工作顺利进行。

三、合同谈判时对方情况的探测

(1)要想启示对方先谈谈看法，可采取几种策略，灵活、得当地使对方说出自己的想法，又表示了对对方的尊重。

1)征询对方意见，这是谈判之初最常见的一种启示对方发表观点的方法。如“贵方对此次合作的前景有何评价？”“贵方是否有新的方案”等。

2)诱导对方发言，这是一种开渠引水、启示对方发言的方法。如“贵方不是在传真中提到过新的构想吗？”贵方对市场进行调查过，是吗？”等。

3)使用激将的方法。激将是诱导对方发言的一种特殊方法，因为运用不好会影响谈判气氛，应慎重使用。如“贵方是不是对我们的资金信誉有怀疑”“贵方总没有建设性意见提出来”。在启示对方发言时，应避免使用能使对方借机发挥其优势的话题，否则，则使己方处于被动。

(2)当对方在谈判开局发言时，应对对方进行察颜观色。因为注意对方每一句话的意思和表情研究对方的心理、风格和意图，可为己方所作的第一次正式发言提供尽可能多的信息依据。

在谈判桌上，不仅要注意观察对方发言的语义、声调、轻重缓急，还要注意对方行为语言，如眼神、手势、脸部表情，这些都是传递某种信息的符号。优秀的谈判者都会从谈判对手起始的一举一动中体察对方的虚实。

(3)要对具体的问题进行具体的探测。在有些情况下，察颜观色并不能解决问题，这就要进行一些行之有效的探测了。

四、合同谈判的两种倾向防止

(1)切忌保守。因为人在陌生的环境中与他人发生联系时,处事往往是较为谨慎小心的。所以,谈判的开局阶段,谈判者通常是竞争不足,合作有余,更易保守,唯恐失去一个合作伙伴或一个谈判的机会,如果因此一味迁就对方,不敢大胆坚持己方的主张,结果必然会被对方牵着鼻子走。开局阶段的保守,将会导致两种局面:一是一拍即合,轻易落入对方大有伸缩的利益范围,失去己方原来应该得到的利益;二是谈判一方开局就忍让,迁就对方,使对方以为你的利益要求仍有水分,而把你的低水平的谈判价值保守点作为讨价还价的基础,迫使你作出更多的让步。

所以,在谈判的开局阶段要敢于正视对方,放松紧张心理,力戒保守。为了防止谈判开局中的保守所导致的上述两个局面,就必须坚持谈判的高目标。谈判目标定得高低,将直接影响谈判的成果。没有远大的目标,就没有伟大的创举,只有将谈判的目标定在一个努力弹跳能摸到的位置,才是恰当的。

(2)切忌激进。我们强调谈判的开局要有一个高目标,但高目标不是无限度的高;更不能把己方的高目标建立在损害对方利益的基础之上。

如果谈判一方单纯考虑自己的利益,而忘记了谈判是双方或多方的合作,由于自己的要求过高而损害别人的利益,则会出现两种不利的局面:一是对方会认为你没有诚意以致破坏了谈判的必要性,因此,谈判者在开局阶段,不仅要力戒保守,而且也要防止因提出过份的要求而破坏谈判的气氛;二是对方为了抵制过高的要求,也会"漫天要价",使谈判在脱离现实的空中楼阁中进行,只能导致徒劳无功浪费时间。这就是所谓的"以其人之道,还治其人之身",使谈判陷于僵局。

五、当发生对峙及争执时的处理

(1)寻找方案,打破出现的僵局。谈判在进入实际的磋商阶段之后,谈判各方往往会由于某种原因而相持不下,陷于进退两难的境地,即谈判的僵局。一旦谈判陷于僵局,谈判各方应探究原因,积极主动地寻找解决的方案,切勿因一时陷于谈判的僵局而终止谈判。

(2)把握谈判的时机。作出适当的让步,促成谈判的达成是首要目的。如果谈判的和解时机已经到来,谈判的一方或各方仍互不相让,谈判也会失败。

(3)对谈判有一个正确的评估和调整。这是指在谈判磋商阶段,对谈判计划、谈判方案、谈判人事安排以及谈判的其他方面,根据谈判的发展变化,进行分析、谈判、重新调整。

(4)把握谈判局面合理驾驶谈判的议程。谈判过程中,如双方发生争执或剑拔弩张,可能会超过慎重的界限,破坏谈判的气氛,或者争论起来不着边际,失去控制。因此,应注意驾驭谈判局面,控制谈判过程,如能很好地做到这一点,就会赢得谈判中的主动地位。

第四节　合同的签订

一、建设工程合同签订的方式

建设工程合同签订的方式如图 7—2 所示。

建设工程合同签订的方式

- 双方协商口头签订：这一类合同在人们的日常工作和生活中十分常见，一般都是及时结清合同，合同的签订和履行基本上是同时发生的，且合同涉及的金额较小。这一类合同由于出现纠纷的可能性一般较小，就算出现纠纷损失也不大，因而采取口头方式签订。
- 双方协商一致书面订立：与双方协商口头合同签订方式相比，这类合同一般款额较大，责任较重，履行时间也相对较长，对合同当事人来说存在着一定的风险隐患，为保留和证明双方之间的合同关系，因此协商一致后要书面签订。
- 格式合同：
  格式合同的产生及普遍运用，是基于一定的社会经济基础。一般而言，某一行业垄断的存在，交易内容的重复性，交易双方所要求的简便、省时，交易过程的专业性等导致了格式合同的存在并大量运用于商事生活领域。格式合同的签订对提供格式合同一方是非常有利的，它具有节约交易的时间、事先分配风险、降低经营成本等优点。
  格式合同具有如下法律特征：①格式合同的要约向公众发出，并且规定了在某一特定时期订立该合同的全部条款；②格式合同的条款是单方事先制定的；③格式合同条款的定型化导致了对方当事人不能就合同条款进行协商；④格式合同一般采取书面形式；⑤格式合同（特别是提供商品和服务的格式合同）条款的制定方一般具有绝对的经济优势或垄断地位，而另一方为不特定的、分散的消费者。
  如果格式合同存在歧义，按照相关法律规定，按照不利于格式合同提供一方的解释进行。
- 利用合同条件（范本）订立合同：利用范本订立合同是工程合同订立的重要手段。建设工程合同因为合同内容多、涉及金额大，合同履行周期长，业主方的预期要求多，所有的工程合同都有一定的共性要求，项目的一次性和多样性等，要求建设工程合同的签订要采取一种既能反映出项目建设的共性要求，又能反映出本项目的个性要求。既使合同内容相对完善，又能节省时间和交易成本，于是利用合同条件签订建设工程合同的方式就应运而生，它相当于签订合同的三种方式中“双方协商”、“书面签订”和“格式合同”的组合，既能利用格式合同快速、合同内容相对完善、减少合同签订时间等的优点，又能很好反映项目的个性特征。

图7－2 建设工程合同签订的方式

二、工程合同签订的基本制度

1.合同专用章制度

合同专用章是企业（单位）专门用于签订合同的公章。建立、健全合同专用章制度，能确保工程合同都经过专业的合同管理部门签订，保证合同签订的合法、有效和有利，能更好地保证企业（单位）利益。

合同专用章做到专人专管，严格印章使用，所有用章均需由经办人员签字登记并建立使用台账。禁止未经批准携带合同专用章外出签订合同。

加盖合同专用章之前必须经有关负责人或专业人员审查签字，未经签字的任何合同都不得加盖合同专用章。

2.联签审查责任制

合同签订前的联签审查责任制度，是在合同正式签订前，合同承办人应将拟签的合同文本送相关业务部门、企业（单位）相关领导最终审查后联签后，方能对外签订的一种制度。它能更好地保证合同对企业（单位）的有利地位。

三、合同签订的时间要求

根据我国招标投标法及八部委联合关于工程施工招标、勘察设计招标和货物招标的有关规定，发包人和承包人必须在中标通知书发出之日起30日内签订合同，而且按照招标文件和中标人的投标文件订立书面合同。招标人和中标人不得再行订立背离合同实质性内容的其他协议。

第八章　合同交底与履行

在我国传统的施工项目管理系统中，人们十分注重“图纸交底”工作，但却没有“合同交底”工作或“合同交底”工作流于形式，所以项目组和各工程小组对项目的合同体系、合同基本内容不甚了解。我国工程管理者和技术人员有十分牢固的按图施工的观念，这本身无可厚非。但在现代市场经济中必须转变到“按合同施工”上来，特别是在工程使用非标准合同文本或本项目组不熟悉的合同文本时，“合同交底”工作就显得更为重要。

建设工程合同的履行是指工程建设项目的发包方和承包方根据合同规定的时间、地点、方式、内容及标准等要求，各自完成合同义务的行为。根据当事人履行合同义务的程度，合同履行可分为全部履行、部分履行和不履行。

第一节　合同交底

一、进行合同交底工作的重要性

(1)合同交底是项目部技术和管理人员了解合同、统一理解合同的需要。合同是当事人正确履行义务、保护自身合法利益的依据。因此，项目部全体成员必须首先熟悉合同的全部内容，并对合同条款有一个统一的理解和认识，以避免不了解或对合同理解不一致带来工作上的失误。由于项目部成员知识结构和水平的差异，加之合同条款繁多，条款之间的联系复杂，合同语言难以理解，因此难以保证每个成员都能吃透整个合同内容和合同关系，这样势必影响其在遇到实际问题时处理办法的有效性和正确性，影响合同的全面顺利实施。因此，在合同签订后，合同管理人员对项目部全体成员进行合同交底是必要的，特别是合同工作范围、合同条款的交叉点和理解的难点。

(2)合同交底过程，是实现项目管理过程中各环节和各部门责任认定、绩效考评，刺激相关人员以更加认真、负责的态度做好本职工作的需要。

(3)合同交底有利于提高项目部全体成员的合同意识，使合同管理的程序、制度及保证体系落到实处。合同管理工作包括建立合同管理组织、保证体系、管理工作程序、工作制度等内容，其中比较重要的是建立诸如合同文档管理、合同跟踪管理、合同变更管理、合同争议处理等工作制度，其执行过程是一个随实施情况变化的动态过程，也是全体项目成员有序参与实施的过程。每个人的工作都与合同能否按计划执行完成密切相关，因此项目部管理人员都必须有较强的合同意识，在工作中自觉地执行合同管理的程序和制度，并采取积极的措施防止和减少工作失误和偏差。为达到这一目标，在合同实施前进行详细的合同交底是必要的。

(4)合同交底是规范项目部全体成员工作的需要。界定合同双方当事人(业主与监理、业主与承包商)的权利义务界限，规范各项工程活动，提醒项目部全体成员注意执行各项工程活动的依据和法律后果，以使在工程实施中进行有效的控制和处理，是合同交底的基本内容之一，也是规范项目都工作所必需的。由于不同的公司对其所属项目部成员的职责分工要求不尽一致，工作习惯和组织管理方法也不尽相同，但面对特定的项目，其工作都必须符合合同的基本要求和合同的特殊要求，必须用合同规范自己的工作。要达到这一点，合同交底也是必不可少的工作。通过交底，可以让内部成员进一步了解自己权利的界限和义务的范围以及工作的程序和法律后果，摆正自己在合同中的地位，有效防止由于权利义务的界限不清引起的内部职责争议和外部合同责任争议的发生，提高合同管理的效率。

(5)合同交底有利于发现合同问题，并利于合同风险的事前控制。合同交底就是合同管理人员向项目部全体成员介绍合同意图、合同关系、合同基本内容、业务工作的合同约定和要求等内容，它包括合同分析、合同交底，交底的对象提出问题、再分析、再交底的过程。因此，它有利于项目部成员领会意图，集思广益，思考并发现合同中的问题，如合同中可能隐藏着的各类风险、合同中的矛盾条款、用词含糊及界限不清条款等。合同交底可以避免因在工作过程中才发现问题带来的措手不及和失控，同时也有利于调动全体项目成员完善合同风险防范措施，提高他们合同风险防范意识。

二、合同交底的内容

(1)工程概况及合同工作范围。

(2)合同关系，合同涉及各方之间的权利、义务、责任以及各工程小组(分包商)责任界限的划分。

(3)合同工期控制总目标及阶段控制目标，目标控制的网络表示及关键线路说明以及合同事件之间的逻辑关系。

(4)合同质量控制目标及合同规定执行的规范、标准和验收程序。

(5)合同对本工程的材料、设备采购、验收的规定。

(6)投资及成本控制目标，特别是合同价款的支付及调整的条件、方式和程序。

(7)合同双方争议问题的处理方式、程序和要求。

(8)完不成责任的影响和法律后果，合同双方的违约责任。

(9)索赔的机会和处理策略。

(10)合同风险的内容及防范措施。

(11)合同进展文档管理的要求。

三、合同交底管理的两个阶段

(1)第一个阶段招标、投标工作结束后，由招标(或投标)组织相关负责人和专业的合同管理人员对项目部负责人和专业合同管理人员进行的交底。这一层次交底的目的在于分清项目招标(或投标)和项目实施管理的责任范围和界限，改变目前把所有的项目管理失误归结为项目实施阶段失误的现实，能更好地督促项目招标(或投标)组织能以更加认真、负责的态度做好各自的本职工作，使项目实施管理机构(指挥部或项目部)有更好的空间，以更高的热情、更负责的态度实施项目实施管理的具体工作。同时，这一层次的交底，能更好地实现对企业经营部门和项目管理机构人员的绩效考核。

(2)第二阶段的合同交底指项目实施管理机构(指挥部或项目部)的合同管理人员在对合同的主要内容作出解释和说明的基础上，通过组织项目管理人员和各工程小组负责人学习合同条文和合同总体分析结果，使大家熟悉合同中的主要内容、各种规定、管理程序，了解承包商的合同责任和工程范围，各种行为的法律后果等。其意义在于使大家都树立全局观念，全面熟悉和了解合同文件的相关内容，避免执行中的违约行为；对合同对方责任、义务、职责的把握能更好地实现合同履行过程的变更和索赔;进一步加强项目合同管理的全员参与,使大家的工作协调一致。

四、合同交底的管理程序

合同交底的管理程序如下:

(1)公司合同管理人员向项目负责人及项目合同管理人员进行合同交底,全面陈述合同背景、合同工作范围、合同目标、合同执行要点及特殊情况处理;全面介绍项目招标(或投标)过程中的对自己一方的有利、不利因素和相应的解决方案;所有移交的资料、文件目录清单;解签项目负责人及项目合同管理人员提出的问题。所有交底文件必须是书面形式,最后还要形成书面合同交底记录,由所有与会人员签字确认。

(2)项目负责人或由其委派的合同管理人员向项目部职能部门负责人进行合同交底,陈述合同基本情况、合同执行计划、各职能部门的执行要点、合同风险防范措施等,并解答各职能部门提出的问题,最后形成书面交底记录。

(3)各职能部门负责人向其所属执行人员进行合同交底,陈述合同基本情况、本部门的合同责任及执行要点、合同风险防范措施等,并答所属人员提出的问题,最后形成书面交底记录。

(4)各部门将交底情况反馈给项目合同管理人员,由其对合同执行计划、合同管理程序、合同管理措施及风险防范措施进行进一步修改完善,最后形成合同管理文件,下发各执行人员,指导其活动。合同交底是合同管理的一个重要环节,需要各级管理和技术人员在合同交底前,认真阅读合同,进行合同分析,发现合同问题,提出合理建议,避免走形式,以使合同管理有一个良好的开端。

第二节　合同的履行

一、建设工程合同履行应依照的原则

1. 诚实信用原则

诚实信用原则是合同法的基本原则,它是指当事人在签订和执行合同时,应讲究诚实、恪守信用、实事求是,以善意的方式行使权利并履行义务,不得回避法律和合同,以使双方所期待的正当利益得以实现。对施工合同来说,业主在合同实施阶段应当按合同规定向承包方提供施工场地,及时支付工程款,聘请工程师进行公正的现场协调和监理;承包方应当认真计划、组织好施工,努力按质按量在规定时间内完成施工任务,并履行合同所规定的其他义务。在遇到合同文件没有作出具体规定或规定矛盾、含糊时,双方应当善意地对待合同,在合同规定的总体目标下公正行事。

2. 全面履行原则

我国现行的合同法律制度实行的是全面履行原则,它不同于实际履行原则。全面履行原则要求当事人应当严格按合同约定的数量、质量、标准、价格、方式、地点、期限等完成合同义务,比实际履行原则的要求更加严格。按照实际履行原则,当事人只要最终实现了合同目的,对过程是否完全符合合同约定没有明确的规定。而按照全面履行原则,不论是结果还是合同履行过程,都必须完全符合合同约定,否则当事人就需要承担相应的法律责任。

不论是全面履行原则还是实际履行原则，都要求当事人按合同目标履行义务，不能用违约金或赔偿金来代替合同的标的，任何一方违约时，不能以支付违约金或赔偿损失的方式来代替合同的履行，守约一方要求继续履行的，应当继续履行。

3. 协作履行的原则

协作履行的原则即合同当事人各方在履行合同过程中，应当互谅、互助，尽可能为对方履行合同义务提供相应的便利条件。

贯彻协作履行原则对土木工程合同的履行具有重要意义。因为工程承包合同的履行过程是一个经历时间长、涉及面广，质量、技术要求高的复杂过程，一方履行合同义务的行为往往就是另一方履行合同义务的必要条件，只有贯彻协作履行原则，才能达到双方预期的合同目的。因此，承发包双方必须严格按照合同约定履行自己的每一项义务，本着共同的目的，相互之间进行必要的监督检查，及时发现问题，平等协商解决，保证工程顺利实施。当对方遇到困难时，在自身能力许可且不违反法律和社会公共利益的前提下给予必要的帮助，共度难关；当一方违约给工程实施带来不良影响时，另一方应及时指出，违约方应及时采取补救措施；发生争议时，双方应顾全大局，尽可能不要出现极端化等。

4. 情事变更原则

情事变更原则是指在合同订立后，如果发生了订立合同时当事人不能预见并且不能克服的情况，改变了订立合同时的基础，使合同的履行失去意义或者履行合同将使当事人之间的利益发生重大失衡，应当允许受不利影响的当事人变更合同或者解除合同。情事变更原则实质上是按诚实信用原则履行合同的延伸，其目的在于消除合同因情事变更所产生的不公平后果。

二、怎样制定合同实施计划

制定合同实施计划是指将合同总体目标按照不同的分部目标（如进度目标、成本目标等）分解，制定合同阶段性履行计划，使得合同的履行有计划、有步骤地按部就班进行，确保合同总体目标的实现。

三、合同实施的保证制度

1. 确立定期和不定期的协商会办制度

在项目实施过程中，业主、工程师和各承包商之间，承包商和分包商之间以及承包商的项目管理职能人员和各工程小组负责人之间都应有定期的协商会办。通过会办可以解决以下问题：

（1）检查合同实施进度和各种计划落实情况。

（2）协调各方面的工作，对后期工作作安排。

（3）讨论和解决目前已经发生的和以后可能发生的各种问题，并作出相应的决议。

（4）讨论合同变更问题，作出合同变更决议，落实变更措施，决定合同变更的工期和费用补偿数量等。

2. 建立一些特殊工作程序

（1）对于一些经常性工作应订立工作程序，使大家有章可循，合同管理人员也不必进行经常性的解释和指导，如图纸批准程序，工程变更程序，分包商的索赔程序，分包商的账单审查程序，材料、设备、隐蔽工程、已完工程的检查验收程序，工程进度付款账单的审查批准程序，工程问题的请示报告程序等。

（2）这些程序在合同中一般都有总体规定，在这里必须细化、具体化，在程序上更为详细，并落实到具体人员。

3. 建立报告和行文制度

承包商和业主、监理工程师、分包商之间的沟通都应以书面形式进行，或以书面形式作为最终依据。这是合同的要求，也是法律的要求，也是工程管理的需要。在实际工作中这项工作特别容易被忽略。报告和行文制度包括如下几方面内容：

(1)定期的工程实施情况报告，如日报、周报、旬报、月报等。应规定报告内容、格式、报告方式、时间以及负责人。

(2)工程过程中发生的特殊情况及其处理的书面文件，如特殊的气候条件、工程环境的变化等，应有书面记录，并由监理工程师签署。对在工程中合同双方的任何协商、意见、请示、指示等都应落实在纸上，尽管天天见面，也应养成书面文字交往的习惯，相信"一字千金"，切不可相信"一诺千金"。

在工程中，业主、承包商和工程师之间要保持经常联系，出现问题应经常向工程师请示、汇报。

(3)工程中所有涉及双方的工程活动，如材料、设备、各种工程的检查验收，场地、图纸的交接，各种文件(如会议纪要，索赔和反索赔报告，账单)的交接，都应有相应的手续，应有签收证据。这样双方的各种工程活动才有根有据。

4. 做好合同交底，落实合同责任，实行目标管理

合同和合同分析的资料是工程实施管理的依据。合同分析后，应向各层次管理者做合同交底，把合同责任具体地落实到各责任人和合同实施的具体工作上。

对于工程承包人来讲，合同交底应细化到将各种合同事件的责任分解落实到各工程小组或分包商，使他们对合同事件表(任务单、分包合同)、施工图纸、详细的施工说明等有十分详细的了解，并对工程实施的技术和法律问题进行解释和说明，如工程的质量、技术要求和实施中的注意点、工期要求、消耗标准、相关事件之间的搭接关系、各工程小组(分包商)责任界限的划分、完不成任务的影响和法律后果等。

5. 严格检查制度

合同管理人员应主动抓好工程和工作质量，协助做好全面质量管理工作，建立一整套质量检查和验收制度，例如：每道工序结束应有严格的检查和验收，工序之间、工程小组之间应有交接制度；材料进场和使用应有一定的检验措施等。

防止由于承包商自己的工程质量问题造成被工程师检查验收不合格，试生产失败而承担违约责任。在工程中，由此引起的返工、窝工损失，工期的拖延应由承包商自己负责，得不到赔偿。

6. 经济保证手段

对分包商，主要通过分包合同确定双方的责权利关系，保证分包商能及时、按质按量地完成合同责任。如果出现分包商违约行为，可对他进行合同处罚和索赔。对承包商的工程小组可通过内部的经济责任制来保证。在落实工期、质量、消耗等目标后，应将它们与工程小组经济利益挂勾，建立一整套经济奖罚制度，以保证目标的实现。

7. 建立文档系统

合同管理人员负责各种合同资料和工程资料的收集、整理和保存工作。这项工作非常繁琐和复杂，要花费大量的时间和精力。工程的原始资料在合同实施过程中产生，它必须由各职能人员、工程小组负责人、分包商提供。

四、合同履行应建立的组织保证

如果条件允许，成立专门的合同管理机构，配备专业的合同管理人才负责项目合同管理具体工作。在合同实施前与其他相关的各方面，如合同对方当事人、监理工程师，设计单位、货物供应单位等做好沟通，确保合同履行的组织保证。

五、合同履行实施工作的制定

(1)合同实施过程中监督合同对方及时履行合同，并做好各份合同的协调和管理工作。

(2)对合同实施情况进行跟踪；收集合同实施的信息，收集各种工程资料，并作出相应的信息处理；将合同实施情况与合同分析资料进行对比分析，找出其中的偏离，对合同履行情况作出诊断；向项目经理及时通报合同实施情况及问题，提出合同实施方面的意见、建议甚至警告。

第三节　合同分析

一、合同分析的概念

合同分析是指从执行的角度分析、补充、解释合同，将合同目标和合同规定落实到合同实施的具体问题上和具体事件上，用以指导具体工作，使合同能符合日常工程管理的需要，合同签订后，合同当事人的主要任务是按合同约定圆满地实现合同目标。完成合同责任。而整个合同责任的完成是靠在一段段时间内完成一项项工程和一个个工程活动实现的。因此对承包商来说，必须将合同目标和责任贯彻落实在合同实施的具体问题上和各工程小组以及各分包商的具体工程活动中。承包商的各职能人员和各工程小组都必须熟练地掌握合同，用合同指导工程实施和工作，以合同作为行为准则。

从项目管理的角度来看，合同分析就是为合同控制确定依据。合同分析确定合同控制的目标，并结合项目进度控制、质量控制、成本控制的计划，为合同控制提供相应的合同工作、合同对策、合同措施。从此意义上讲，合同分析是承包商项目管理的起点。

二、合同分析的内容

合同分析应当在前述合同谈判前审查分析的基础上进行。按其性质、对象和内容，合同分析可分为合同总体分析与合同结构分解、合同的缺陷分析、合同的工作分析及合同交底。

1. 合同的总体分析

(1)合同总体分析的主要对象是合同协议书和合同条件。通过合同的总体分析，将合同条款和合同规定落实到一些带全局性的具体问题上。

(2)对工程施工合同来说，承包方合同总体分析的重点包括：承包方的主要合同责任及权力、工程范围，业主方的主要责任和权力，合同价格、计价方法和价格补偿条件，工期要求和顺延条件，合同双方的违约责任，合同变更方式、程序，工程验收方法，索赔规定及合同解除的条件和程序，争执的解决等。

(3)在分析中应对合同执行中的风险及应注意的问题作出特别的说明和提示。合同总体分析的结果是工程施工总的指导性文件，应将它以最简单的形式和最简洁的语言表达出来，以便进行合同的结构分解和合同交底。

2. 合同的结构分解

合同结构分解是指按照系统规则和要求将合同对象分解成互相独立、互相影响、互相联系的单元。合同的结构分解应与项目的合同目标相一致。根据结构分解的一般规律和施工合同条件自身的特点，施工合同条件结构分解应遵守如下规则：

(1)保证各分解单元间界限清晰、意义完整、内容大体上相当，这样才能保证应用分解结果明确有序且各部分工作量相当。

(2)易于理解和接受，便于应用，即要充分尊重人们已经形成的概念和习惯，只在根本违背合同原则的情况下才做出更改。

(3)便于按照项目的组织分工落实合同工作和合同责任。

(4)保证施工合同条件的系统性和完整性。施工合同条件分解结果应包含所有的合同要素，这样才能保证应用这些分解结果时能够等同于应用施工合同条件。

为此，结合国内及国际施工合同的结构，可将工程施工合同进行分解。

三、合同分析的要求

合同分析的要求如图 8－1 所示。

合同分析的要求

- 准确客观
  - (1)合同分析的结果应准确、全面地反映合同内容。如果不能透彻、准确地分析合同，就不可能有效、全面地执行合同，从而导致合同实施产生更大失误。事实证明，许多工程失误和合同争议都起源于不能准确地理解合同。
  - (2)对合同的工作分析，划分双方合同责任和权益，都必须实事求是，根据合同约定和法律规定，客观地按照合同目的和精神来进行，而不能以当事人的主观愿望解释合同，否则必然导致合同争执。
- 协调一致
  - 合同分析的结果必然采用使不同层次的管理人员、工作人员都能够接受的表达方式，使用简单易懂的工程语言，如图、表等形式，对不同层次的管理人员提供不同要求、不同内容的合同分析资料。
- 全面完整
  - 合同双方及双方的所有人员对合同的理解应一致。合同分析实质上是双方对合同的详细解释，由于在合同分析时要落实各方面的责任，容易引起争执，因此，双方在合同分析时应尽可能协调一致，分析的结果应能为对方认可，以减少合同争执。
- 简明清晰
  - 合同分析应全面，对全部的合同文件进行解释。对合同中的每一条款、每句话甚至每个词都应认真推敲，细心琢磨，全面落实。合同分析不能只观大略，不能错过一些细节问题，这是一项非常细致的工作。在实际工作中，常常一个词甚至一个标点就能关系到争执的性质，关系到一项索赔的成败，关系到工程的盈亏。同时，应当从整体上分析合同，不能断章取义，特别是当不同文件、不同合同条款之间规定不一致或有矛盾时，更应当全面整体地理解合同。

图 8－1　合同分析的要求

四、合同分析工作包括的内容

(1)工程项目的结构分解，即工程活动的分解和工程活动逻辑关系的安排。

(2)技术会审工作。

(3)工程实施方案、总体计划和施工组织计划。在投标书中已包括这些内容，但在施工前，应进一步细化，作详细的安排。

(4)工程详细的成本计划。

(5)合同工作分析不仅针对承包合同，而且包括与承包合同同级的各个合同的协调，包括各个分合同的工作安排和各分合同之间的协调。

根据合同工作分析，落实各分包商、项目管理人员及各工程小组的合同责任。对分包商，主要通过分包合同确定双方的责权利关系，以保证分包商能及时按质、按量地完成合同责任。如果出现分包商违约或完不成合同，可对他进行合同处罚和索赔。对承包商的工程小组可以通过内部的经济责任制来保证。落实工期、质量、消耗等目标后，应将其与工程小组经济利益挂钩，建立一套经济奖罚制度，以保证目标的实现。

五、合同事件表说明的内容

(1)事件编码。这是为了计算机数据处理的需要。计算机对事件的各种数据处理都靠编码识别，所以编码要能反映事件的各种特性，如所属的项目、单项工程、单位工程、专业性质、空间位置等。通常它应与网络事件(或活动)的编码有一致性。

(2)事件名称和简要说明。对一个确定的承包合同，承包商的工程范围、合同责任是一定的，则相关的合同事件和工程活动也是一定的，在一个工程中，这样的事件通常可能有几百甚至几千件。

(3)变更次数和最近一次的变更日期。它记载着与本事件相关的工程变更。在接到变更指令后，应落实变更，修改相应栏目的内容。

最近一次的变更日期表示从这一天以来的变更尚未考虑到，这样可以检查每个变更指令落实情况，既防止重复，又防止遗漏。

(4)事件的内容说明。主要为该事件的目标，如某一分项工程的数量、质量、技术要求以及其他方面的要求。由工程量清单、工程说明、图纸、规范等定义，是承包商应完成的任务。

(5)前提条件。该事件进行前应有哪些准备工作，应具备什么样的条件，这些条件有的应由事件的责任人承担，有的应由其他工程小组、其他承包商或业主承担。这里不仅确定了事件之间的逻辑关系，而且确定了各参加者之间的责任界限。

(6)本事件的主要活动。即完成该事件的一些主要活动和它们的实施方法、技术与组织措施。这完全是从施工过程的角度进行分析的，这些活动组成该事件的子网络。例如设备安装可包括如下活动：现场准备，施工设备进场、安装，基础找平、定位，设备就位，吊装，固定，施工设备拆卸、出场等。

(7)责任人。即负责该事件实施的工程小组负责人或分包商。

(8)成本(或费用)。这里包括计划成本和实际成本，有如下两种情况：

若该事件由分包商承担，则计划费用为分包合同价格。如果在总包和分包之间有索赔，则应修改这个值，而相应的实际费用为最终实际结算账单金额总和。

若该事件由承包商的工程小组承担，则计划成本可由成本计划得到，一般为直接成本，而实际成本为会计核算的结果，在事件完成后填写。

(9)计划和实际的工期。计划工期由网络分析得到。这里有计划开始期、结束期和持续时间。实际工期按实际情况，在该事件结束后填写。

(10)其他参加人。即对该事件的实施提供帮助的其他人员。

六、建设工程合同文件解释的惯例

1. 合同文件优先顺序

组成合同的各项文件应互相解释，互为说明。除专用合同条款另有约定外，解释合同文件的优先顺序如下：

(1)合同协议书。

(2)中标通知书。

(3)投标函及投标函附录。

(4)专用合同条款。

(5)通用合同条款。

(6)技术标准和要求。

(7)图纸。

(8)已标价工程量清单。

(9)其他合同文件。

2.整体解释原则

(1)具体、详细的规定优先于一般、笼统的规定，详细条款优先于总论。

(2)合同的专用条件、特殊条件优先于通用条件。

(3)文字说明优先于图示说明，工程说明、规范优先于图纸。

(4)数字的文字表达优先于阿拉伯数字表达。

(5)手写文件优先于打印文件，打印文件优先于印刷文件。

(6)对于总价合同，总价优先于单价；对于单价合同，单价优先于总价。

(7)合同中的各种变更文件，如补充协议、备忘录、修正案等，按照时间最近的优先。

七、合同的漏洞补充的概念

合同漏洞是指当事人应当约定的合同条款而未约定或者约定不明确、无效和被撤销而使合同处于不完整的状态。为鼓励交易、节约交易成本，法律要求对合同漏洞应尽量予以补充，使之足够明确、清楚，达到使合同全面适当履行的条件。根据《合同法》第六十一、六十二条的规定，补充合同漏洞有以下3种方式：

1.约定补充

当事人享有订立合同的自由、也就享有补充合同漏洞的自由。因此，合同法规定，当事人可以通过协议补充合同漏洞。即当事人对合同的疏漏之处按照合同订立的规则，在平等自愿的基础上另行协商，达成一致意见，作为合同的补充协议，并与原合同共同构成一份完整的合同。

2.解释补充

解释补充是指以合同的客观内容为基础，依据诚实信用原则并斟酌交易惯例对合同的漏洞做出符合合同目的的填补。解释补充分为两种：按照合同有关条款确定；根据交易习惯确定。

3.法定补充

在由当事人约定补充和解释补充仍不足以补充合同漏洞时，适用合同法关于法定补充的规定。所谓法定补充，是指根据法律的直接规定，对合同的漏洞加以补充。现分述如下：

(1)质量要求不明确的，按照国家标准、行业标准执行；没有国家标准、行业标准的，按照通常标准或者符合合同目的的特定标准履行。

(2)价款或者报酬不明确的，按照订立合同时履行地的市场价格履行；依法应当执行政府定价或者政府指导价的，按照规定执行。

(3)合同工期不明确的,除国务院另有规定的以外,应当执行各省、市、自治区和国务院主管部门颁发的工期定额,按照工期定额计算得出合同工期。

(4)付款期限不明确的,则开工前发包方即应支付进场费和工程备料款;根据承包方的工作报表,经审核后即应拨付工程进度款,以免影响后续施工;工程竣工后,工程造价一经确认,即应在合理的期限内付清。

(5)履行方式不明确的,按照有利于实现合同目的的方式履行。

(6)履行费用的负担不明确的,由履行义务一方负担。

八、合同差异分析的作用

通过对不同监督跟踪对象计划和实际的对比分析,不仅可以得到合同执行的差异,而且可以探索引起这个差异的原因。原因分析可以采用鱼刺图、因果关系分析图(表)、成本量差、价差、效率差分析等方法定性或定量地进行。

九、合同分析的意义

1.分析合同漏洞,解释争议内容

工程的合同状态是静止的,而工程施工的实际情况千变万化,一份再标准的合同也不可能将所有问题都考虑在内,难免会有漏洞。同时,许多工程的合同是由发包方自行起草,条款简单,诸多的合同条款均未详细、合理地约定。在这种情况下,通过分析这些合同漏洞,并将分析的结果作为合同的履行依据就非常必要。由于合同中出现错误、矛盾和二义性解释,以及施工中出现合同未作出明确约定的情况,在合同实施过程中双方会有许多争执。要解决这些争执,首先必须作合同分析,按合同条文的表达,分析它的意思,以判定争执的性质。要解决争执,双方必须就合同条文的理解达成一致,特别是在索赔中,合同分析为索赔提供了理由和根据。

2.分析合同风险,制定风险对策

工程承包是高风险行业,存在诸多风险因素,这些风险有的可能在合同签订阶段已经经过合理分摊,但仍有相当的风险并未落实或分摊不合理。因此,在合同实施前有必要作进一步的全面分析,以落实风险责任。对已方应承担的风险也有必要通过风险分析和评价,制定和落实风险回应措施。

3.分解合同工作并落实合同责任

合同事件和工程活动的具体要求(如工期、质量、技术、费用等)、合同双方的责任关系、事件和活动之间的逻辑关系极为复杂,要使工程按计划有条理地进行,必须在工程开始前将它们落实下来,从工期、质量、成本、相互关系等各方面定义合同事件和工程活动,这就需要通过合同分析分解合同工作,落实合同责任。

4.进行合同交底,简化合同管理工作

在实际工作中,由于许多工程小组、项目管理职能人员所涉及到的活动和问题并不涵盖整个合同文件,而仅涉及一小部分合同内容,因此他们没有必要花费大量的时间和精力全面把握合同,他们只需要掌握自己所涉及的部分合同内容。为此,由合同管理人员先作全面的合同分析,再向各职能人员和工程小组进行合同交底就不失为较好的方法。

第四节　合同控制

一、合同控制的概念

合同控制指承包商的合同管理组织为保证合同所约定的各项义务的全面完成及各项权利的实现，以合同分析的成果为基准，对整个合同实施过程进行全面监督、检查、对比和纠正的管理活动。

二、合同控制与其他项目控制的关系

这种动态性表现在两个方面：一方面，合同实施受到外界干扰，常常偏离目标，要不断地进行调整；另一方面，合同目标本身不断改变，如在工程过程中不断出现合同变更，使工程的质量、工期、合同价格发生变化，导致合同双方的责任和权益发生变化。这样，合同控制就必须是动态的，合同实施就必须随变化了的情况和目标不断调整。

1. 合同控制的范围较成本控制、质量控制、进度控制广得多

(1)承包商除了必须按合同规定的质量要求和进度计划完成工程的设计、施工和进行保修外，还必须对实施方案的安全、稳定负责，对工程现场的安全、清洁和工程保护负责，遵守法律，执行工程师的指令，对自己的工作人员和分包商承担责任，按合同规定及时地提供履行担保、购买保险等。同时，承包商有权获得合同规定的必要的工作条件，如场地、道路、图纸、指令，要求工程师公平、正确地解释合同，有及时如数地获得工程付款的权力，有决定工程实施方案，并选择更为科学合理的实施方案的权力，有对业主和工程师违约行为的索赔权力等。这一切都必须通过合同控制来实施和保障。

(2)承包商的合同控制不仅包括与业主之间的工程承包合同，还包括与总合同相关的其他合同，如分包合同、供应合同、运输合同、租赁合同、担保合同等，而且包括总合同与各分合同之间以及各分合同相互之间的协调控制。

2. 成本控制、质量控制、进度控制由合同控制协调一致

成本、质量、工期是由合同定义的三大目标，承包商最根木的合同责仜是达到这三人目标，所以合同控制是其他控制的保证。通过合同控制可以使质量控制、进度控制和成本控制协调一致，形成一个有序的项目管理过程。

三、合同控制的方式

1. 跟踪

跟踪是将收集到的工程资料和实际数据进行整理，得到能够反映工程实施状况的各种信息，如各种质量报告、各种实际进度报表、各种成本和费用收支报表以及它们的分析报告。将这些信息与工程目标(如合同文件、合同分析文件、计划、设计等)进行对比分析，就可以发现两者的差异。差异的大小，即为工程实施偏离目标的程度。如果没有差异或差异较小，则可以按原计划继续实施工程。

2. 工程实施监督

工程实施监督是工程管理的日常事务性工作，首先应表现在对工程活动的监督上，即保证按照预先确定的各种计划、设计、施工方案实施工程。工程实施状况反映在原始的工程资料

(数据)上，如质量检查报告、分项工程进度报告、记工单、用料单、成本核算凭证等。

3. 诊断

诊断就是分析差异的原因，采取调整措施。差异表示工程实施偏离目标的程度，必须详细分析差异产生的原因及其影响，并对症下药，采取措施进行调整，否则这种差异会逐渐积累，最终导致工程实施远离目标，甚至可能导致整个工程失败。所以，在工程实施过程中要不断进行调整，使工程实施一直围绕合同目标进行。

四、合同被动控制的概念

被动控制是控制者从计划的实际输出中发现偏差，对偏差采取措施，及时纠正的控制方式。因此要求管理人员对计划的实施进行跟踪，将其输出的工程信息进行加工、整理，再传递给控制部门，使控制人员从中发现问题，找出偏差，寻求并确定解决问题和纠正偏差的方法。被动控制实际上是在项目实施过程中、事后检查过程中发现问题及时处理的一种控制，因此仍为一种积极的并且是十分重要的控制方式。

五、被动控制措施

被动控制的措施如下：

(1)应用现代化方法、手段，跟踪、测试检查项目实施过程的数据，发现异常情况及时采取措施。

(2)建立项目实施过程中人员控制组织，明确控制责任，检查发现情况及时处理。

(3)建立有效的信息反馈系统，及时将偏离计划，目标值进行反馈，以使其及时采取措施。

六、主动控制的概念

主动控制就是预先分析目标偏离的可能性，并拟订和采取各项预防性措施，以保证计划目标得以实现。主动控制是一种对未来的控制，它可以最大可能地改变即将成为事实的被动局面，从而使控制更加有效。当它根据已掌握的可靠信息，分析预测得出系统将要输出偏离计划的目标时，就制定纠正措施并向系统输入，以使系统因此而不发生目标的偏离，是在事情发生之前就采取了措施的控制。

七、主动控制措施

(1)用科学的方法制定计划，作好计划可行性分析，消除那些造成资源不可行、技术不可行、经济不可行和财务不可行的各种错误和缺陷，保障工程的实施能够有足够的时间、空间、人力、物力和财为，并在此基础上力求计划优化。

(2)制定必要的应急备用方案，以对付可能出现的影响目标或计划实现的情况。一旦发生这些情况，则有应急措施作保障，从而减少偏离量或避免发生偏离。

(3)详细调查并分析外部环境条件，以确定那些影响目标实现和计划运行的各种有利和不利因素，并将它们考虑到计划和其他管理职能当中。

(4)高质量地做好组织工作，使组织与目标和计划高度一致，把目标控制的任务与管理职能落实到适当的机构和人员，做到职权与职责明确，使全体成员能够通力协作，为共同实现目标而努力。

(5)计划应留有余地，这样可避免那些经常发生而又不可避免的干扰对计划的不断影响，减少“例外”情况产生的数量，使管理人员处于主动地位。

(6)识别风险，努力将各种影响目标实现和计划执行的潜在因素揭示出来，为风险分析和管理提供依据，并在计划实施过程中做好风险管理工作。

(7)沟通信息流通渠道，加强信息收集、整理和研究工作，为预测工程未来发展提供全面、及时、可靠的信息。

八、合同控制的工作内容

合同控制的工作内容如表8—1所示。

表8—1 合同控制的工作内容

类 别	内 容
参与落实计划	合同管理人员与项目的其他职能人员一起落实合同实施计划，为各工程小组、分包商的工作提供必要的保证，如施工现场的安排，人工、材料、机械等计划的落实，工序间的搭接关系和安排以及其他一些必要的准备工作
协调各方关系	在合同范围内协调业主、工程师、项目管理各职能人员、所属的各工程小组和分包商之间的工作关系，解决相互之间出现的问题；如合同责任界面之间的争执、工程活动之间时间上和空间上的不协调。合同责任界面争执是工程实施中很常见的。承包商与业主、业主的其他承包商、材料和设备供应商、分包商，以及承包商的各分包商之间、工程小组与分包商之间常常互相推卸一些合同中或合同事件表中表明确划定的工程活动的责任，这就会引起内部和外部的争执，对此，合同管理人员必须做好判定和调解工作
指导合同工作	合同管理人员对各工程小组和分包商进行工作指导，作经常性的合同解释，使各工程小组都有全局观念，对工程中发现的问题提出意见、建议或警告。合同管理人员在工程实施中起“漏洞工程师”的作用，但他不是寻求与业主、工程师、各工程小组、分包商的对立，他的目标不仅仅是索赔和反索赔，而且还要将各方面在合同关系上联系起来，防止漏洞和弥补损失，更完善地完成工程。例如，促使工程师放弃不适当、不合理的要求(指令)，避免工程的干扰、工期的延长和费用的增加；协助工程师工作，弥补工程师工作的遗漏，如及时提出对图纸、指令、场地等的申请，尽可能提前通知工程师，让工程师有所准备，使工程更为顺利
参与其他项目控制工作	合同项目管理的有关职能人员每天检查、监督各工程小组和分包商的合同实施情况，对照合同要求的数量、质量、技术标准和工程进度，发现问题并及时采取对策措施。对已完工程作最后的检查核对，对未完成的或有缺陷的工程责令其在一定的期限内采取补救措施，防止影响整个工期。按合同要求，合同业主及工程师等对工程所用材料和设备开箱检查或作验收，看是否符合质量、图纸和技术规范等的要求；进行隐蔽工程和已完工程的检查验收，负责验收文件的起草和验收的组织工作；参与工程结算，会同造价工程师对向业主提出的工程款账单和分包商提交的收款账单进行审查和确认
合同实施情况的追踪、偏差分析参与处理	对合同实施情况进行跟踪；收集合同实施的信息和各种工程资料，并作出相应的信息处理，将合同实施情况与合同分析资料进行对比分析，找出其中的偏离，对合同履行情况作出诊断；向项目主管人员及时通报合同实施情况及问题，提出合同实施方面的意见、建议甚至警告
负责工程变更管理	主要包括工程变更的发生、参与变更谈判、对合同变更进行程序性处理；落实变更措施和费用，修改变更相关的资料，检查变更措施落实情况
负责工程索赔管理	主要是索赔事件(因素)的发现、索赔事件的处理、索赔额(工期和费用)的计算、索赔文件的归档等
负责工程文档管理	对向分包商发出的任何指令，向业主发出的任何文字答复、请示，业主方发出的任何指令，都必须经合同管理人员审查，记录在案
争议处理	承包商与业主、与总(分)包的任何争议的协商和解决都必须有合同管理人员的参与，对解决方法进行合同和法律方面的审查、分析及评价，这样不仅保证工程施工一直处于严格的合同控制中，而且使承包商的各项工作更有预见性，更能及早地预测合同行为的法律后果

第五节　合同实施

一、合同实施情况追踪的对象

1. 具体的合同事件对照合同事件表的具体内容，分析该事件的实际完成情况。如以设备安装事件为例分析：

(1)安装质量。如标高、位置、安装精度、材料质量是否符合合同要求，安装过程中设备有无损坏。

(2)工期。是否在预定期限内施工，工期有无延长，延长的原因是什么。该工程工期变化的原因可能是：业主未及时交付施工图纸；生产设备未及时运到工地；基础土建工程施工拖延；业主指令增加附加工程；业主提供了错误的安装图纸，造成工程返工；工程师指令暂停施工等。

(3)工程数量。如是否全都安装完毕，有无合同规定以外的设备安装，有无其他的附加工程。

(4)成本的增加和减少。将上述内容在合同事件表上加以注明，这样可以检查每个合同事件的执行情况。对一些有异常情况的特殊事件，即实际和计划存在大的偏离的事件，可以列特殊事件分析表作进一步的处理。从这里可以发现索赔机会，因为经过上面的分析可以得到偏差的原因和责任。

一个工程小组或分包商可能承担许多专业相同、工艺相近的分项工程或许多合同事件，所以必须对它们实施的总情况进行检查分析。在实际工程中常常因为某一工程小组或分包商的工作质量不高或进度拖延而影响整个工程施工。合同管理人员在这方面应给他们提供帮助，如协调他们之间的工作，对工程缺陷提出意见、建议或警告，责成他们在一定时间内提高质量、加快工程进度等。

2. 业主和工程师的工作

业主和工程师是承包商的主要工作伙伴，对他们的工作进行监督和跟踪十分重要。

(1)及时收集各种工程资料，对各种活动、双方的交流作好记录。

(2)业主和工程师必须正确、及时地履行合同责任，及时提供各种工程实施条件，如及时发布图纸、提供场地，及时下达指令、作出答复，及时支付工程款等，这常常是承包商推卸工程责任的托词，所以要特别重视。在这里，合同工程师应寻找合同中以及对方合同执行中的漏洞。

(3)在工程中承包商应积极主动地做好工作，如提前催要图纸、材料，对工作事先通知。这样不仅可以让业主和工程师及时准备，建立良好的合作关系，保证工程顺利实施，而且可以推卸自己的责任。

(4)对有恶意的业主提前防范，并及时采取措施。

(5)有问题及时与工程师沟通，多向工程师汇报情况，及时听取他的指示(书面的)。

3. 工程总的实施状况

(1)已完工程没有通过验收，出现大的工程质量事故，工程试运行不成功或达不到预定的生产能力等。

(2)计划和实际的成本曲线出现大的偏离。在工程项目管理中，工程累计成本曲线对合同实施的跟踪分析起很大作用。计划成本累计曲线通常在网络分析各事件计划成本确定后得到，在国外它又被称为工程项目的成本模型，而实际成本曲线由实际施工进度安排和实际成本累计得到。两者对比，可以分析出实际和计划的差异。

(3)施工进度未能达到预定计划，主要的工程活动出现拖期，在工程周报和月报上计划和实际进度出现大的偏差。

(4)工程整体施工秩序状况。如果出现以下情况，合同实施必定存在以下问题：现场混乱、拥挤不堪，承包商与业主的其他承包商、供应商之间协调困难，合同事件之间和工程小组之间协调困难，出现事先未考虑到的情况和局面，发生较严重的工程事故等。

二、合同实施情况偏差处理措施

根据合同实施情况偏差分析的结果，承包商应采取相应的调整措施。调整措施可分为：

(1)组织措施。如增加人员投入，重新进行计划或调整计划，派遣得力的管理人员。

(2)技术措施。如变更技术方案，采用新的更高效率的施工方案。

(3)经济措施。如增加投入、对工作人员进行经济激励等。

(4)合同措施。如进行合同变更，签订新的附加协议、备忘录，通过索赔解决费用超支问题等。

第九章　工程变更管理

工程变更一般是指在工程施工过程中，根据合同的约定对施工的程序、工程的数量、质量要求及标准等作出的变更。

工程变更是一种特殊的合同变更。一般合同变更的协商，发生在履行过程中合同内容变更之时，而工程变更则较为特殊：双方在合同中已经授予工程师进行工程变更的权力，但此时对变更工程的价款最多只能作原则性的约定；在施工过程中，工程师直接行使合同赋予的权力发出工程变更指令，根据合同约定承包商应该先行实施该指令；此后，双方可对变更工程的价款进行协商。这种标的变更在前、价款变更协商在后的特点容易导致合同处于不确定的状态。

第一节　工程变更概述

一、工程变更与合同变更的关系

工程变更只能是在原合同规定的工程范围内的变动，业主和工程师应注意不能使工程变更引起工程性质方面有很大的变动，否则应重新订立合同。

从法律角度讲，工程变更也是一种合同变更，合同变更应经合同双方协商一致。根据诚实信用的原则，业主显然不能通过合同的约定而单方面地对合同作出实质性的变更。

从工程角度讲，工程性质若发生重大的变更而要求承包商无条件地继续施工是不恰当的，承包商在投标时并未准备这些工程的施工机械设备，需另行购置或运进机具设备，使承包商有理由要求另签合同，而不能作为原合同的变更，除非合同双方都同意将其作为原合同的变更。承包商认为某项变更指示已超出本合同的范围，或工程师的变更指示的发布没有得到有效的授权时，可以拒绝进行变更工作。

二、国际工程变更的原因与种类

依据FIDIC合同条件的有关规定，颁发工程接收证书前，工程师可通过发布变更指示或以要求承包商递交建议书的方式提出变更。除非承包商马上通知工程师，说明他无法获得变更所需的货物并附上具体的证明材料，否则承包商应执行变更并受此变更的约束。变更的内容可包括：

(1)改变合同中所包括的任何工作的数量(但这种改变不一定构成变更)。

(2)改变任何工作的质量和性质。如工程师可以根据业主要求，将原定的水泥混凝土路面改为沥青混凝土路面。

(3)改变工程任何部分的标高、基线、位置和尺寸。如公路工程中要修建的路基工程，工程师可以指示将原设计图纸上原定的边坡坡度，根据实际的地质土壤情况改建成比较平缓的边坡坡度。

(4)删减任何工作。

(5)任何永久工程需要的附加工作、工程设备、材料或服务。

(6)改动工程的施工顺序或时间安排。

(7)其他有关工程变更需要的附加工作。

三、我国工程变更的一般原因

(1)取消合同中任何一项工作,但被取消的工作不能转由发包人或其他人实施。

(2)改变合同中任何一项工作的质量或其他特性。

(3)改变合同工程的基线、标高、位置或尺寸。

(4)改变合同中任何一项工作的施工时间或改变已批准的施工工艺或顺序。

(5)为完成工程需要追加的额外工作。

第二节　工程变更管理

一、引起工程设计变更的责任划分

(1)由于业主要求、政府部门要求、环境变化、不可抗力、原设计错误等导致设计的修改,必须由业主承担责任。

(2)由于承包商施工过程、施工方案出现错误、疏忽而导致设计的修改,必须由承包商负责。

(3)在现代工程中,承包商承担的设计工作逐渐多起来,承包商提出的设计必须经过工程师(或业主)的批准。对不符合业主在招标文件中提出的工程要求的设计,工程师有权不认可。这种不认可不属于索赔事件。

二、施工方案变更的责任承担

(1)施工方案虽不是合同文件,但它也有约束力。业主向承包商授标前,可要求承包商对施工方案作出说明或修改方案,以符合业主的要求。

(2)在工程中,承包商采用或修改实施方案都要经过工程师的批准或同意。如果工程师无正当理由不同意可能会导致一个变更指令。这里的正当理由包括工程师有证据证明或认为使用这种方案承包商不能圆满完成合同责任,如不能保证工程质量、工期等;承包商要求变更方案(如变更施工次序、缩短工期),而业主无法完成合同规定的配合责任,如无法按此方案及时提供图纸、场地、资金、设备,则工程师有权要求承包商执行原定立案。

(3)在施工方案变更作为承包商责任的同时,又隐含着承包商对决定和修改施工方案具有相应的权利,即业主不能随便干预承包商的施工方案。为了更好地完成合同目标(如缩短工期)或在不影响合同目标的前提下,承包商有权采用更为科学和经济合理的施工方案,业主也不得随便干预。当然,承包商应承担重新选择施工方案的风险和机会收益。

(4)施工合同规定,承包商应对所有现场作业和施工方法的完备、安全、稳定负全部责任。这一责任表示在通常情况下由于承包商自身原因(如失误或风险)修改施工方案所造成的损失由承包商负责。

(5)对不利的异常的地质条件所引起的施工方案的变更,一般作为业主的责任。一方面,这是一个有经验的承包商无法预料现场气候条件除外的障碍或条件;另一方面,业主负责地质勘察和提供地质报告,则他应对报告的正确性和完备性承担责任。

(6)施工进度的变更。施工进度的变更十分频繁:在招标文件中,业主给出工程的总工期目标;承包商在投标文件中有一个总进度计划;中标后承包商还要提出详细的进度计划,由工程师批准(或同意);在工程开工后,每月都可能有进度调整。通常只要工程师(或业主)批准(或同意)承包商的进度计划(或调整后的进度计划),则新的进度计划就有约束力。如果业主不能按照新进度计划完成按合同应由业主完成的责任,如及时提供图纸、施工场地、水电等,则属业主违约,应承担责任。

三、工程变更的提出方式

工程变更的提出如图9—1所示。

工程变更的提出

- 业主方提出变更
  - 业主一般可通过工程师提出工程变更。但如业主方提出的工程变更内容超出合同限定的范围,则属于新增工程,只能另签合同处理,除非承包方同意作为变更。
- 承包商提出变更
  - (1)承包人收到监理人按合同约定发出的图纸和文件,经检查认为其中存在变更情形的,可向监理人提出书面变更建议。变更建议应阐明要求变更的依据,并附必要的图纸和说明。监理人收到承包人书面建议后,应与发包人共同研究,确认存在变更的,应在收到承包人书面建议后的14天内作出变更指示。经研究后不同意作为变更的,应由监理人书面答复承包人。
  - (2)在履行合同过程中,承包人对发包人提供的图纸、技术要求以及其他方面的合理化建议,均应以书面形式提交监理人。合理化建议书的内容应包括建议工作的详细说明、进度计划和效益以及与其他工作的协调等,并附必要的设计文件。监理人应与发包人协商是否采纳建议。建议被采纳并构成变更的,应按约定向承包人发出变更指示。
- 工程师提出变更
  - (1)工程师往往根据工地现场工程进展的具体情况,认为确有必要时,可提出工程变更。工程承包合同施工中,因设计考虑不周或施工时环境发生变化,工程师本着节约工程成本、加快工程与保证工程质量的原则,提出工程变更。只要提出的工程变更在原合同规定的范围内,一般是切实可行的。若超出原合同,新增了很多工程内容和项目,则属于不合理的工程变更请求,工程师应和承包商协商后酌情处理。
  - (2)若承包人收到监理人的变更意向书后认为难以实施此项变更,应立即通知监理人并说明原因和附详细依据。监理人与承包人、发包人协商后确定撤销、改变或不改变原变更意向书。

图9—1　工程变更的提出

四、工程变更的审批原则

工程变更审批的一般原则为:第一,考虑工程变更对工程进展是否有利;第二,要考虑工程变更是否可以节约工程成本;第三,应考虑工程变更是否兼顾业主、承包商或工程项目之外其他第三方的利益,不能因工程变更而损害任何一方的正当权益;第四,必须保证变更工程符合本工程的技术标准;第五,工程受阻,如遇到特殊风险、人为阻碍、合同一方当事人违约等不得不变更工程。

五、价格调整的原则处理措施

(1)已标价工程量清单中有适用于变更工作的子目的,采用该子目的单价。

(2)已标价工程量清单中无适用于变更工作的子目,但有类似子目的,可在合理范围内参照类似子目的单价,由监理人与承包人商定或确定变更工作的单价。

(3)已标价工程量清单中无适用或类似子目的单价,可按照成本加利润的原则,由监理人与承包人商定或确定变更工作的单价。

六、一般合同工程变更估价的原则

(1)当工程师需作决定的单项造价及费率相对于整个工程或分项工程中工程性质和数量有较大变更,用工程量清单中的价格已不合理或不合适时,例如在概算工程量清单内已有200个同样的分部细目,而工程师又命令多做10个同样的分部细目,这毫无疑问可以用工程量清单内的价格。若倒过来讲,原工程量清单中只有10个同样的细目,这时多做200个同样的分部细目显然是对承包商有利,可以用同样的施工机具、模板、支架等手段来施工时,引用原来的单价显然不合理,需要把单价调低一些。

(2)对于所有按工程师指示的工程变更,若属于原合同中工程量清单上增加或减少的工作项目的费用及单价,一般应根据合同中工程量清单所列的单价或价格而定,或参考工程量清单所列的单价或价格来定。

(3)如果合同中的工程量清单中没有包括此项变更工作的单价或价格,则应在合同的范围内使用合同中的费率和价格作为估价的基础。若做不到这一点,适合的价格要由工程师与业主和承包商三方共同协商解决而定。如协商不成,则应由工程师在其认为合理和恰当的前提下,决定此项变更工程的费率和价格,并通知业主和承包商。如业主和承包商仍不能接受,工程师可再行确定单价和价格,直到达成一致协议。如估价达不成最终的一致协议,在费用或价格经同意或决定之前,工程师应确定暂时的费率或价格,以便有可能作为暂付款包括在按FIDIC合同条件第十三条签发的支付证书中。承包商一般同工程师协商,合理地要求到自己争取的单价和价格,或提出索赔。

七、工程变更指令的发出形式

工程变更指示的发出有两种形式:书面形式和口头形式。一般情况要求工程师签发书面变更通知指示。当工程师书面通知承包商工程变更,承包商才执行变更的工程。当工程师发出口头指令要求工程变更,例如增加框架梁的配筋及数量时,这种口头指示在事后一定要补签一份书面的工程变更指示。如果工程师口头指示后忘了补书面指示,承包商(须7天内)应以书面形式证实此项指示,交与工程师签字,工程师若在14天之内没有提出反对意见,应视为认可。

所有工程变更必须用书面或一定规格写明。对于要取消的任何一项分部工程,工程变更应在该部分工程还来施工之前进行,以免造成人力、物力、财力的浪费,避免造成业主多支付工程款项。

八、工程变更的影响

(1)导致设计图纸、成本计划和支付计划、工期计划、施工方案、技术说明和适用的规范等定义工程目标和工程实施情况的各种文件作相应的修改和变更。相关的其他计划如材料采购订货计划。劳动力安排、机械使用计划等也应作相应调整。所以它不仅会引起与承包合同平行的其他合同的变化,而且会引起所属的各个分合同,如供应合同、租赁合同、分包合同的变更。有些重大的变更会打乱整个施工部署。

(2)引起合同双方、承包商的工程小组之间、总承包商和分包商之间合同责任的变化。如工程量增加,则增加了承包商的工程责任,增加了费用开支和延长了工期。

(3)有些工程变更还会引起已完工程的返工、现场工程施工的停滞、施工秩序被打乱及已购材料出现损失等。

按照国际工程中的有关统计，工程变更对工程施工过程影响较大，会造成工期的拖延和费用的增加，容易引起双方的争执，所以合同双方都应十分慎重地对待工程变更问题。

九、工程变更的管理措施

1. 分析工程变更的影响

(1)合同变更是索赔机会，应在合同规定的索赔有效期内完成对它的索赔处理。在合同变更过程中就应记录、收集、整理所涉及到的各种文件，如图纸、各种计划、技术说明、规范和业主或工程师的变更指令，以作为进一步分析的依据和索赔的证据。

(2)在实际工作中，最好事先能就价款及工程的谈判达成一致后再进行合同变更。在商讨变更、签订变更协议的过程中，承包商最好提出变更补偿问题，在变更执行前就应明确补偿范围、补偿方法、索赔值的计算方法、补偿款的支付时间等。但现实中，工程变更的实施、价格谈判和业主批准三者之间存在时间上的矛盾，往往是工程师先发出变更指令要求承包商执行，但价格谈判及工期谈判迟迟达不成协议，或业主对承包商的补偿要求不批准，此时承包商应采取适当的措施来保护自身的利益。承包商应正确地、辨证地对待索赔问题。在任何工程中，索赔是不可避免的，通过索赔能使损失得到补偿，增加收益。所以承包商要保护自身利益，争取盈利，不能不重视索赔问题。

2. 工程师发出的工程变更应进行识别

在国际工程中，工程变更不能免去承包商的合同责任。对已收到的变更指令，特别是对重大的变更指令或在图纸上作出的修改意见，应予以核实。对超出工程师权限范围的变更，应要求工程师出具业主的书面批准文件。对涉及双方责权利关系的重大变更，必须有业主的书面指令、认可或双方签署的变更协议。

3. 注意对工程变更条款的合同分析

对工程变更条款的合同分析应特别注意：工程变更不能超过合同规定的工程范围，如果超过这个范围，承包商有权不执行变更或坚持先商定价格后再进行变更。业主和工程师的认可权必须限制。业主常常通过工程师对材料的认可权提高材料的质量标准、对设计的认可权提高设计质量标准、对施工工艺的认可权提高施工质量标准，如果合同条文规定比较含糊或设计不详细，则容易产生争执。但是，如果这种认可权超过合同明确规定的范围和标准，承包商应争取业主或工程师的书面确认，进而提出工期和费用索赔。此外，与业主、总(分)包商之间的任何书面信件、报告、指令等都应由合同管理人员进行技术和法律方面的审查，这样才能保证任何变更都在控制中，不会出现合同问题。

4. 促成工程师提前作出工程变更

在实际工作中，变更决策时间过长和变更程序太慢会造成很大的损失。常有两种现象：一种现象是施工停止，承包商等待变更指令或变更会谈决议；另一种现象是变更指令不能迅速作出，而现场继续施工，造成更大的返工损失。这就要求变更程序尽量快捷，故即使仅从自身出发，承包商也应尽早发现可能导致工程变更的种种迹象，尽可能促使工程师提前作出工程变更。施工中如发现图纸错误或其他问题，需要进行变更，首先应通知工程师，经工程师同意或通过变更程序后再进行变更，否则，承包商可能不仅得不到应有的补偿，而且还会带来麻烦。

5. 迅速、全面地落实变更指令

(1)变更指令作出后，承包商应迅速、全面、系统地落实变更指令。承包商应全面修改相关的各种文件，如有关图纸、规范、施工计划、采购计划等，使它们一直反映和包容最新的变更。

承包商应在相关的各工程小组和分包商的工作中落实变更指令，提出相应的措施，对新出现的问题作解释和制定对策，并协调好各方面的工作。

(2)合同变更指令应立即在工程实施中贯彻并体现出来。在实际工程中，这方面问题常常很多。由于合同变更与合同签订不同，没有一个合理的计划期，变更时间紧，难以详细地计划和分析，使责任落实不全面，容易造成计划、安排、协调方面的漏洞，引起混乱，导致损失，而这个损失往往被认为是由承包商管理失误造成的，难以得到补偿。因此，承包商应特别注意工程变更的实施。

第十章 索赔管理

承包商应正确地、辨证地对待索赔问题。在任何工程中，索赔是不可避免的，通过索赔能使损失得到补偿，增加收益。所以承包商要保护自身利益，争取盈利，不能不重视索赔问题。

从合同双方整体利益的角度出发，应极力避免干扰事件，避免索赔的产生。而且对一具体的干扰事件，能否取得索赔的成功，能否及时地、如数地获得补偿，是很难预料的，也很难把握，这里有许多风险。所以承包商不能以索赔作为取得利润的基本手段，尤其不应预先寄希望于索赔，例如在投标中有意压低报价，获得工程，指望通过索赔弥补损失，这是非常危险的。

第一节 工程索赔概述

一、索赔的概念

索赔是在项目合同的履行过程中，合同一方因对方不履行或没有全面适当地履行合同所设定的义务而遭受损失时，向对方提出的赔偿要求或补偿要求。

在项目实施的各个阶段都有可能发生索赔，但发生索赔最集中，处理的难度最复杂的情况发生在施工阶段，因此这里所说的索赔主要是指项目施工的索赔。

广义地讲，索赔应当是双向的。既可以是承包商向业主的索赔，也可以是业主向承包商的索赔。但这里讲的索赔主要是指承包商向业主的索赔，这是索赔管理的重点。因为业主在向承包商的索赔中处于主动地位。可以直接从应付给承包商的工程款中扣抵，也可从保留金中扣款以补偿损失。

二、索赔的含义

索赔是法律和合同赋予的正当权利。承包商应当树立起索赔意识，重视索赔、善于索赔，索赔的含义一般包括以下三个方面：

(1)一方违约使另一方蒙受损失，受损方向对方提出赔偿损失的要求。

(2)发生了应由业主承担责任的特殊风险事件或遇到不利的自然条件等情况，使承包商蒙受较大的损失，从而向业主提出补偿损失的要求。

(3)承包商本人应当获得的正当利益，由于未能及时得到监理工程师的确认和业主给予的支付，从而以正式函件的方式向业主索要。

三、索赔与变更的区别

(1)依据不同。变更一般都只能依据工程合同，而索赔可以是依据合同，也可以是依据法律、法规和道义等。

一般的工程合同中都有明确的工程变更和索赔条款，事件满足合同中规定的变更条件，则为变更，反之，就可能是索赔。变更一般不存在谁对谁错的问题，只是依据合同规定而已；而索赔一般是因为合同规定的索赔事件发生，业主或其授权人未履行合同规定义务、职责，或合同规定属于业主风险项下的风险发生等。

(2)处理的主、被动程度不同。变更是建设单位或者监理工程师提出变更要求(指令)后，主动与施工企业协商确定一个补偿额付给施工企业；而索赔则是施工企业根据法律和合同的规定，对他认为有权得到的权益，主动向建设单位提出的要求。

(3)处理程序不同。工程合同中一般都有变更和索赔的处理程序。

(4)成功的几率不同。按照惯例，变更成功的几率要远大于索赔。

四、工程索赔的原因

1.业主违约

业主违约主要包括以下情况：

(1)业主未按合同规定交付施工场地。

(2)业主未在合同规定的期限内办理土地征用。青苗树木赔偿，房屋拆迁，清除地面、架空和地下障碍等工作，施工场地没有或没有完全具备施工条件。

(3)业主未按合同规定将施工所需水、电、电信线路从施工场地外部接至约定地点，或虽接至约定地点，但没有保证施工期间的需要。

(4)业主没有按合同规定开通施工场地与城乡公共道路的通道、施工场地内的主要交通干道，没有满足施工运输的需要，没有保证施工期间的畅通。

(5)业主没有按合同约定及时向承包商提供施工场地的工程地质和地下管网线路资料，或者提供的数据不符合真实准确的要求。

(6)业主未及时办理施工所需各种证件、批件和临时用地、占道及铁路专用线的申报批准手续，影响施工。

(7)业主未及时将水准点与坐标控制点以书面形式交给承包商。

(8)业主未及时组织有关单位和承包商进行图纸会审，未及时向承包商进行设计交底。

(9)业主没有妥善协调处理好施工现场周围地下管线和邻接建筑物、构筑物的保护，影响施工顺利进行。

(10)业主没有按照合同的规定提供应由业主提供的建筑材料、机械设备。

(11)业主拖延合同规定的责任，如拖延图纸的批准、拖延隐蔽工程的验收、拖延对承包商所提问题的答复，造成施工延误。

(12)业主未按合同规定的时间和数量支付工程款。

(13)业主要求赶工。

(14)业主提前占用部分永久工程。

2.业主代表(监理工程师)的不当行为

业主代表是代表业主进行工作的，监理工程师是接受业主委托进行工作的。从施工合同的角度看，他们的不当行为给承包商造成的损失应当由业主承担。业主承担损失后，再如何与业主代表、监理工程师进行分担，则由业主内部管理规定或监理委托合同决定。业主代表(监理工程师)的不当行为包括：

(1)业主代表(监理工程师)委派具体管理人员没有按合同规定提前通知承包商，对施工造成影响。

(2)业主代表(监理工程师)发出的指令、通知有误。

(3)业主代表(监理工程师)未按合同规定及时向承包商提供指令、批准、图纸或未履行其他义务。

(4)业主代表(监理工程师)对承包商的施工组织进行不合理干预。

3. 合同文件的缺陷

合同文件由于在起草时的不慎,可能本身就存在着缺陷,这种缺陷也可能存在于技术规范和图纸中。由于此类缺陷给承包商造成的费用增加和工期延长,承包商有权提出索赔。

4. 合同变更

合同变更的表现形式非常多。如设计变更、追加或取消某些工作、施工方法变更、合同规定的其他变更等。合同变更包括:

(1)业主对工程项目有了新的要求,如提高或降低建筑标准,项目的用途发生变化,削减预算等。

(2)在施工过程中发现设计有错误,必须对设计图纸做修改。

(3)发生不可抗力,必须进行合同变更。

(4)施工现场的施工条件与原来的勘察有很大的不同。

(5)由于产生新的施工技术,有必要改变原设计及实施方案。

(6)政府部门对工程项目有新的要求。

5. 不可抗力事件

不可抗力事件是指当事人在订立合同时不能预见,对其发生和后果不能避免并不能克服的事件。不可抗力事件的风险承担应当在合同中约定,承担方可向保险公司投保。在很多情况下,由不可抗力事件给承包商造成的损失应由业主承担,包括:

(1)自然灾害(如风、雨、地震等)超过了合同规定的认定为不可抗力的标准。

(2)社会动乱、暴乱等。

(3)施工中发现文物、古墓、古建筑基础和结构、化石、钱币等有考古、地质研究价值的物品,其他影响施工的地下障碍物。

(4)物价大幅度上涨,造成材料价格、工人工资大幅度上涨。

(5)国家的法律、法规、部门规章及有关计划进行修改和调整。

6. 其他方面的影响

在施工合同的履行过程中,需要有多方面的协助和协调。有时,其他方面的不利影响也应由业主承担,如:

(1)其他单位的业务活动对施工现场造成了不利影响。

(2)业主的付款被银行延误等。

五、工程索赔应具备的条件

只有当下述四个条件同时满足时,索赔才能成立。

(1)非承包商自身的原因。

(2)给承包商造成实际的损失。

(3)有经验的承包商不能合理预见的。

(4)承包商按索赔程序索赔。

六、工程索赔的分类

工程索赔的分类如图 10—1 所示。

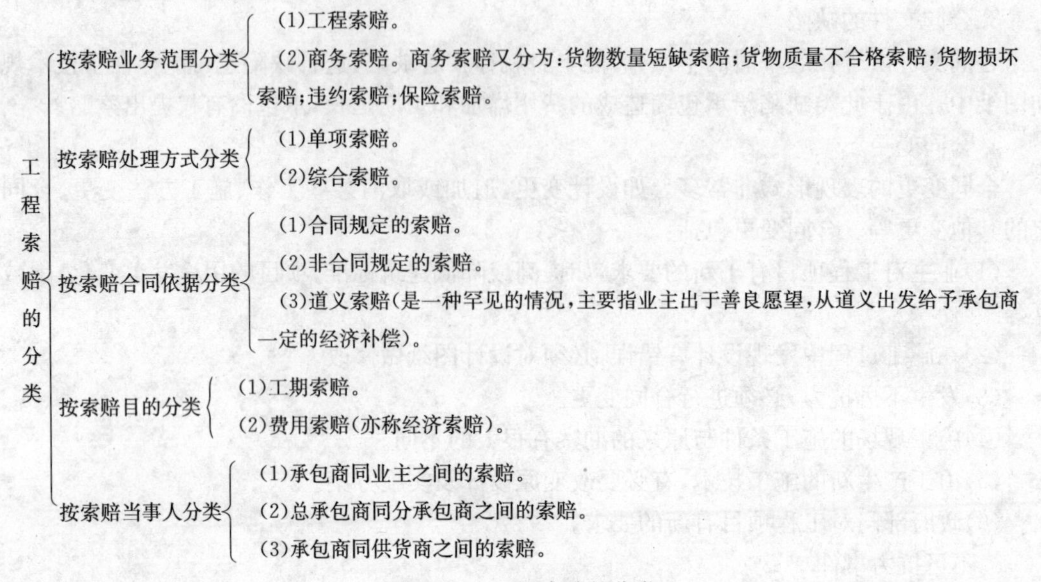

图 10—1　工程索赔的分类

七、索赔的步骤

1.确定正当索赔理由

所谓有正当的索赔理由,是指必须具有索赔发生时的有关证据,因为索赔主要是靠证据说话。因此,对索赔的管理必须从宏观的角度上与项目管理有机地结合起来。这样,才能不放过索赔的机会和证据。一旦出现索赔,承包商应抓紧做好以下工作:

(1)进行事态调查,对事件进行详细了解。

(2)对这些事件的原因进行分析,并判断其责任应由谁承担,分析业主承担责任的可能性。

(3)对事件的损失进行调查和计算。

2.发出索赔通知

(1)索赔事件发生后 28 天内,承包商应向业主发出索赔的通知。

(2)承包商在索赔事件发生后,应立即着手准备索赔通知。索赔通知应是合同管理人员在其他项目管理职能人员配合协助下起草的。应包括承包商的索赔要求和支持该要求的有关证据,证据应力求详细和全面,但不能因为证据的收集而影响索赔通知的按时发出。

3.索赔的批准

(1)业主在接到索赔通知后 14 天内给予批准,或要求承包商进一步补充索赔理由和证据,业主在 14 天内未予答复,应视为该项索赔已经批准。

(2)在这一步骤中,承包商应及时补充理由和证据,这就要求承包商在发出索赔通知后不能完全放弃索赔的取证工作。而对业主来讲.则应抓紧时间对索赔通知(特别是有关证据)进行分析,并提出处理意见。

八、索赔资料

1. 索赔资料的组成

索赔资料主要有以下几项：

(1)招标文件、工程施工合同签字文本及其附件。

(2)经签证认可的工程图纸、技术规范和实施性计划。

(3)合同双方的会议纪要和来往信件。

(4)与建设单位代表的定期谈话资料。

(5)施工备忘录。凡施工中发生的影响工期或工程资金的所有重大事项，按年、月、日顺序编号，汇入施工备忘录存档，以便查找。如工程施工送停电和送停水记录，施工道路开通或封闭的记录，因自然气候影响施工正常进行的记录，以及其他的重大事项等。

(6)工程照片或录像。

(7)检查和验收报告。

(8)工资单据和付款单据。工资单据是工程项目管理中一项非常重要的财务开支凭证，工资单上数据的增减，能反映工程内容的增减和起止时间；各种付款单据中购买材料设备的发票和其他数据证明，能提供工程进度和工程成本资料，成为索赔的重要依据。

(9)其他有关资料，如财务成本表、各种原始凭据、施工人员计划表等。

2. 索赔证据

(1)具备及时性。索赔证据的及时性主要体现在以下两个方面：

证据的取得应当及时；

证据的提出应当及时。

(2)具备真实性。索赔证据必须是在实施合同过程中确实存在和发生的，必须完全反映实际情况，能经得住对方推敲。

(3)具备可靠性。索赔证据应当是可靠的，一般应是书面要求，有关的记录、协议应有当事人的签字认可。

(4)具有关联性。索赔的证据应当能够互相说明，相互具有关联性，不能零乱和支离破碎，更不能互相矛盾。

3. 索赔信

索赔信是一封承包商致业主或其代表的简短的信函。应包括以下内容：

(1)说明索赔事件。

(2)列举索赔理由。

(3)提出索赔金额与工期。

(4)附件说明。

整个索赔信是提纲挈领的材料，它把其他材料贯通起来。

4. 索赔的详细计算书与证据

详细计算书是为了证实索赔金额的真实性而设置的，为了简明可以大量运用图表。证据则是为了证实整个索赔的真实性。这一部分可繁可简，可根据具体情况而定。

九、索赔报告

1.索赔报告所需文件

(1)招标文件、合同文本及附件,其他的各种签约(备忘录,修正案等),业主认可的工程实施计划,各种工程图纸(包括图纸修改指令),技术规范等。

承包商的报价文件,包括各种工程预算和其他作为报价依据的资料,如环境调查资料、标前会议和澄清会议资料等。

(2)国家法律、法令、政策文件。如因工资税增加,提出索赔,索赔报告中只需引用文号、条款号即可,而在索赔报表后附上复印件。

(3)施工现场的工程文件,如施工记录、施工备忘录、施工日报、工长或检查员的工作日记、监理工程师填写的施工记录和各种签证等。

它们应能全面反映工程施工中的各种情况,如劳动力数量与分布、设备数量与使用情况、进度、质量、特殊情况及处理。

各种工程统计资料,如周报、旬报、月报。在这些报表通常包括本期中以及至本期末的工程实际和计划进度对比、实际和计划成本对比和质量分析报告、合同履行情况评价等。

(4)来往信件,如业主的变更指令,各种认可信、通知、对承包商问题的答复信等。这里要注意,商讨性的和意向性的信件通常不能作为变更指令或合同变更文件。

(5)工程中的各种检查验收报告和各种技术鉴定报告。工程水文地质勘探报告、土质分析报告、文物和化石的发现记录、地基承载力试验报告、隐蔽工程验收报告、材料试验报告、材料设备开箱验收报告、工程验收报告等。它们能证明承包商的工程质量。

(6)各种会谈纪要。在标前会议上和在决标前的澄清会议上,业主对承包面问题的书面答复,或双方签署的会谈纪要;在合同实施过程中,业主、工程师和各承包商定期会商,以研究实际情况,作出的决议或决定。它们可作为合同的补充。但会谈纪要须经各方签署才有法律效力。通常,会谈后,按会谈结果起草会谈纪要交各方面审查,如有不同意见或反驳须在规定期限内提出(这期限由工程参加者各方在项目开始前商定)。超过这个期限不作答复即被作为认可纪要内容处理。所以,对会谈纪要也要像对待合同一样认真审查,及时答复,及时反对表达不清、有偏见的或对自己不利的会议纪要。

一般的会谈或谈话单方面的记录,只要对方承认,也能作为证据,但它的法律证明效力不足。但通过对它的分析可以得到当时讨论的问题,遇到的事件,各方面的观点意见,可以发现干扰事件发生的日期和经过,作为寻找其他证据和分析问题的引导。

(7)施工进度计划和实际施工进度记录。包括总进度计划,开工后业主的工程师批准的详细的进度计划,每月进度修改计划,实际施工进度记录,月进度报表等。这里对索赔有重大影响的,不仅是工程的施工顺序、各工序的持续时间,而且还包括劳动力、管理人员、施工机械设备、现场设施的安排计划和实际情况,材料的采购订货、运输、使用计划和实际情况等。它们是工程变更索赔的证据。

(8)工地的交接记录(应注明交接日期,场地平整情况,水、电、路情况等),图纸和各种资料交接记录。

工程中送停电,送停水,道路开通和封闭的记录和证明。它们应由工程师签证。

合同双方在工程过程中各种文件和资料的交接都应有一定的手续，要有专门的记录，防止在交接中出现漏洞和“说不清楚”的情况。

(9)市场行情资料，包括市场价格、官方的物价指数、工资指数、中央银行的外汇比率等公布材料。

(10)各种会计核算资料。包括：工资单、工资报表、工程款账单、各种收付款原始凭证、总分类账、管理费用报表、工程成本报表等。

(11)建筑材料和设备的采购、订货、运输、进场，使用方面的记录、凭证和报表等。

(12)工程照片。照片作为证据最清楚和直观。照片上应注明日期。索赔中常用的有：表示工程进度的照片、隐蔽工程覆盖前的照片、业主责任造成返工和工程损坏的照片等。

(13)气候报告。如果遇到恶劣的天气，应作记录，并请工程师签证。

2.索赔报告的组成

共分为4个部分，其中，“总论部分”为第1部分，“合同引证部分”和“索赔计算部分”为第2部分，“工期延长证部分”为第3部分，“证据部分”为第4部分。

(1)总论部分

1)序言。

2)索赔事项概述。

3)具体索赔要求：工期延长天数或索赔款额。

4)报告书编写及审核人员。

(2)合同引证部分

1)概述索赔事项的处理过程。

2)发出索赔通知书的时间。

3)引证索赔要求的合同条款。

4)指明所附的证据资料。

(3)索赔额计算部分

索赔计算部分是索赔报告书的主要部分，也是经济索赔报告的第3部分。索赔款计算的主要组成部分是：由于索赔事项引起的额外开支的人工费、材料费、设备费、工地管理费、总部管理费、投资利息、税收、利润等等。每一项费用开支，应附以相应的证据或单据。并通过详细的论证和计算，使业主和工程师对索赔款的合理性有充分的了解，这对索赔要求的迅速解决十分重要。

(4)工期延长论证部分

工期索赔报告的第3部分。在索赔报告中论证工期的方法，主要有：

1)横道图表法。

2)关键路线法。

3)进度评估法。

承包商在索赔报告中，应该对工期延长、实际工期、理论工期等进行详细的论述，说明自己要求工期延长(天数)的根据。

(5)证据部分

通常以索赔报告书附件的形式出现，它包括了该索赔事项所涉及的一切有关证据以及对这些证据的说明。索赔证据资料的范围甚广，可能包括施工过程中所涉及的有关政治、经济、技术、财务、气象等许多方面的资料。对于重大的索赔事项，承包商还应提供直观记录资料，如录像、摄影等。

3. 索赔报告的提交有何要求

承包商必须在合同规定的时间内向工程师和业主提交索赔报告。FIDIC 条件规定，承包商必须在索赔意向通知发出后的 28 天内，或经工程师同意的合理时间内递交索赔报告。如果干扰事件持续时间长，则承包商应按工程师要求的合理时间间隔，提交中间索赔报告（或阶段索赔报告），并于干扰事件影响结束后的 28 天内提交最终索赔报告。

第二节　索赔分析

一、解决索赔问题的方法

从递交索赔报告到最终获得赔偿的支付是索赔的解决过程。这个阶段工作的重点是：通过谈判，或调解，或仲裁，使索赔得到合理的解决。

（1）工程师审查分析索赔报告，评价索赔要求的合理性和合法性。如果觉得理由不足，或证据不足，可以要求承包商作出解释，或进一步补充证据，或要求承包商修改索赔要求，工程师作出索赔处理意见，并提交业主。

（2）根据工程师的处理意见，业主审查、批准承包商的索赔报告。业主也可能反驳，否定或部分否定承包商的索赔要求。承包商常常需要作进一步的解释和补充证据，工程师也需就处理意见作出说明。三方就索赔的解决进行磋商，达成一致，这里可能有复杂的谈判过程。对达成一致的，或经工程师和业主认可的索赔要求（或部分要求），承包商有权在工程进度付款中获得支付。

（3）如果承包商和业主双方对索赔的解决达不成一致，有一方或双方都不满意工程师的处理意见（或决定），则产生了争执。双方必须按照合同规定的程序解决争执，最典型的和在国际工程中通用的是 FIDIC 合同条件规定的争执解决程序。

二、要想索赔成功应做的工作

（1）善于进行索赔谈判。施工索赔人员的谈判能力对索赔的成败关系甚大。谈判者必须熟悉合同，懂工程技术，并有利用合同知识论证自己索赔要求的能力。

（2）建好工程项目。这是索赔成功的基础。如果承包商在施工过程中克服了重重困难，甚至发现原设计中不合理或错误的地方，提出了改进协议并为业主和工程师采纳；则承包商的索赔要求，甚至是难以实现的索赔要求，或在索赔程序上的某些疏忽，都可能取得业主和工程师的理解和谅解，使索赔得到比较满意的结果。

（3）做好成本管理。主要包括定期的（如每月或每季 1 次）成本核算和成本分析工作，进行成本控制，随时发现成本超支（Cost Overrun）的原因。如果发现哪一项直接费的支出超过计划成本时，应立即分析原因，采取相应措施。如果发现是属于计划外的成本支出时，应提出索赔补偿。

（4）做好合同管理。这是索赔成功的必要条件，包括多方面的内容。在索赔管理方面，主要是做好下列工作：

通晓工程项目的全部合同文件，能够从索赔的角度理解合同条款，不失去任何应有的索赔机会。

随时注意业主和工程师发布的指令或口头要求，一旦发现实际工程超出合同规定的工作范围时，及时地提出索赔要求。

在编写索赔报告文件和进行索赔谈判时，会运用合同知识来解释和论证自己的索赔权，并能正确计算出自己应得的工期延长和经济补偿。

三、用合同原始状态分析法分析索赔值的内容

1.合同原始状态

合同确定的工期和价格是针对“合同原始状态”（即合同签订时）的合同条件，工程环境和实施方案。在工程施工中，由于干扰事件的发生，造成“合同原始状态”的变化，“合同原始状态”被打破，应按合同的规定，重新确定合同工期和价格。新的工期和价格必须在“合同原始状态”的基础上分析计算。

合同原始状态（又被称为计划状态或报价状态）的计算方法和计算基础是极为重要的，它的计算结果是整个索赔值计算的基础。

2.合同原始状态的分析基础

从总体上说，合同原始状态分析是重新分析合同签订时的合同条件、工程环境、实施方案和价格。其分析基础为招标文件和各种报价文件，包括合同条件、合同规定的工程范围、工程量表、施工图纸、工程说明、规范、总工期、双方认可的施工方案和施工进度计划，以及人力、材料、设备等需要量和安排、里程碑事件、承包商合同报价的价格水平等。

3.分析的内容和次序

(1)各分项工程的工程量。

(2)按劳动组合确定人工费单价。

(3)按材料采购价格、运输、关税、损耗等确定材料费单价。

(4)确定机械台班费单价。

(5)按生产效率和工程量确定总劳动力用量和总人工费。

(6)列各事件表，进行网络计划分析，确定具体的施工进度和工期。

(7)劳动力需求曲线和最高需求量。

(8)工地管理人员安排计划和费用。

(9)材料使用计划和费用。

(10)机械使用计划和费用。

(11)各种附加费用。

(12)各分项工程单价、报价。

(13)工程总报价。

合同原始状态分析确定的是：当合同条件、工程环境、实施方案等没有变化，则承包商应在合同工期内，按合同规定的要求（质量、技术等）完成工程，并得到相应的合同价格。

四、用可能状态分析法分析索赔值

(1)合同状态仅为计划状态或理想状态。在任何工程中,干扰事件是不可避免的,所以合同状态很难保持。要分析干扰事件对施工过程的影响,必须在合同状态的基础上加上干扰事件。为了区分各方面责任,这里的干扰事件必须非承包商自己责任引起,而且不在合同规定的承包商应承担的风险范围内,符合合同规定的赔偿条件。

(2)仍然引用上述合同状态的分析方法和分析过程,再一次进行工程量核算,网络计划分析,确定这种状态下的劳动力、管理人员、机械设备、材料、工地临时设施和各种附加费用的需要量,最终得到这种状态下的工期和费用。

(3)这种状态实质上仍为一种计划状态,是合同状态在受外界干扰后的可能情况,所以被称为可能状态。

五、用实际状态分析法分析索赔值的方法

按照实际的工程量、生产效率、人力安排、价格水平、施工方案和施工进度安排等确定实际的工期和费用。这种分析以承包商的实际工程资料为依据。

六、工期索赔分析

干扰事件对工期的影响,即工期索赔值可通过关键线路分析法得到。

分析的基本思路为:计算某干扰事件对该作业工作时间的影响增加值,如果该作业处在关键线路上,则增加值为索赔工期。如果该作业处在非关键线路上,则分析该增加值与该作业总时差与自由时差的关系,如果增加值大于工作总时差,则增加值与总时差的差值为索赔的工期;如果增加值小于工作总时差但大于工作自由时差,则不存在工期索赔,但应考虑对紧后工作开始时间产生影响的工程变更费用和工期补偿;如果增加值小于工作自由时差,则不会对工程项目实施产生任何不利影响。

这种考虑干扰后的网络计划又作为新的实施计划,如果有新的干扰事件发生,则在此基础上可进行新一轮分析,提出新的工期索赔。这样在工程实施过程中进度计划是动态的,不断地被调整。而干扰事件引起的工期索赔也可以随之同步进行。

第三节 费用索赔

一、费用索赔计算应遵循的基本原则

1.合理性原则

索赔值的计算是在成本计划和成本核算基础上,通过计划和实际成本对比进行的。实际成本的核算必须与计划成本(报价成本)的核算有一致性,而且符合通用的会计核算原则。

2.合同原则

费用索赔计算方法符合合同的规定。赔偿实际损失原则,并不能理解为必须赔偿承包商的全部实际费用超支和成本的增加。在实际工程中,许多承包商常常以自己的实际生产值、实

际生产效率、工资水平和费用开支水平计算索赔值,以为这即为赔偿实际损失原则。这是一种误解。这样常常会过高地计算了索赔值,而使整个索赔报告被对方否定。

3.实际损失原则

费用索赔都以赔(补)偿实际损失为原则。在费用索赔计算中,它体现在如下几个方面:

(1)实际损失,即为干扰事件对承包商工程成本和费用的实际影响。这个实际影响即可作为费用索赔值。按照索赔原则,承包商不能因为索赔事件而受到额外的收益或损失,索赔对业主不具有任何惩罚性质。

(2)所有干扰事件引起的实际损失,以及这些损失的计算,都应有详细的具体的证明。在索赔报告中必须出具这些证据。没有证据,索赔要求是不能成立的。

(3)当干扰事件属于对方的违约行为时,如果合同中有违约金条款,按照合同法原则,先用违约金补充实际损失,不足的部分再赔偿。

4.有利的计算方法原则

如果选用不利的计算方法,会使索赔值计算过低,使自己的实际损失得不到应有的补偿。通常索赔值中应包括如下几方面因素:

(1)对方的反索赔。在承包商提出索赔后,对方常常采取各种措施反索赔,以抵消或降低承包商的索赔值。例如在索赔报告中寻找薄弱环节,以否定其索赔要求;抓住承包商工程中的失误或问题,向承包商提出罚款、扣款或其他索赔,以平衡承包商提出的索赔。

(2)承包商所受的实际损失。它是索赔的实际期望值,也是最低目标。如果最后承包商通过索赔从业主处获得的实际补偿低于这个值,则导致亏本。有时承包商还希望通过索赔弥补自己其他方面的损失,如报价低、报价失误、合同规定风险范围内的损失、施工中管理失误造成的损失等。

业主的管理人员(监理工程师或业主代表)需要反索赔的业绩和成就感,会积极地进行反索赔。

(3)最终解决中的让步。对重大的索赔,特别对重大的一揽子索赔,在最后解决中,承包商常常必须作出让步,即在索赔值上打折扣,以争取对方对索赔的认可,争取索赔的早日解决。

二、索赔费用的项目

1.索赔的费用项目

可以提出索赔的费用项目,总体上包括人工费、材料费、机械设备费、工地管理费、分包费、保险费和利息等附加费、总部管理费等。

2.费用索赔的确定原则

费用索赔均以赔(补)偿实际损失为原则,实际损失可作为费用索赔值。实际损失包括两部分:

(1)直接损失,即索赔事件造成的财产的直接减少,实际工程中常表现为成本增加或实际费用超支。

(2)间接损失,即可能获得的利益的减少。

3. 费用索赔的计算方法

通常费用索赔的计算方法有两种,即总费用法和分项法。

(1)总费用法。将固定总价合同转化为成本加酬金合同,以额外成本为基点加上管理费和利息等附加费作为索赔值。

(2)分项法。按每个(或每类)引起损失的索赔事件及其所引起损失的费用项目分别计算索赔值。

实际工程中的索赔多用分项法计算。其过程分三步:分析每个或每类索赔事件所影响的费用项目;计算各费用项目损失值;将各费用项目的计算值列表汇总,得到总的费用索赔值。

三、总费用法计算所赔值

1. 总费用法计算索赔值的思路示例

总费用法的基本思路是把固定总价合同转化为成本加酬金合同,以承包商的额外成本为基点加上管理费和利润等附加费作为索赔值。

例如,用费用法计算某索赔值如下:

总成本增加量:(4200000－3800000)	400000 元
总部管理费:(总成本增量×10%)	40000 元
利润:(仍为 7%)	30800 元
利息支付:(按实际时间和利率计算)	4000 元
索赔值:	474800 元

2. 总费用法计算索赔值的适用条件

(1)费用损失的责任,或干扰事件的责任完全在于业主或其他人,承包商在工程中无任何过失,而且没有发生承包商风险范围内的损失。这通常不太可能。

(2)合同实施过程中的总费用核算是准确的;工程成本核算符合普遍认可的会计原则;成本分摊方法,分摊基础选择合理;实际总成本与报价总成本所包括的内容一致。

(3)承包商的报价是合理的,反映实际情况。如果报价计算不合理,则按这种方法计算的索赔值也不合理。

(4)合同争执的性质不适用其他计算方法。例如,由于业主原因造成工程性质发生根本变化,原合同报价已完全不适用。这种计算方法常用于对索赔值的估算。有时,业主和承包商签订协议,或在合同中规定,对于一些特殊的干扰事件,例如特殊的附加工程、业主要求加速施工、承包商向业主提供特殊服务等,可采用成本加酬金的方法计算赔(补)偿值。

3. 用总费用法计算索赔值时应注意的问题

(1)索赔值计算中的管理费率一般采用承包商实际的管理费分摊率。这符合赔偿实际损失的原则。但实际管理费率的计算和核实是很困难的,所以通常都用合同报价中的管理费率,或双方商定的费率。这全在于双方商讨。

(2)在费用索赔的计算中,利润是一个复杂的问题。一般不计利润,以保本为原则。

在 FIDIC 条件中,许多关于费用索赔的条款都表述为"在合同价格上增加有关的费用总额"。而"费用"按 FIDIC 解释是不包括利润的。但对以工程量报价单上的单价计算费用索赔的情况，如工程量增加、附加工程等，由于报价中已包括利润，则索赔值中自然包括了利润。

(3)由于工程成本增加使承包商支出增加，而业主支付不足，会引起工程的负现金流量的增加，在索赔中可以计算利息支出(作为资金成本)。它可按实际索赔数额，拖延时间和承包商向银行贷款的利率(或合同中规定的利率)计算。

四、分项法计算索赔值

1.分项法计算索赔值的步骤

(1)分析每个或每类干扰事件所影响的费用项目。这些费用项目通常应与合同报价中的费用项目一致。

(2)确定各费用项目索赔值的计算基础和计算方法，计算每个费用项目受干扰事件影响后的实际成本或费用值，并与合同报价中的费用值对比，即可得到该项费用的索赔值。

(3)将各费用项目的计算值列表汇总，得到总费用索赔值。

用分项法计算，重要的是不能遗漏。在实际工程中，许多现场管理者提交索赔报告时常常仅考虑直接成本，即现场材料、人员、设备的损耗(这是由他直接负责的)，而忽略计算一些附加的成本，例如工地管理费分摊；由于完成工程量不足而没有获得企业管理费；人员在现场延长停滞时间所产生的附加费，如假期、差旅费、工地住宿补贴、平均工资的上涨；由于推迟支付而造成的财务损失；保险费和保函费用增加等。

2.分项法计算索赔值的特点

分项法是按每个(或每类)干扰事件，以及这事件所影响的各个费用项目分别计算索赔值的方法。它的特点有：

(1)它比总费用法复杂，处理起来困难。

(2)它反映实际情况，比较合理、科学。

(3)它为索赔报告的进一步分析评价、审核，双方责任的划分，双方谈判和最终解决提供方便。

(4)应用面广，人们在逻辑上容易接受。

五、索赔的费用项目

可以索赔的费用项目如表10—1所示。

表10—1　可以索赔的费用项目

类别	内容
直接费	(1)人工费：仅指生产工人的工资及相关费用。 人工费＝人工工资单价×工作量×劳动效率 人工工资单价按照劳动力供应和投入方案，工程小组劳动组合，人员的招聘、培训、调遣、支付工资、解聘所支付的费用及社会福利保险，承包商应支付的税收等计算平均值(通常以日或小时为单位)；劳动效率的单位一般为每单位工程量的用工时(或日)数。 (2)材料费： 材料费＝材料预算单价×工作量×每单位工程量材料消耗标准 材料单价按照采购方案，材料技术标准综合考虑市场价格、采购、运输、保险、储存、海关税等各种费用计算得到

续上表

类　别	内　容
直接费	(3)设备费用： 进入直接费的设备费一般仅为该分项工程的专用设备。 设备费＝设备台班费×工作量×每单位工程量设备台班消耗量 设备台班费按照设备供应方案，综合考虑设备的折旧费、调运、清关费用、进出场安装及拆卸费用、燃料动力费、操作人员工资、维护保养费用等计算得到设备总费用；再按照设备的计划使用时间(台班数)，或该分项工程的工程量分摊到每台班或单位分项工程量上。 (4)每项工程直接费及工程总直接费： 对于每一个工程分项(按招标文件工作量表)其直接费为该分项的人工费、材料费、机械费之和，而工程总直接费为： 工程总直接费＝∑各分项工程直接费
工地管理费	报价中的其他分摊费用包括极其复杂的内容，而且不同的工程有不同的范围和划分方法。例如有的工程将早期的现场投入作为"开办费"独立列项报价；有的将它作为一般工地管理费分摊进入单价中。这两种划分对费用索赔，特别是由于工期拖延的费用索赔有很大的影响。如果都作为工地管理费分摊，则一般该项主要包括：现场清理、进场道路费用，现场试验费，施工用水电费用，施工中通用的机械、脚手架、临时设施费，交通费，现场管理人员工资，行政办公费，劳保用品费，保函手续费，保险费，广告宣传费等，这些费用一般都要根据工程情况，环境状况及施工组织状况分项独立预算，最后求和。即 工地管理费总额＝∑工地管理费各分项数额 工地管理费分摊率＝(工地管理费总额/工程直接费)×100％ 则工地总成本＝工程总直接费＋工地管理费
总部管理费及其他待摊费用	本项主要包括企业总部管理费、利息和佣金等。 总部管理费一般由企业按企业计划的工地总成本额(或总合同额)与预计的企业管理费开支总额计算，确定一个比例分摊到各个工程上。则： 总部管理费＝工地总成本×总部管理费分摊率 这里总部管理费分摊率是一个重要数字。则： 工程总成本＝工地总成本＋总部管理费
利润和风险系数	它是由管理者按投标策略和企业经营战略确定一个系数。它的计算基础是工程总成本或工程总报价。当然对相同数额的利润，计算基础不同，则利润率就不同。如果以工程总成本作为计算基础，其利润率为 R_1；以工程总报价作为计算基础，其利润率为 R_2，则： $R_1=R_2/(1-R_2)$ 或 $R_2=R_1/(1+R_1)$
总报价(不含税)	总报价＝工程总成本＋利润(包括风险金) 总分摊费用＝工地管理费＋总部管理费等＋利润 总分摊率＝(总分摊费用/总直接费)×100％

续上表

<table>
<tr><th>类　别</th><th>内　容</th></tr>
<tr><td>各分项报价</td><td>如果采用平衡报价方法，即各个分项工程按照统一的分摊率分摊间接费用，则
某分项总报价＝该分项工程直接费×(1＋总分摊率)
某分项单价＝该分项总报价/该分项工程量
如果采用不平衡报价方法，在保证总报价不变的情况下，按照不同的分项工程选择不同的分摊率。一般对在前期完成的分项工程，估计工程量会增加的分项工程提高分摊率，则提高了报价。
上面这些报价的详细资料对索赔管理是十分重要的。在合同执行中，上述这些费用项目产生变化是索赔机会搜寻，干扰事件影响分析，索赔值计算的依据。在费用索赔中经常用到如下数据：
(1)分项工程工程量和合同单价。
(2)人工工资单价及计算的依据(如基本工资、税收、保险、社会福利等)、劳动效率、劳动力投入强度等。
(3)材料单价及计算基础(如买价、运输费、海关税等)、材料消耗标准。
(4)设备投入量、台班费(其中折旧费)、设备所使用的时间、进出场费用等。
(5)工地管理费总额、工地管理费分摊率及工地管理费各个分项计算的依据，例如管理人员的投入量、工资、补贴、社会保险、带薪假及差旅费等。
(6)总部管理费总额及费率。
(7)利润额及利润率</td></tr>
<tr><td>合同报价中各种费用的总体构成分析</td><td>各种费用项目的额度分析出索赔值计算中也十分重要，经常用到。其分析有两种方法：
(1)按合同报价中各费用项目占总费用比重拆分，即以合同总报价为100%，计算各费用项目所占的比例。
(2)按照前述的报价计算的结果分析，即在直接费基础上计算工地管理费，在工地总成本的基础上计算总部管理费。
因为索赔值的计算与报价过程中一致的，而且通常首先得出直接费(实际损失)，然后计算其他费用项目，而不是先得出报价，所以上述第二种费用项目的分析方法及比率用得较多。
按照这种分析方法，如果已知一个工程的合同总报价1856900元，利润率5.69%，总部管理费率9.236%，工地管理费率20.107%，要反算出合同总报价中各个费用项目的数额，可按如下公式计算：
合同中的利润＝[利润率/(1＋利润率)]×合同报价
＝[5.69%/(1＋5.69%)]×1856900＝100000美元
总部管理费＝[总部管理费率/(1＋总部管理费率)]×(合同报价－利润)
＝[9.236%/(1＋9.236%)]×(1856900－100000)＝148552美元
工地管理费＝[工地管理费率/(1＋工地管理费率)]×(报价－利润－总部管理费)
＝[20.107%/(1＋20.107%)]×(1856900－148552－100000)＝269252美元
对费用索赔的计算有重大影响的数据还有：
(1)月(或周)平均完成合同工程量：
月(或周)平均完成合同工程量＝合同总价格/合同总工期(月或周)
(2)月(或周)平均总部管理费：
月(或周)平均总部管理费＝合同价格中包括的总部管理费/合同总工期
(3)月(或周)平均工地管理费：
月(或周)平均工地管理费＝合同价格中包括的工地管理费/合同总工期
如果承包商某月实际完成了上述工作量，则一般可以说，该月的施工进度是正常的，承包商已从业主处获得了合同规定的利润、总部管理费和工地管理费</td></tr>
</table>

第十一章　项目总承包合同、勘察设计合同及其他合同管理

建设工程项目总承包合同是指由建设单位和总承包单位签订的，为完成从工程立项到交付使用全过程承包而明确双方权利义务关系的协议。

建设工程勘察、设计合同是委托方与承包方为完成一定的勘察、设计任务，明确双方权利义务关系的协议。

建设工程其他合同还有联营合同、物资购销合同、抵押合同、借款合同及保险合同等。

第一节　项目总承包合同概述

一、建设工程项目总承包的当事人

工程总承包合同的当事人是建设单位和总承包单位两方。建设单位是发包方，即准备建设工程项目的单位。

总承包单位则是承包方，包括两种情况：一是设计单位（或以设计院为主体的设计工程公司），二是工程总承包企业。

二、建设单位发包项目承包应具备的条件

（1）必须是法人或依法成立的其他组织。

（2）若进行分阶段总承包招标时，还要具有分阶段招标的条件。

（3）要有项目审批机关批准的项目建议书和所需的资金。

三、总承包单位发包项目应具备的条件

（1）必须是具有法人地位的经济实体。

（2）总承包公司接受工程项目总承包任务后，可对勘察设计、工程施工和材料设备供应等进行招标，签订分包合同，并负责对各项分包任务进行综合协调管理和监督。

（3）由各地区、各部门根据建设需要分别组建，并向公司所在地工商行政管理部门登记，领取企业法人营业执照。

（4）总承包公司应具有较高的组管理水平、专业工程管理经验和较高的工作效率。

四、建设工程项目总承包合同的主要条件

（1）词语涵义及合同文件。应对合同中常用的或容易引起歧义的词语进行解释，赋予它们明确的涵义。对合同文件的组成、顺序、合同使用的标准，也应作出明确的规定。

（2）总承包的内容。合同应对总承包的内容作出明确规定，一般包括从工程立项到交付使用的工程建设全过程，具体应包括：可行性研究、勘察设计、设备采购、施工管理、试车考核（或交付使用）等内容。

(3)双方当事人的权利和义务。合同应对双方当事人的权利和义务作出明确的规定，这是合同的重要内容，规定应当详细准确。

(4)合同履行期限。合同应当明确规定交工的时间，同时也应对各阶段的工作期限作出明确规定。

(5)合同价款。应规定合同价款的计算方式、结算方式，以及价款的支付期限等。

(6)工程质量与验收。合同应当明确规定对工程质量的要求，对工程质量的验收方法、验收时间及确认方式。

(7)合同的变更。工程建设的特点决定了合同在履行中往往会出现一些事先没有估计到的情况。双方应明确约定出现哪些情况时合同、合同价款允许变更、调整，包括不可抗力等应由发包方承担的风险也应作明确的规定。

(8)保险。合同对保险的办理、保险事故的处理等都应作明确的规定。

(9)工程保修。合同按国家的规定写明保修项目、内容、范围、期限及保修金额和支付办法。

(10)索赔和争议的处理。合同应明确索赔的程序和争议的处理方式，对争议的处理，一般应以仲裁作为解决的最终方式。

(11)违约责任。合同应明确双方的违约责任，包括发包方不按时支付合同款的责任、超越合同规定干预承包方工作的责任等；也包括承包方不能按合同约定的期限和质量完成工作的责任等。

五、建设工程项目总承包合同的订立

建设工程项目总承包合同通过招投标和直接发包两种方式订立。通过招投标订立的合同，其项目的内容和要求应在发包时明确具体。

另外，即使是通过招投标订立的合同，也需在订立前有一个详细的谈判过程。双方在合同上签字盖章后合同即告成立。如果需要经过公证、签证、审批等手续，则在办理完公证、签证、审批等手续后合同生效。

六、建设工程项目总承包合同的履行

(1)搞好项目的分包是总承包合同顺利履行的关键，应尽量采取招投标方式选择分包单位。

(2)分包单位应具备从事相应工作的资质条件，必须自行完成分包工作，不得再次分包。

(3)分包单位应按合同规定对其分包的工程向总包单位负责，总包单位对项目的整体(包括工期、质量、造价、保修)向发包单位负责。

第二节　联营合同

一、联营合同的概念

联营是企业之间或者企业与事业单位之间，为达到一定的经济目的，按照法律或协议的规定，联合经营或协作配合的一种经济组织形式。

联营合同是联营当事人为实现联营合同的经济目的，明确各自权利和义务关系的协议。

二、联营合同的主要条款

联营合同的主要条款有：

(1)参加联营各方的名称、地址及法定代表人等。

(2)联营形式是指要建立的经济实体(包括有法人地位的经济实体和无法人地位的经济实体),或是将要形成的经济上的协作关系(例如形成企业群体)。

(3)联营的目的指联营各方对要实现的经济利益的要求。

(4)联营各方的出资数额、出资比例、出资方式及出资期限。值得注意的是出资期限问题,在合同文件中一定要规定具体,不容忽视,以避免在合同履行中发生纠纷。

(5)联营各方的利润分成比例和亏损责任的分担比例等。联营合同中不但应注意利润分成比例,也应明确亏损责任分担比例。

(6)联营各方违约时应承担的违约责任,以及违约金的计算方法。

(7)联营合同的生效条件。参加联营的各方在合同文本上盖章,一般说合同就生效了。但对于成立新的经济实体的,需经工商行政管理机关登记核准营业执照后,联营合同才算正式生效。这样能把合同生效的条件纳入法律监督的轨道,对合同的履行是有利的。

(8)联营合同变更、解除的条件和程序。一方提出变更或解除联营合同,必须采取书面通知的办法,另一方接到通知后,亦应在一定的期限内答复。

(9)联营合同的有效期限。

(10)联营合同期限届满之时的财产清算办法及债权、债务的分担。

(11)双方认为需要订立的其他条款。通过联营建立新的经济实体,即成立具有法人地位的经济实体或是合伙型的经济组织,其联营合同还应具备以下条款：

1)联营企业的名称、地址、经济性质、注册资金及法定代表人；

2)联营企业的生产、经营范围及方式；

3)联营企业的内部管理形式、领导机构的设置及领导人员的产生办法；

4)联营企业的固定资产折旧比例。

三、联营合同的履行

(1)签订合同之前,应注意做好对对方资信情况的调查工作,着重审查对方的工商登记情况、信誉情况、资金情况、经济效益等。在对方资信情况没有落实的情况下。不能签订联营合同。

(2)实践中,常常遇到对对方资信情况没有审查清楚,甚至于对对方有没有法人地位都没有进行审查,结果联营后对方既不能承担合同义务又无力承担违约责任,使联营纠纷很难解决。

(3)联营合同一经依法订立,发生法律效力之后,合同当事人则应自觉履行合同约定的义务,不履行合同规定的,应承担违约责任。

联营合同履行中常见的违约行为及纠纷情况有：

1)参加联营的资产没有按合同约定的期限、数额投入,从而双方发生纠纷；

2)联营的投资款被一方挪作他用,从而发生纠纷；

3)因利润分成和亏损分担问题发生纠纷；

4)因联营体的人事安排及财务制度等问题发生纠纷；

5)因联营合同的变更或解除而发生纠纷。

第三节　物资购销合同

一、物资购销合同的概念

物资购销合同,是指具有平等民事主体资格的法人及其他经济组织,相互之间为实现建设物资买卖、明确相互权利义务关系的协议。

在工程建设过程中,首先需要采购大量建设物资(主要是材料和设备),这就需要供需双方订立购销合同。

建设物资能够按时、按质、按量供应是工程建设顺利进行的基础,做好这类合同的管理是非常重要的。

二、建设物资购销合同的主要条款

(1)建设物资的名称(应注明牌号或商标)、品种、型号、规格、等级。

(2)建设物资的技术标准和质量要求。

(3)建设物资数量和计量单位。

(4)建设物资的包装标准和包装物的供应及回收。

(5)建设物资的交货人、交货方法、运输方式、到货地点。

(6)接(提)货单位。

(7)交(提)货期限。

(8)验收方法。

(9)价格。

(10)结算方式、开户银行、账户名称、账号、结算单位或结算人。

(11)违约金条款。

三、加强建设物资购销合同管理的意义

(1)加强建设物资购销合同管理,有利于降低工程成本,实现投资效益。建设物资费用在工程项目中是构成直接费用的重要指标,加强对建设物资购销合同的管理,是挖掘投资潜力的重要技术措施。工程项目的用料是否合理,能否降低物耗、降低购买及储运的损耗和费用,直接影响工程成本,对实现投资效益有重要作用。

(2)加强建设物资购销合同管理,有利于协调施工时间,确保实现进度控制目标。建设物资的供货时间对工程项目确定工期极为重要,一旦建设物资不能按工期进度需要供货,或供货质量不符合工程项目的要求,都将导致延误工期的不良后果。因此,在影响进度的各种因素中,建设物资的供应占有显著位置。

(3)加强建设物资购销合同管理,有利于提高工程质量,达到规范要求。建设物资购销合同中对物资的质量要求是否与工程承包合同中的要求一致,以及供货方在履行合同义务时是否符合合同要求都直接影响工程质量控制目标的实现。据有关专家分析,在造成工程质量不符合合同要求的各种原因中,近20%是材料、设备的质量问题。因此,在工程项目承包中,无论是哪一方为建设物资的提供者,都应加强对建设物资购销合同订立及履行的严格管理。

第四节 抵押合同

一、抵押合同的概念及主要条款

抵押合同是指抵押人或第三人与抵押权人之间，以抵押财产为标的，明确相互权利义务关系的协议。其主要条款有：

(1)债务人以其财产抵押给债权人并订立抵押合同，必须说明抵押财产的基本情况。

抵押担保的范围。合同应明确规定抵押物担保的是全部主债权还是部分主债权，是否担保主债权产生的利息，因不履行主债务而产生的违约金、损害赔偿金以及实现抵押权过程中所支付的费用(如拍卖费、广告费等)。在明确抵押担保范围的同时，还应该明确抵押的期限，即抵押人从何时起将抵押物用来担保债权，又到何时止抵押权人即可行使抵押权而使债权受到清偿。关于抵押的起止时间也必须在合同中予以明确规定。

(2)抵押物的名称、数量、质量、状况、所在地、所有权权属或者使用权权属。

(3)债务人履行债务的期限。指债务人依照合同规定开始履行应尽义务和终止履行义务的时间期限。

(4)当事人认为需要约定的其他事项。在具体合同中，当事人如认为还有需要约定的事项，可逐一予以约定。

(5)被担保的主债权种类和数额。主债权的种类是指被担保合同的种类。主债权数额是指主债权的数量或金额。

二、抵押合同的履行

1.抵押期间对抵押人行为的限制

(1)抵押期间，抵押人转让已办理登记的抵押物时，应当通知抵押权人并告知受让人转让物已经抵押的情况，抵押人未通知抵押权人或者未告知受让人的，转让行为无效。

(2)抵押人的行为足以使抵押物价值减少的，抵押权人有权要求抵押人停止其行为。抵押物价值减少时，抵押权人有权要求抵押人恢复抵押物的价值，或者提供与减少的价值相当的担保。

(3)抵押人对抵押物价值减少无过错的，抵押权人只能在抵押人因损害而得到的赔偿范围内要求提供担保。抵押物价值未减少部分，仍作为债权的担保。

2.抵押担保的债权

(1)抵押人所担保的债权不得超出其抵押物的价值。财产抵押后，该财产的价值大于所担保债权的余额部分，可以再次抵押，但不得超出剩余部分。

(2)抵押担保的范围包括主债权及利息违约金、损害赔偿金和实现抵押权的费用。

3.抵押权的实现

(1)债务履行期届满抵押权人未受清偿的，可以与抵押人协议以抵押物折价或者以拍卖、变卖该抵押物所得的价款受偿，协议不成的，抵押权人可以向人民法院提起诉讼。

(2)抵押物折价或者拍卖、变卖后，其价款超过债权数额的部分归抵押人所有，不足部分由债务人清偿。同一财产向两个以上债权人抵押的，拍卖、变卖抵押物所得的价款按照以下规定清偿：

抵押合同已登记生效的，按照抵押物登记的先后顺序清偿；顺序相同的按照债权比例清偿。

抵押合同自签订之日起生效的。未登记的抵押物按照合同生效时间的先后顺序清偿。顺序相同的。按照债权比例清偿。抵押物已登记的先于未登记的受偿。

第五节 借款合同

一、建设工程借款合同的概念

建设工程借款合同是指建设单位作为借款人从银行或者非银行金融机构取得一定数额的货币，经过一段时间后归还相同数额货币并支付利息的合同。

建设工程借款合同，以银行或非银行金融机构为贷款方(出借方)，而借款方则包含以下几类：第一类是实行独立核算，并能承担经济责任的全民所有制企业；第二类是经国家批准的建设单位；第三类是中外指建设单位作为借款人从银行或者非银行金融机构取得一定数额的货币，经过一段时间后归还相同数额货币并支付利息的合同。

二、申请建设工程借款应具备的条件

(1)贷款项目必须具备已被批准的项目建议书、可行性研究报告(或设计任务书)等有关文件。

(2)贷款项目总投资中，各项建设资金来源必须正当、落实，要有不少于总投资 30%的自筹资金或其他资金，并按国家规定提前存入有关金融机构。

(3)贷款项目必须经过贷款方或委托有资格的咨询公司的评估，技术先进，建设条件具备，经济效益好，具有按期还本付息的能力。

(4)贷款项目已纳入国家年度投资计划和贷款方年度信贷计划。

(5)借款方有较高的管理水平和资信度，并能提供资产抵押担保或由符合法定条件、具有代为偿还能力的第三方担保。

三、建设工程借款合同当事人的义务要求

建设工程借款合同当事人双方均负有义务。贷款方所负主要义务为：按照合同约定数额、期限及时拨付款项给借款方。

借款方所负主要义务是：按照约定期限归还相同数额款项，并支付利息。

借款申请书、有关借款凭证、协议书和合同当事人双方同意修改借款合同的有关书面材料，也是合同的组成部分。

四、建设工程借款合同的主要条款

(1)贷款种类。合同应当写明具体、明确的贷款种类、名称。

(2)借款用途。合同应当定明借款使用的具体工程项目名称，以及是用于基建投资，还是更新改造、周转储备等。

(3)借款金额。借款金额是借款合同首先需要决定的内容，取决于借款人的要求、需要和贷款人的贷款能力。确定借款金额极为重要，这是借款人的主要权利和贷款人的主要义务。

(4)借款利率。建设工程借款合同的借款利率,按照国家规定的固定资产投资贷款利率执行,分一般利率与行业差别利率。

(5)借款期限。借款期限是指从支用第一笔借款之日起到全部还清本息止的时间。借款方必须在合同规定的期限内还本付息。小型项目借款期限最长不得超过6年,大、中型项目借款期限不得超过12年,特大型项目不得超过15年。

(6)还款资金来源及还款方式,建设工程借款合同的还款资金来源主要有:项目投产所得税前的新增利润、新增折旧基金(项目建成投产后3年内80%还贷款,3年后50%还贷款)、工程建设收入,工程投资包干结余(不低于50%还贷款)和经税务机关批准减免的税收以及其他自有资金。借款单位如果遇到诸如自然灾害、国家重大经济政策调整等不可抗力,影响按期还款时,可以提出贷款延期申请,经银行审查同意可以延期一次,但还款期延长不得超过2年。对还款方式双方也应该约定,如是一次还清还是分期还贷等。

(7)保证条款。是借款方保证归还贷款的条款。借款方应对贷款提供担保,可以对自有资产设定抵押,也可由第三方保证。借款方无力偿还贷款时,贷款方有权要求保证人还贷或依法律程序处理作为贷款担保的财产。

(8)违约责任。因贷款方的责任。未按期提供贷款,应按违约数额和延期天数,付给借款方违约金。借款方如不按合同规定的用途使用借款,贷款方有权收回部分或全部贷款。借款方不按期偿还借款,则应向贷款方支付违约金。

(9)当事人双方商定的其他条款。除以上条款外,当事人还可以商定一些其他条款。如仲裁条款,约定一旦发生争议。应将争议提交哪一个仲裁机构进行仲裁。双方也可约定贷款方如何对贷款的使用情况进行监督等。

五、建设工程借款合同的履行

借款合同的履行主要是贷款的支用及借款方的还本付息。

贷款经办银行对借款项目实行指标管理,由经办行依据建设单位提供的按季分月用款计划,在上级已下达的年度计划之内,根据信贷资金供应、工程进度、设备到货等情况,一次或分次将贷款转入借款方存款账户支用。

贷款方要合理发放贷款,保证资金供应。借款方支用货款时,则应结合订货合同、工程进度,工程费用的实际需要,用多少支多少。

贷款方有权检查、监督贷款的使用情况,了解借款方的计划执行、经营管理、财务活动、物资库存等情况。

贷款方要认真审查项目的用款计划,认真核对借款方提供的有关资料。经常深入施工现场,检查贷款使用情况,发现问题及时纠正。

借款方则有义务接受贷款方的检查、监督,提供有关的计划、统计、财务会计报表及资料,提供设备合同、工程合同副本以及其他工程建设文件。

借款方应按期向贷款方还本付息,如果遇到严重的自然灾害,国家重大经济政策调整等不可抗力而影响按期还款的,应提出借款延期申请。

建设工程借款合同履行时的要求:

(1)作为借款方的建设单位更应当加强建设工程借款合同的管理。借款方应该严格按照合同的规定使用和支出借款,特别要做好建设工程价款的结算。

我国现行的建设工程价款的结算方式主要有以下几种:第一种是按月结算,即实行旬末或月中预支，月终结算，竣工后清算的办法，跨年度竣工的工程，在年终进行工程盘点，办理年度结算；第二种是竣工后一次结算，即建设项目建设期在12个月以内，或者工程承包合同价值在100万元以下的，可以实行工程价款每月月中预支，竣工后一次结算；第三种是分段结算，即当年开工，当年不能竣工的单项工程或单位工程按照工程形象进度，划分不同阶段进行结算。

另外，可以采用双方约定并经开户银行同意的其他结算形式。

(2)监理工程师要做好工程款的计量支付，这是建设工程借款合同管理工作的重要的一环。也是体现监理工程师公正地执行合同的重要环节。

工程计量一般是由承包方按协议条款约定的时间向监理工程师提交已完成工程的报告，监理工程师接到报告后7天内按设计图纸核实已完工程数量。并在计量24小时前通知承包方，承包方则须为监理工程师进行计量提供便利条件并派人参加予以确认，监理工程师对核实的工程量绘制中间计量表，作为承包方取得建设单位付款的凭证。

(3)金融机构不仅通过信贷管理、结算管理和现金管理实现对建设工程借款合同的一般管理，而且由于金融机构是建设工程借款合同的当事人。直接对合同的履行进行管理。作为贷款方的金融机构必须对贷款的使用情况进行经常性的检查、监督，依据结算制度规定办理结算。如果发现借款方在合同履行过程中不按合同规定的用途使用借款，则有权收回部分或全部贷款。总之，金融机构应当加强对建设工程借款合同的管理，出现问题随时解决，随时处理。这样才能确保合同的顺利履行，避免造成不应有的损失。

六、借款合同的变更或解除合同

(1)由于国家调整产品价格、税收等，致使借款期限发生变化。

(2)工程项目经主管机关决定撤销、停建或缓建。

(3)由于不可抗力致使借款合同无法履行。

(4)工程建成投产后，借款单位经主管机关决定撤销，并经接收单位同意履行合同责任。

(5)订立借款合同所依据的国家计划及设计概(预)算经原审批准修改或取消。

发生上述情况后借款方应及时向贷款方通报。

七、建设工程借款合同管理工作部门

建设工程借款合同的管理工作，按管理部门划分可以分为工商行政管理机关、业务主管行政机关、金融管理机构和企业自身的合同管理机关。借款合同的管理特别是金融机构和企业对建设工程借款合同的管理不同于其他合同的管理。

第六节　保险合同

一、保险合同的概念及合同中的投保人、保险人、被保险人

保险合同是指投保人与保险人约定保险权利义务关系的协议。

投保人是指与保险人订立保险合同，并按照保险合同负有支付保险费义务的人。保险人是指与投保人订立保险合同，并承担赔偿或者给付保险金责任的保险公司。

保险公司在履行中还会涉及到被保险人和受益人的概念。被保险人是指其财产或者人身受保险合同保障并享有保险金请求权的人，投保人可以为被保险人；受益人是指人身保险合同

中由被保险人或者投保人指定的享有保险金请求权的人，投保人、被保险人可以为受益人。

二、保险合同的种类

(1)财产保险合同。财产保险合同是以财产及其有关利益为保险标的的保险合同。在财产保险合同中，保险合同的转让应当通知保险人，经保险人同意继续承保后，依法转让合同。在合同的有效期内、保险标的危险程度增加的，被保险人按照合同约定应当及时通知保险人，保险人有权要求增加保险费。

建筑工程一切险和安装工程一切险即为财产保险合同。

(2)人身保险合同。人身保险合同是以人的寿命和身体为保险标的的保险合同。投保人应向保险人如实申报被保险人的年龄、身体状况。投保人于合同成立后，可以向保险人一次支付全部保险费，也可以按照合同规定分期支付保险费，人身保险的受益人由被保险人或者投保人指定。保险人对人身保险的保险费不得用诉讼方式要求投保人支付。

三、保险合同的主要条款

(1)保险人名称和住所。

(2)投保人、被保险人名称和住所，以及人身保险的受益人的名称和住所。

(3)保险标的。

(4)保险责任和责任免除。

(5)保险期限和保险责任开始时间。

(6)保险价值。

(7)保险金额(指保险人承担赔偿或给付保险金责任的最高限额)。

(8)保险费以及支付办法。

(9)保险金赔偿或者给付办法。

(10)违约责任和争议处理。

(11)订立合同的年、月、日。

保险人与投保人也可就与保险有关的其他事项作出约定。

四、保险合同的履行

保险合同订立后，当事人双方必须严格地、全面地按保险合同订明的条款履行各自的义务。

在订立保险合同前，当事人双方均应履行告知义务。即保险人应将办理保险的有关事项告知投保人。

投保人应当按照保险人的要求，将主要危险情况告知保险人。在保险合同订立后，投保人应按照约定期限，交纳保险费，应遵守有关消防、安全、生产操作和劳动保护方面的法规及规定。

保险人可以对被保险财产的安全情况进行检查，如发现不安全因素，应及时向投保人提出清除不安全因素的建议。在保险事故发生后，投保人有责任采取一切措施，避免扩大损失，并将保险事故发生的情况及时通知保险人。

保险人对保险事故所造成的保险标的损失或者引起的责任，应当按照保险合同的规定履行赔偿或给付责任。

保险事故发生后，保险人已支付了全部保险金额，并且保险金额相等于保险价值的，受损保险标的全部权利归于保险人。

保险金额低于保险价值的，保险人按照保险金额与保险时此保险标的的价值取得保险标的的部分权利。

因第三者对保险标的损害而造成保险事故的，保险人在赔偿金额范围内代位行使被保险人对第三者请求赔偿的权利。

第七节　建设工程项目勘察与设计合同

一、建设工程项目勘察与设计合同当事人

建设工程项目勘察与设计合同当事人指的是合同的委托方与承包方。

建设工程勘察与设计合同的委托方一般是项目业主(建设单位)或建设工程承包单位。

承包方是持有国家认可的勘察、设计证书的勘察设计单位。合同的委托方、承包方均应具有法人地位。

二、建设工程项目勘察与设计合同的主要条款

(1)建设工程名称、规模、投资额、建设地点。

(2)委托方提供资料的内容、技术要求及期限。承包方勘察的范围、进度和质量，设计的阶段、进度、质量和设计文件份数。

(3)勘察、设计取费的依据，取费标准及拨付方法。

(4)违约责任。

三、建设工程项目勘察与设计合同的订立

勘察合同由建设单位、设计单位或有关单位提出委托，经双方同意即可签订。

设计合同须具有上级机关批准的设计任务书方能签订。小型单项工程的设计合同须具有上级机关批准的文件方能签订。

如单独委托施工图设计任务，应同时具有经有关部门批准的初步设计文件方能签订。

在当事人双方经过协商取得一致意见，由双方负责人或指定代表签字并加盖公章后，勘察设计合同方为有效。

四、建设工程项目勘察与设计合同履行

按规定收取费用的勘察、设计合同生效后，委托方应向承包方付给定金。

勘察、设计合同履行后，定金抵作勘察、设计费。设计任务的定金为估算的设计费的20%。

委托方不履行合同的，无权请求返还定金。承包方不履行合同的，应当双倍返还定金。

五、建设工程勘察与设计合同委托方的责任

(1)向承包方提供开展勘察、设计工作所需的有关基础资料，并对提供的时间、进度和资料的可靠性负责。委托勘察工作的，在勘察工作开展前，应提出勘察技术要求及附图。

委托初步设计的，在初步设计前，应提供经过批准的设计任务书、选厂报告以及原料(或经过批准的资料报告)、燃料、水、电、运输等方面的协议文件和能满足初步设计要求的勘察资料、需要经过科研取得的技术资料。

委托施工图设计的，在施工图设计前，应提供经过批准的初步设计文件和能满足施工图设计要求的勘察资料、施工条件以及有关设备的技术资料。

(2)委托配合引进项目的设计任务，从询价、对外谈判、国内外技术考察直至建成投产的各阶段，应吸收承担有关设计任务的单位参加。

(3)维护承包方的勘察成果和设计文件，不得擅自修改，不得转让给第三方重复使用。

(4)在勘察设计人员进入现场作业或配合施工时，应负责提供必要的工作和生活条件。

(5)按照国家有关规定付给勘察设计费。

六、建设工程项目勘察与设计合同承包方的责任

(1)勘察单位应按照现行的标准、规范、规程和技术条例进行工程测量、工程地质、水文地质等勘察工作，并按合同规定的进度、质量提交勘察成果。

(2)设计单位对所承担设计任务的建设项目应配合施工，进行设计技术交底，解决施工过程中有关设计的问题，负责设计变更和修改预算，参加试车考核及工程竣工验收。对于大中型工业项目和复杂的民用工程应派现场设计代表，并参加隐蔽工程验收。

(3)初步设计经上级主管部门审查后，在原定任务书范围内的必要修改，由设计单位负责。原定任务书有重大变更而重作或修改设计时，须具有设计审批机关或设计任务书批准，机关的意见书，经双方协商，另订合同。

(4)设计单位要根据批准的设计任务书或上一阶段设计的批准文件以及有关设计技术经济协议文件、设计标准、技术规范、规程、定额等提出勘察技术要求和进行设计，并按合同规定的进度和质量提交设计文件(包括概预算文件、材料设备清单)。

七、建设工程项目勘察与设计合同的变更与终止

1.变更

(1)设计文件批准后，具有一定的严肃性，不得任意修改和变更。如果必须修改，也需经有关部门批准，其批准权限根据修改内容所涉及的范围而定。如果修改部分属于初步设计的内容，必须经设计的原批准单位批准；如果修改的部分属于可行性研究报告的内容，则必须经可行性研究报告的原批准单位批准；施工图设计的修改，必须经设计单位批准。

(2)委托方因故要求修改工程设计，经承包方同意后，除设计文件的提交时间另定外，委托方还应按承包方实际返工修改的工作量增付设计费。

(3)原定可行性研究报告或初步设计如有重大变更而需重作或修改设计时，须经原批准机关同意，并经双方当事人协商后另订合同。委托方负责支付已经进行了的设计的费用。

2.终止

委托方因故要求中途停止设计时，应及时书面通知承包方，已付的设计费不退，并按该阶段实际所耗工时增付和结清设计费，同时终止合同关系。

(1)由于变更计划，提供的资料不准确，未按期提供勘察、设计必需的资料或工作条件而造成勘察、设计的返工、停工、窝工或修改设计，委托方应按承包方实际消耗的工作量增付费用。因委托方责任造成重大返工或重新设计，应另行增费。

(2)委托方超过合同规定的日期付费时,应偿付逾期的违约金。偿付办法与金额,由双方按照国家的有关规定协商,在合同中订明。

(3)因勘察设计质量低劣引起返工或未按期提交勘察设计文件拖延工期造成损失,由勘察设计单位继续完善勘察、设计任务,并应视造成损失的大小减收或免收勘察设计费,对于因勘察设计错误而造成工程重大质量事故者,勘察设计单位除免收受损失部分的勘察设计费外,还应给付与直接受损失部分勘察设计费相等的赔偿金。

第十二章　建设工程施工合同风险管理

风险一般指在从事某项特定活动中，由于存在的不确定性而产生的经济或财务损失、自然破坏和损伤的可能性。这个概念强调了风险具有客观性、损失性和不确定性这三个特性。

第一节　施工合同风险管理概述

一、工程项目的行为主体产生的风险种类

1. 业主和投资者造成的风险

业主和投资者造成的风险，主要表现在以下几个方面：

(1)在工程项目实施过程中，业主产生违约，任意苛求、刁难承包商，无计划随意改变主意，应当赔偿的而不赔偿，以错误的行为和指令，不按规定的程序乱干预工程的施工。

(2)业主不能完成规定的合同义务和责任，如不及时供应其负责的设备、材料、机械、能源等，不及时交付施工场地，不及时支付工程款，不及时进行竣工验收。

(3)业主的支付能力差，企业的经营状况恶化，失去信誉，企业倒闭，无资金再进行项目建设；投资者途中改变投资方向，改变项目目标。

2. 承包商造成的风险

承包商包括总承包商、分包商、供应商等，它们所造成的风险主要包括以下几个方面：

(1)编制的施工方案和施工进度计划不够科学合理，技术措施不够得力，不能保证进度计划的实现，也不能满足安全和质量要求。

(2)由于管理不善或其他原因，企业财务状况恶化，无力采购材料和支付工资，企业处于破产境地。

(3)承包商的技术能力和管理能力不足，没有高素质的技术人员和项目经理，不能顺利地履行合同，由于施工组织管理和技术方面的失误，造成工程中断。

(4)工程技术系统之间不协调，或设计文件不完备，或不能及时交付图纸，或无力完成设计工作。

(5)由于思想工作不深入细致，一些问题解决不及时或解决不力，引起有关人员的罢工、抗议或软抵抗。

二、工程项目系统结构风险

项目系统结构风险是以项目结构图上的项目单元作为分析对象，即各个层次的项目单元，直到工作在实施以及运行过程中可能遇到的技术问题，人工、材料、机械、费用消耗的增加，在实施过程中可能出现的各种障碍、异常情况等。

三、工程项目管理者造成的风险

工程项目管理者造成的风险，主要表现为工程项目管理者缺乏较强的管理能力和组织能

力，缺乏工作热情和认真负责态度，缺乏应具备的职业道德，下达了错误的指令。

四、项目环境要素风险

(1)政治风险。政治风险主要包括：政局的不稳定性，爆发战争、动乱、政变的可能性，国家的对外关系，政府的信用和政府的廉洁程度，政策及政策的稳定性，经济的开放程度，国有化的可能性，国内的民族矛盾，保护主义倾向等。

(2)社会风险。社会风险主要包括：宗教信仰的影响和冲击，社会治安的稳定性，建设地区的民族和风俗习惯，当地群众的禁忌，劳动者的文化素质，社会风气等。

(3)法律风险。法律风险主要包括：法律不健全、不完善，有法不依、执法不严，相关法律的内容发生变化，法律对工程项目的干预，对相关法律未能全面、正确理解，工程实施中可能有触犯法律的行为等。

(4)经济风险。经济风险主要包括：国家经济体制的改革，经济政策的变化，产业结构的调整，金融市场的紧缩，项目产品市场的变化，项目的工程承包市场、材料供应市场、劳动力市场的变动，工资的提高，物价的上涨，通货膨胀速度加快，外汇汇率的改变，进口原材料和设备的风险等。

(5)自然条件风险。自然条件风险主要包括：地震、风暴、特殊的未预测到的地质条件(如泥石流、垃圾场、泉眼、溶洞、地下建筑等，反常的雨、雪、冰雹、冰冻天气，特大洪水)，恶劣的现场条件，周边存在的对项目的干扰源，工程项目建设可能造成对自然环境的破坏，不良的运输条件可能造成供应的中断等。

第二节　承包商的风险与防范

一、承包商投标决策阶段的风险

承包商投标决策阶段的风险如图12—1所示。

二、承包商签约与履约阶段的风险

(1)合同条款风险。合同条款反映双方当事人的责、权、利。我国有统一的合同示范文本，这将大大地减少这方面的风险。示范文本中主要条款本着平等、自愿、公平、诚实信用，遵守法律和社会公德。而补充条款则应仔细斟酌，以防出现不平等条款、定义和用词含混不清，在实施中发生不测或争议。

(2)合同管理的风险。合同管理主要是利用合同条款保护自己的合法权益，扩大收益。这就要求承包商具有渊博的知识和娴熟的技巧，要善于开展索赔，否则，不懂索赔，只能自己承担损失。

(3)业主方履约能力的风险。业主不能按时支付工程款。这种情况产生的原因，一是工程业主资金不完全落实，招标时概(预)算留有缺口；二是业主方本身受到他人所欠债务的拖累而影响对承包商的支付能力；三是行政干预，某些“首长工程”或“献礼工程”，指令承包，资金不落实或低于成本价承包。

(4)分包或转包的风险。分包或转包单位水平低，造成质量不合格，又无力承担返修责任，而总包单位要对业主方负责，不得不为分包或转包单位承担返修责任。这种情况，主要是因选择分包不当或非法转包而又疏于监督管理造成的。

(5)工程管理的风险。做好工程管理是承包商获得项目成功的一个关键的环节。应注意应用现代管理手段,不断提高项目管理水平。

(6)物资管理的风险。工程物资包括施工用的原材料、构配件、机具、设备。在管理中尤其以材料管理给工程带来的风险最大。

承包商投标决策阶段的风险

- 信息失误风险
  - 建筑企业面对目前我国建筑市场的复杂局面,应从正式途径(如从交易中心等)获得投标信息,以防止虚假信息对企业造成危害。
- 中介与代理给承包商风险
  - (1)随着我国市场经济的发展,交易活动日益复杂,许多业务需要借助中介业务而促成,中介业务对市场经济有其独特的贡献。但是也有一些从事中介业务的人为谋取私利,以种种不实之词诱惑交易双方成交,给交易双方带来很大风险。
  - (2)对代理人的选择也是极其重要的。代理人给承包商带来的风险:一是水平太低,难以承担承包商的委托代理工作,从而使承包商的利益受到损害;二是代理人为获私利,不择手段,与业主串通,从而使承包商招致损失;三是同时给多家代理,故意制造激烈竞争气氛,使承包商的利益受损。
- 保险与买标风险
  - (1)保标系指承包商之间达成默契,内定保举一家公司中标且不必造成标价过低的风险。即除被保举中标的公司外,其他各家均报高标价,从而定下高价基调,使被保举公司以高标价中标。
  - (2)买标系指业主方为了压低标价,雇佣个别承包商投低标,开标后要求报价较高但又想中标的承包商降价至最低标以下方可授标。这种情况往往是业主已选定有一定实力的承包商,但标价较高,从而采取这种不规范的作法。
  - (3)无论是业主买标,还是承包商联合保标,都会给承包商带来风险。因为买标会导致承包商降低标价;保标则限制了非保举对象的承包商的得标机会,其损失只能由承包商承担。上述做法均可能破坏建筑市场正常秩序,最终吃亏的仍是承包商。
- 报价失误风险
  - (1)选择合作伙伴失误。个别合作伙伴缺乏诚实信用原则,搞欺诈活动,给承包商带来风险。合作伙伴实力差,难以承担自己承担的工程项目,从而造成了损害。
  - (2)低价夺标寄希望于高价索赔。往往是低价夺标成功,却难以通过索赔达到预期效果。
  - (3)自作聪明,弄巧成拙。主要指承包商利用投标报价技巧来获得理想经济效益的手段,但技巧使用不当则弄巧成拙。如为获得项目或争得预期好处,向业主做出一定承诺;采用在总价不变的情况下对于项目的不平衡报价;抽象报价;有意拖签合同等。上述做法,使承包商在交易中饱尝苦头的实例层出不穷。
  - (4)低价夺标进入市场,通常有两种情况:一是由长期从事某类工程者进入另一类工程项目承包市场(如从房屋建筑市场进入公路建设市场,从铁路公路建设进入水利建设市场);二是从某一地域到另一地域的市场(如从北京市进入其他省市,从中国到其他国家)。
  - (5)倚仗技术优势报高价。这是指个别承包商自持技术、管理优势报高价,使自己失去了市场。倚仗关系优势而盲目乐观,从而报高标价。在我国宏观条件下,两个转变尚未全部完成的环境下,倚仗关系可以使企业在一些项目投标活动中获利。但随着我国市场体制和建筑市场运行机制不断健全和完善,某种特殊关系的优势将逐渐丧失。有时某些腐败现象对承包商是无底洞,无法长期奏效。

图 12－1　承包商投标、决策阶段的风险

(7)成本管理的风险。施工项目成本管理是承包项目获得理想的经济效益的重要保证。成本管理包括成本预测、成本计划、成本控制和成本核算,哪一个环节的疏忽都可能给整个成本管理带来严重风险。

(8)不可抗力造成的风险。指暴雨、台风、严寒、洪水、泥石流、地震等人力不可抗拒的自然灾害造成的损失。我国《合同法》规定,因不可抗力不能履行合同的,根据不可抗力的影响,部

分或者全部免除责任。

三、承包商竣工验收与交付阶段的风险

(1)竣工验收条件的风险。这一阶段是施工企业在项目实施全过程的重要一环。前面的任何阶段遗留的问题都将反映到此阶段,所以施工方应全面回顾项目实施的全过程,以确保项目验收顺利通过。其具体工作内容是按分项、分部整理技术资料的同时,整理各施工阶段的质量问题及处理结论,列出条目,召集有关人员会议,进一步检查落实,制定全面整改计划,并在人力、财力、物力等各方面予以保证。实行总分包的项目应请分包单位参加并落实他们的整改责任。如果整改计划不及时或不落实,不具备竣工验收条件,必对承包商造成风险。

(2)竣工验收资料管理的风险。建设单位与施工单位在签订施工承包合同时,对施工技术资料的编制责任和移交期限未能作出全面、完整、明确的规定,造成竣工验收时资料不符合竣工验收规定,影响竣工验收。监理人员未能按规定及时签证认可的资料,在竣工验收时发生纠纷,以致影响竣工验收工作的顺利进行。由于市场的供求机制不健全,法规不健全,业主拖欠工程款,施工企业拖欠材料款、机械设备租赁费,资源供应方为今后索取款项故意不按时交付有关证明文件。

四、承包商防范施工合同中存在的风险措施

回避风险是指承包商设法远离、躲避可能发生的风险的行为和环境,从而达到避免风险发生的可能性。

(1)损失一定的较小利益而避免风险。

(2)拒绝承担风险。承包商拒绝承担风险大致有以下几种情况:

1)对某些存在致命风险的工程拒绝投标。

2)利用合同保护自己,不承担应该由业主承担的风险。

3)不接受实力差、信誉不佳的分包商和材料、设备供应商,即使是业主或者有实权的其他任何人的推荐。

4)不委托道德水平低下或其他综合素质不高的中介组织或个人。

(3)承担小风险躲避大风险。

如投标报价中加上一笔不可预见费,可回避成本亏损的风险,但承担失去竞争力的风险。

五、承包商对风险的巧利用

(1)在风险的防范和管理中,人们经常提到风险和盈利并存。许多项目风险小,但同时盈利也很小。

(2)只有提高自身素质和综合管理水平,能够成功地预测风险、管理风险并合理利用风险,才可能给承包商带来盈利。

六、承包商自留风险类型

(1)对风险的程度估计不足,认为这种风险不会发生。这种风险无法回避或转移。

(2)经认真进行分析和慎重考虑而决定自己承担风险,因为损失微不足道或自留比转移更为有利。

七、承包商对风险的转移

转移风险是指在承包商不能回避风险的情况下,将自身面临的风险转移给其他主体来承担。风险的转移并非转嫁损失,有些承包商无法控制的风险因素,其他主体都可以控制。

风险转移一般指对分包商和保险机构。

(1)转移给分包商。工程风险中的很大一部分可以分散给若干分包商和生产要素供应商。例如:对待业主拖欠工程款的风险,可以在分包合同中规定在业主支付工程款给总包单位后若干日内向分包方支付工程款。承包商在项目中投入的资源越少越好,以便一旦遇到风险,可以进退自如。可以租赁或指令分包商自带设备等措施来减少自身资金、设备沉淀。

(2)购买保险。购买保险是一种非常有效的转移风险的手段,将自身面临的风险的很大一部分转移给保险公司来承担。

第十三章　合同的归档管理

合同归档管理的内涵要比合同档案管理广，它不仅仅包括合同的文档管理、档案管理，还应该包括在合同归档管理之前，对所有合同档案资料的系统整理和分析，以实现持续改进、不断提高的目的。

第一节　合同归档管理概述

一、合同归档管理的涵义

合同归档管理包括狭义的归档管理和广义的归档管理。狭义的合同归档管理指的是合同的档案管理。按照《建设工程文件归档整理规范》(GB/T 50328—2001)的规定，"在工程建设活动中直接形成的具有归档保存价值的文字、图表、声像等各种形式的历史记录，也可简称工程档案"。"文件形成单位完成其工作任务后，将形成的文件整理立卷后，按规定移交档案管理机构"。

广义的合同归档管理，在狭义合同归档管理的基础上增加了两个非常重要的环节：一是对所有收集、整理的合同文件资料进行系统的分析和总结，以得出工程合同实施过程中的经验和教训；二是将所有的合同分析、总结资料，尤其是工程合同实施过程中的经验、教训总结资料在全企业范围内进行推广，以期实现逐步提升、持续改进的目的。

二、合同文档管理概念

合同文档管理就是尽可能将项目实施过程中的各种文件，以某种有形的，能清楚表现其所载内容的形式表述出来，具体包括一般的书面形式、录音影像制品、电子邮件、信件、数据电文(电报、传真、电子数据交换)等形式，并进行有效的保存。

以图书馆为例，在资料文献众多的图书馆，人们能够通过很高效、快捷的方式找到自己所要的书，这是由于图书馆有一个很强的索引系统和文档系统。可见文档管理对于提高工程合同各方的合同管理水平，有着很现实的意义。许多项目管理者感叹，工程项目实施过程中文件太多，面太广，资料工作太繁杂。常常有一大堆文件，要查找一份需要用的文件需要花许多时间。如果加强合同文档管理，就能较为有效的解决这一问题。

三、PDCA 循环

1. PDCA 循环的概念

PDCA 循环是美国质量管理专家戴明博士首先提出的，它是全面质量管理所应遵循的科学程序。PDCA 是英语单词 Plan(计划)、Do(执行)、Check(检查)和 Action(处理)的第一个字母，PDCA 循环就是按照这样的顺序进行质量管理，并且循环不止地进行下去的科学程序，如图 13－1 和图 13－2 所示。

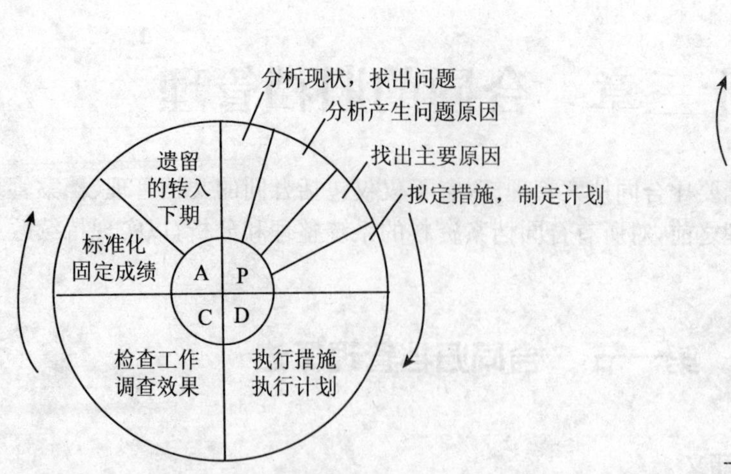

图 13－1　PDCA 循环图的步骤图　　　　图 13－2　PDCA 循环的特点

2. PDCA 循环对工程合同归档管理的参考价值

(1)PDCA 循环对工程合同管理有很大的参考意义，它能保证工程合同管理由现阶段的开环状态，逐步转变到闭合(闭环管理)状态。在现有合同管理程序基础上，增加检查和处理的程序，尤其是在工程合同归档管理环节的分析、处理程序，在全面分析工程合同管理实施阶段存在问题的基础上，制定相应的对策。如果本循环能解决的，通过有效的手段解决。

(2)如果本循环不能解决的，转入下一循环，通过在全企业进行宣贯的手段，确保企业在以后的项目合同管理中不要出现类似的问题，或重点应对这一类问题，并实现工程合同管理水平和工程管理水平的阶梯状上升和持续的改进。

第二节　合同资料管理

一、合同资料的种类

(1)合同资料，如各种合同文本、招标文件、投标文件、总进度计划、图纸、工程说明等。

(2)合同分析资料，如合同总体分析，合同事件表等。

(3)工程实施中产生的各种资料。如业主的各种工作指令、工程签证、信件、会谈纪要和其他协议，各种变更指令、申请、变更记录，各种检查验收报告、鉴定报告；工程实施中的各种记录、施工日记等，官方的各种文件、批件，反映工程实施情况的各种报表、报告、图片等。

在工程实施中，现场记录必须到位、完备，必须对所有合同事件和合同相关的各种活动的情况加以记录，收集整理相关资料。

二、合同资料文档的索引系统

为了资料储存和使用的方便；必须建立索引系统。它类似于图书馆的书刊索引。

合同相关资料的索引一般可采用表格形式。在合同实施前，它就应被专门设计。表中的栏目应能反映资料的各种特征信息。不同类别的资料可以采用不同的索引表。如果要查询或调用某种资料，即可按图索骥。

例如信件索引可以包括如下栏目：信件编码、来（回）信人、来（回）信日期、主要内容、文档号、备注等。

这里要考虑到来信和回信之间的对应关系。收到来信或回信后即可在索引表上登记，并将信件存入对应的文档中。

三、合同资料编码构成

通常，资料编码由一些字母和数字符号构成，它们被赋予一定的含义在合同实施前必须对每部分的编码进行设计和定义。这样编码就能被识别，起到标识作用。合同资料的编码一般由如下几部分构成：

(1)有效范围。说明资料的有效/使用范围，如属于某项目或子项目。

(2)资料种类。通常有几种分类方法：

不同形态、性质和类别的资料，如图纸、合同文本、信件、备忘录等。

不同特征的资料，如技术性的、商务性的、行政的等。

(3)内容和对象。这是资料编码最重要的部分。有时人们用项目结构分解的结果作为资料内容和对象的说明。但对于大的工程必须重新专门设计。

(4)日期/序号。对相同有效范围、相同种类、相同对象的资料可通过日期或序号来表达和区别。

四、合同资料的编码体系要求

(1)统一的，包括所有资料的编码系统。

(2)能“随便扩展”。

(3)对人工处理和计算机处理有同样效果。

(4)能区分资料的种类和特征。即从编码上即可读出资料的主要“形象”。

五、合同资料如何加工、储存及调用

(1)资料加工。原始资料必须经过信息加工才能成为可供决策的信息，成为工程报表或报告文件。

(2)资料的储存。所有合同管理中涉及到的资料不仅目前使用，而且必须保存，直到合同结束。为了查找和使用方便必须建立资料的文档系统。

(3)资料的提供、调用和输出。合同管理人员有责任向项目经理、向业主作工程实施情况报告；向各职能人员和各工程小组、分包商提供资料；为工程的各种验收，为索赔和反索赔提供资料和证据。

六、合同资料分析的目的及内容

合同文件资料分析的目的，是为了找出合同实施过程中存在的问题，并制定相应的对策措施。

合同文件资料的分析主要包括成本分析、进度分析、质量分析等。对于合同归档管理阶段资料的分析，应该以成本分析为主，具体又包括人工成本分析、材料成本分析、机械台班成本分析、间接费成本分析等内容。

七、合同资料的工程预算分析的内容及重要性

(1)工程预算是承包商根据业主招标文件的条件、现行市场行情及自己的技术管理水平,结合施工组织设计、施工方案、技术组织措施以及工地现场实际情况等而编制的工程费用估算。

工程预算对承包商来说是非常重要的。这是因为:首先,它是承包商投标报价的基础。承包商能否中标,在很大程度上取决于工程预算是否合理可行并具有竞争力。其次,它是承包商合同实施成败的决定因素之一。

一份好的工程预算不仅能够使承包商从施工合同实施中获得合理利润,而且可以帮助承包商提高自己的商业信誉。再次,它是承包商进行工程成本控制的重要依据。

工程预算所规定的实际上是工程成本的控制数。如果它是详细合理的(成本项目分析详细但不繁琐,并且估价合理),就可以起到作为与实际成本对比的基础的作用。具体针对索赔管理来说,详细合理的工程预算对承包商发现索赔机会是非常有用的。

承包商可以运用工程预算及实际成本资料来发现合同实施过程中发生的索赔机会,并从财务上进行准确核算。一份好的预算可以帮助发现索赔机会、较准确地计算损失、合理分离及分配成本,为索赔审核提供有力证据。

(2)要及时发现潜在的索赔机会,就需要有详细合理的预算,以便随时与施工过程中保持的实际成本记录进行比较。

通过与预算的比较,虽然不一定能说明承包商成本超支的原因,但可以表明发生了某些导致人工费用增加的情况。意识到了成本超支,承包商就可以保持警惕,并着手分析研究是不是由业主引起的,从而确定是不是一项潜在索赔机会。

(3)好的预算对准确计算具体损失也起着重要作用。比如,承包商通过对人工费实际发生数与原预算数的比较,可以发现到底损失了多少,承包商在整个施工过程中都要每月定期对各工作项目进行这种比较,以便及时采取措施设法弥补损失或提出索赔。承包商还要对其他成本构成要素(如管理费、材料费、设备费等)进行类似的比较,以确定是否遭受了损失及损失多少。通过这种实际成本与预算成本的比较,承包商应该能比较容易地把握住与之有关的大多数索赔机会。

(4)如果发生了合理变更,预算可以帮助合理分离和分配成本,以证明哪些实际成本是合同变更所引起的。通过有效的成本分离,承包商可以在合同变更与希望得到补偿的相应成本之间建立因果联系。

(5)要有一份好的预算的另一个原因是,工程师(业主)通常会对索赔进行审查,并可能提出质疑,要求承包商提出有力的证据来证明其索赔是合理的。这些证据除了来自日常工作中的各种记录与来往信件,诸如基本的会计记录、工资单、工作时间表、材料采购单、各种信件、日报、周报及月报等用来证明实际成本的以外,可能还要允许承包商投标时编制的合理预算作为比较的基础。如果承包商不能出具这种预算,或不能让工程师信服其合理性,则承包商索赔就很可能失败。

因此,一份详细合理的预算是进行成本分析的基础,它在承包商的索赔管理中是非常重要的。

八、合同资料中成本差异分析的作用

利用良好的预算和会计核算体系可以对预算成本数和实际成本数进行比较。一旦发现差异，承包商就需要采取有效的方法进行差异分析，以便作出处理。成分差异分析是用来发现实际成本相对预算偏离的原因的一种方法。

成本差异分析的一般模式如下：

(1)实际用量×实际单价(或工资率、费用分配率)＝实际成本；

(2)实际用量×预算单价(或工资率、费用分配率)＝实际耗用预算成本；

(3)预算用量×预算单价(或工资率、费用分配率)＝预算成本；

(4)(1)－(2)＝价格差异；

(5)(1)－(3)＝价格差异＋数量差异＝成本总差异。

通过差异分析，找出成本差值，并分析导致成本差异的原因，进而采取相应的对策措施。

九、合同资料的合计成本核算体系分析

(1)会计核算是以货币为计量单位，对承包商的施工经营活动的全过程及其结果进行连续系统的记录和计算，并根据记录和计算的资料编制有关会计报表。

成本核算是会计核算的一个中心内容，是承包商利润核算的基础。

(2)每个承包商的会计核算体系不尽相同，但在符合有关财务法规前提下的总账与明细账核算是最基本的共同需要。每一会计核算体系都包括会计科目表、总分类核算和明细分类核算。会计科目是为归集和记载各种经济业务活动，对公司所有资产、负债、权益、收入和支出，按其经济内容或用途所作的分类，有总账科目和明细科目之分。

会计科目是一切会计核算工作的基础。会计科目的设置是否合理，将直接关系到合同实施中能否及时有效地提出索赔。因此，除一般的会计科目外，承包商还应根据每个合同的特点设置某些特别明细科目。

总分类核算是根据总账科目进行的对会计业务的综合归类，对承包商的同类业务活动作总描记录。明细分类核算是根据明细科目进行的对各项经济业务的分明细记录，是对总分类核算的补充；它是索赔金额计算的直接依据之一。

(3)对承包商来说，保持准确的工程成本记录与核算是非常重要的。要做到这一点，应该从工程一开始就建立一种详细但并不繁琐的、行之有效的成本核算体系。用来记录所发生的成本数，并根据需要将其归入适当的成本明细科目。工程成本主要包括人工费、材料费、施工机械费和管理费等几个方面。

通过成本核算对这些成本要素的分工作项目连续追踪记录，可以反映出累计成本发生数，并能通过与预算比较反映出实际成本超支数，从而可以帮助发现索赔机会、准备索赔报告并为索赔提供证据。

一个好的成本核算体系必须能够及时、定期地提供信息，能合理分配和监控工程成本，以便及早发现潜在索赔机会并设法得到补偿，或者分析损失发生的原因并采取措施加以纠正。根据各工程的规模、复杂程度和不同需要，其成本核算体系的结构与内容也有所不同；但就索赔管理来说，它们都必须能够有效地帮助承包商确定索赔算损失，这一点是共同的。

十、合同资料分析阶段发现的问题

(1)如果问题在合同实施阶段已经得到解决,则将值得积累的经验和教训进行总结。

(2)如果发现的问题在合同实施过程中没有得到解决(如通过分析发现了新的较为隐蔽的索赔事件),但还可以补救,则采取及时的补救措施。

(3)如果发现的问题既未处理,又不能补救,则作为教训积累下来。最后将上述的经验和教训在全企业范围内进行宣传贯彻和推广。按照这种程序进行合同归档管理,则企业每一个项目的管理水平都是基于以前所有的项目管理基础之上的,企业项目管理水平也会呈阶梯状上升。

第三节　《建设工程文件归档整理规范》(GB/T 50328—2001)文件

一、对建设工程各方工作职责要求

1.建设单位的职责

在工程文件与档案的整理立卷、验收移交工作中,建设单位的职责如下:

(1)在工程招标及与勘察、设计、施工、监理等单位签订协议、合同时,应对工程文件的套数、费用、质量、移交时间等提出明确要求。

(2)收集和整理工程准备阶段、竣工验收阶段形成的文件,并应进行立卷归档。

(3)负责组织、监督和检查勘察、设计、施工、监理等单位的工程文件的形成、积累和立卷归档工作;也可委托监理单位监督、检查工程文件的形成、积累和立卷归档工作。

(4)收集和汇总勘察、设计、施工、监理等单位立卷归档的工程档案。

(5)在组织工程竣工验收前,应提请当地的城建档案管理机构对工程档案进行预验收;未取得工程档案验收认可文件,不得组织工程竣工验收。

(6)对列入城建档案馆(室)接收范围的工程,工程竣工验收后3个月内,向当地城建档案馆(室)移交一套符合规定的工程移交。

2.其他相关方职责

(1)勘察、设计、施工、监理等单位应将本单位形成的工程文件立卷后向建设单位移交。

(2)建设工程项目实行总承包的,总包单位负责收集、汇总各分包单位形成的工程档案,并应及时向建设单位移交;各分包单位应将本单位形成的工程文件整理、立卷后及时移交总包单位。建设工程项目由几个单位承包的,各承包单位负责收集、整理立卷以及其承包项目的工程文件,并应及时向建设单位移交。

二、对归档范围的要求

对与工程建设有关的重要活动、记载工程建设主要过程和现状、具有保存价值的各种载体的文件,均应收集齐全,整理立卷后归档。

工程文件的具体归档范围应符合《建筑工程文件归档整理规范》(GB/T 50328—2001)附录A的要求。

三、对归档文件主要质量的要求

(1)归档的工程文件应为原件。

(2)工程文件的内容必须真实、准确,与工程实际相符合。

(3)工程文件应采用耐久性强的书写材料,如碳素墨水、蓝黑墨水;不得使用易褪色的书写材料,如:红色墨水、纯蓝墨水、圆珠笔复写纸、铅笔等。

(4)工程文件应字迹清楚,图样清晰,图表整洁,签字盖章手续完备。

(5)工程文件中文字材料幅面尺寸规格宜为 A4 幅面(297mm×210mm),图纸宜采用国家标准图幅。

(6)工程文件的纸张应采用能够长期保存的韧力大、耐久性强的纸张。图纸一般采用蓝晒图,竣工图应是新蓝图。计算机出图必须清晰,不得使用计算机出图的复印件。

四、对工程文件立卷的要求

《建设工程文件归档整理规范》(GB/T 50328－2001)对工程文件应卷的要求如图 13－3 所示。

工程文件立卷要求

- 立卷方法
  - (1)工程文件可按建设程序划分为工程准备阶段的文件、监理文件、施工文件、竣工图、竣工验收文件 5 部分。
  - (2)工程准备阶段文件可按建设程序、专业、形成单位等组卷。
  - (3)监理文件可按单位工程、分部工程、专业、阶段等组卷。
  - (4)施工文件可按单位工程、分部工程、专业、阶段等组卷。
  - (5)竣工图可按单位工程、专业等组卷。
  - (6)竣工验收文件按单位工程、专业等组卷。
- 卷内文件的排列
  - (1)文字材料按事项、专业顺序排列。同一事项的请示与批复、同一文件的印本与定稿、主件与附件不能分开,并按批复在前、请示在后,印本在前、定稿在后,主件在前、附件在后的顺序排列。
  - (2)图纸按专业排列,同专业图纸按图号顺序排列。
  - (3)既有文字材料又有图纸的案卷,文字材料排前,图纸排后。
- 案卷的编目
  - 卷内文件均按有书写内容的页面编号。每卷单独编号,页号从“1”开始。页号编写位置:单面书写的文件在右下角;双面书写的文件,正面在右下角,背面在左下角。折叠后的图纸一律在右下角。
- 案卷封面的编制
  - (1)案卷封面的内容应包括:档号、档案馆代号、案卷题名、编制单位、起止日期、密级、保管期限、共几卷、第几卷。
  - (2)档号应由分类号、项目号和案卷号组成。档号由档案保管单位填写。档案馆代号应填写国家给定的本档案馆的编号。档案馆代号由档案馆填写。案卷题名应简明、准确地揭示卷内文件的内容。案卷题名应包括工程名称、专业名称、卷内文件的内容。编制单位应填写案卷内文件的形成单位或主要责任者。起止日期应填写案卷内全部文件形成的起止日期。保管期限分为永久、长期、短期三种期限,其中永久是指工程档案需永久保存,长期是指工程档案的保存期限等于该工程的使用寿命,短期是指工程档案保存 20 年以下。

图 13－3　工程文件立卷要求

五、对工程文件归档的要求

(1)根据建设程序和工程特点,归档可以分阶段分期进行,也可以在单位或分部工程通过竣工验收后进行。

(2)勘察、设计单位应当在任务完成时,施工、监理单位应当在工程竣工验收前,将各自形成的有关工程档案向建设单位归档。

(3)勘察、设计、施工单位在收齐工程文件并整理立卷后,建设单位、监理单位应根据城建档案管理机构的要求对档案文件完整、准确、系统情况和案卷质量进行审查。审查合格后向建设单位移交。

(4)工程档案一般不少于两套,一套由建设单位保管,一套(原件)移交当地城建档案馆(室)。

(5)勘察、设计、施工、监理等单位向建设单位移交档案时,应编制移交清单,双方签字、盖章后方可交接。

(6)凡设计、施工及监理单位需要向本单位归档的文件,应按国家有关规定和要求单独立卷归档。

六、对工程档案验收的要求

列入城建档案馆(室)档案接收范围的工程,建设单位在组织工程竣工验收前,应提请城建档案管理机构对工程档案进行预验收。建设单位未取得城建档案管理机构出具的认可文件,不得组织工程竣工验收。

工程档案应满足以下要求:

(1)工程档案齐全、系统、完整。

(2)工程档案的内容真实、准确地反映工程建设活动和工程实际状况。

(3)工程档案已整理立卷,立卷符合本规范的规定。

(4)竣工图绘制方法、图式及规格等符合专业技术要求,图面整洁,盖有竣工图章。

(5)文件的形成、来源符合实际,要求单位或个人签章的文件,其签章手续完备。

(6)文件材质、幅面、书写、绘图、用墨、托裱等符合要求。

七、对工程档案移交的规定

(1)列入城建档案馆(室)接收范围的工程,建设单位在工程竣工验收后3个月内,必须向城建档案馆(室)移交一套符合规定的工程档案。

(2)停建、缓建建设工程的档案,暂由建设单位保管。对改建、扩建和维修工程,建设单位应当组织设计、施工单位据实修改、补充和完善原工程档案。

(3)对改变的部位,应当重新编制工程档案,并在工程竣工验收后3个月内向城建档案馆(室)移交。

(4)建设单位向城建档案馆(室)移交工程档案时,应办理移交手续,填写移交目录,双方签字、盖章后交接。

参考文献

[1] 潘延平．质量员必读[M]．北京:中国建筑工业出版社,2001.
[2] 中国建设监理协会．建筑工程合同管理[M]．北京:知识产权出版社,2005.
[3] 王赫．建筑工程质量事故百问[M]．北京:中国建筑工业出版社,2000.
[4] 潘全祥．建筑结构工程施工百问[M]．北京:中国建筑工业出版社,2000.
[5] 全国建筑业企业项目经理培训教材编写委员会．工程招投标与合同管理[M]．北京:中国建筑工业出版社,2004.
[6] 庞永师．工程建设监理[M]．广州:广东科学技术出版社,2000.
[7] 杜万华．合同法精解与案例评析[M]．北京:法律出版社,2000.
[8] 张永波,何伯森．FIDIC1999 年新版合同条件导读与解析[M]．北京:中国建筑工业出版社,2005.
[9] 苏寅申．桥梁施工及组织管理(下)[M]．北京:人民交通出版社,2000.
[10] 成虎．建筑工程合同管理与索赔[M]．南京:东南大学出版社,2001.
[11] 严刚汉,刘庆凡．建筑施工现场管理[M]．北京:中国铁道出版社,2000.
[12] 臧漫丹．工程合同法律制度[M]．上海:同济大学出版社,2005.